超高层建筑施工

（第二版）

胡玉银　著

中国建筑工业出版社

图书在版编目（CIP）数据

超高层建筑施工/胡玉银著. —2 版. —北京：中国
建筑工业出版社，2013.5
ISBN 978-7-112-15349-7

Ⅰ.①超… Ⅱ.①胡… Ⅲ.①超高层建筑-工程施
工 Ⅳ.①TU974

中国版本图书馆 CIP 数据核字（2013）第 076065 号

本书是在第一版的基础上进行了修订，补充了第 13 章"工程案例——东京晴
空塔"。本书全面地反映了作者在超高层建筑施工技术理论研究和工程实践方面的
经验和成果，系统介绍超高层建筑施工技术的各个方面。全书共 13 章，主要内容
包括：超高层建筑的起源、发展与未来，超高层建筑基础与结构，超高层建筑施
工组织，超高层建筑施工垂直运输体系，超高层建筑施工测量，超高层建筑深基
坑工程施工，超高层建筑基础筏板施工，超高层建筑模板工程施工，超高层建筑
混凝土工程施工，超高层建筑钢结构安装，超高层建筑结构施工控制，超高层建
筑自动化施工，工程案例——东京晴空塔。本书具有系统性强、结构严谨、技术
先进、实践性强等特点，可供从事超高层建筑施工技术理论研究和工程实践的工
程技术人员学习参考，也可作为高等院校相关专业师生阅读学习。

* * *

责任编辑：范业庶
责任校对：肖　剑　王雪竹

超高层建筑施工
（第二版）
胡玉银　著

*
中国建筑工业出版社出版、发行（北京西郊百万庄）
各地新华书店、建筑书店经销
霸州市顺浩图文科技发展有限公司制版
北京建筑工业印刷厂印刷
*
开本：787×1092 毫米　1/16　印张：19½　字数：470 千字
2013 年 5 月第二版　2020 年 9 月第六次印刷
定价：**50.00** 元
ISBN 978-7-112-15349-7
（23464）

序

　　超高层建筑是现代城市文明的标志。自 1894 年美国纽约曼哈顿生命保险大厦落成至今，超高层建筑的发展历经百年风雨而长盛不衰。如美国纽约帝国大厦、世贸中心和芝加哥西尔斯大厦；中国上海金茂大厦、环球金融中心和台北 101 大厦；马来西亚吉隆坡石油大厦以及迪拜哈利法塔，无不见证了不同时代的进步和一个城市的繁荣。

　　超高层建筑也是现代科学技术的结晶。超高层建筑的发展有赖于科技进步，其中就包括建筑施工技术的创新。与其相辅相成，超高层建筑的大量兴建又为建筑施工技术的创新提供了广阔的舞台，许多建筑施工新技术，如深基础工程技术、高性能混凝土技术、模板工程技术等的发展都与超高层建筑有着密不可分的联系。我们可以看到，在超高层建筑100 多年的发展历程中，超高层建筑施工技术的理论研究与工程实践均积累了丰硕成果。《超高层建筑施工》一书比较全面地反映了这些经验和成果，具有系统性强和简明扼要的特点，可供从事超高层建筑施工技术理论研究和工程实践的工程技术人员借鉴。

　　当前，发展超高层建筑依然是人类的强烈愿望，较之人类发展的各个时期，社会需求更加迫切、经济技术基础日益牢固，世界各地都掀起了兴建超高层建筑的新高潮，上海中心、纽约世界贸易中心、东京天空树等相继兴建预示着超高层建筑将拥有更加美好的发展前景。《超高层建筑施工》的出版不仅是作者从事超高层建筑施工技术研究的新起点，也是建筑行业进步和科技创新的一个阶段性缩影，我相信，《超高层建筑施工》的内容一定会随着超高层建筑的发展而不断丰富。

中国工程院院士

2011 年 2 月于上海

第二版前言

　　《超高层建筑施工》第一版面世以来，国内外超高层建筑施工技术又取得许多新进展，美国世贸中心 1 号楼和中国上海中心顺利建设、特别是日本东京晴空塔竣工，向我们全面展示了超高层建筑施工技术研究的最新成果。

　　与第一版相比，《超高层建筑施工（第二版）》除部分作了修订外，主要是增加了第 13 章即工程案例——东京晴空塔，以及时反映超高层建筑施工技术的新进展，供国内同行参考借鉴。该章主要根据东京晴空塔工程设计单位日建设计和总承包商日本大林组株式会社发布的技术资料编写，编写过程中得到了施玉芗同志的帮助，在此致以诚挚谢意！

　　发展永无止境，创新永无止境。随着工程实践的不断发展，超高层建筑施工技术可谓日新月异。限于作者精力和学识，本书难免存在不足之处，真诚希望广大读者批评指正！

胡玉银

2013 年 4 月于上海

第一版前言

超高层建筑的出现是人间一大奇迹,许多工程技术人员都为她魂牵梦萦,被其高大挺拔、直插云霄的建筑形象所倾倒,自愿为她的发展贡献自己的聪明才智,作者就是其中之一。1996 年,作者刚从事建筑施工即有幸参加了上海金茂大厦建设,开始了超高层建筑施工技术的工程实践与理论探索,从此一发而不可收,与超高层建筑结下了不解之缘。2003 年,在上海市科学技术委员会交叉领域创新团队专项资助下,作者主持了《超高层建筑建造技术》研究项目,比较系统地研究了超高层建筑施工技术。2007 年至 2010 年,在上海市领军人才专项基金资助下,作者的超高层建筑施工技术研究得以继续深化。为普及和推动超高层建筑施工技术的创新与进步,自 2006 年以来,作者陆续在《建筑施工》杂志发表超高层建筑施工技术研究成果,受到许多同行的关注和鼓励。正是在他们的热情支持下,作者才得以在紧张的工作之余,历时五年多完成了本书。

《超高层建筑施工》共分 12 章,第 1 章,在阐述超高层建筑起源和发展规律的基础上,展望了超高层建筑发展的美好前景和技术趋势。第 2 章介绍了超高层建筑基础与结构。第 3 章则从超高层建筑施工特点分析入手,提出了超高层建筑施工技术路线以及施工组织设计。第 4 章介绍了超高层建筑施工垂直运输体系构成及配置原则。第 5 章以竖向测量为重点介绍了超高层建筑施工测量。第 6 章针对超高层建筑深基坑工程施工特点,提出了施工技术路线,并全面总结了各种施工工艺原理、特点及适用范围。第 7 章以施工组织和裂缝控制为重点介绍了超高层建筑基础筏板施工。第 8 章以加快竖向结构施工为目标系统地介绍了当前主流的模板工程新技术及选择原则。第 9 章以超高程泵送为重点介绍了超高层建筑混凝土生产、泵送施工以及质量实时监控技术。第 10 章就框架、桁架和塔楼等关键部位介绍了超高层建筑钢结构安装工艺。第 11 章介绍了超高层建筑结构施工控制原理、目标和技术。第 12 章总结了日本等发达国家在超高层建筑自动化施工方面所作的积极探索。比较系统和概要地总结了当今超高层建筑施工组织和施工工艺理论研究与工程实践成果。

在本书出版之际,作者首先要感谢孙钧院士、叶可明院士、李永盛教授和范庆国先生,是他们将作者引入科学的殿堂,是他们的热情鼓励和悉心指导,激励作者在超高层建筑施工技术领域努力跋涉。本书编写还得到了吴欣之、朱骏、陆云、崔晓强、伍小平、李琰、张晶、吴德龙、许永和等诸多同仁的鼎力相助。上海市科学技术委员会、上海市人力资源和社会保障局、上海建工集团股份有限公司为作者从事超高层建筑施工技术研究提供了良好条件,在此一并表示诚挚谢意。作者还要特别感谢曹鸿新编审,他为本书的出版付出了艰辛劳动!

在本书编写过程中,作者力求将系统总结与宏观把握相结合、理论研究与工程实践相结合,希望能对从事超高层建筑施工技术研究与工程实践的工程技术人员有所借鉴。但超高层建筑施工技术是一门综合性非常强的应用技术,涉及的学科门类非常多,积累的研究成果极为丰富,远非作者一人在一书中可以穷尽,不当之处在所难免,真诚希望广大读者批评指正!

目　　录

第1章　超高层建筑的起源、发展与未来

1.1　超高层建筑的起源

超高层建筑隶属于高层建筑，追溯超高层建筑的起源不能不涉及高层建筑。高层建筑的出现是人类美好愿望、社会需求、科技进步和经济发展的完美结合。

1.1.1　古代高层建筑

尽管高层建筑是现代文明的成果，但是人类追求更高、更远的美好愿望早已有之。追求更高是人类的天性和宗教情结，高大雄伟历来是权力、地位的象征。高大建筑从来都是神圣的，人们也一直希望通过高大的庙宇、教堂、高塔来架起通往天堂（神、上帝）的桥梁。

（1）我国古代高层建筑[1]

我国古代劳动人民在高层建筑建造方面表现出高超的智慧。早在6世纪，中国就开始修建多层塔，如河南嵩岳寺塔，15层，高达40m，建于公元523年。陕西西安大雁塔，初建于公元652年，高5层，唐武则天长安年间（公元701～704年）重修，后来又经过多次修葺，现为7层，高64m（图1-1）。

中国古塔，是我国古代的高层建筑，在工程技术上早就达到了很高的成就。我国大陆最高的塔，要数河北定县开元寺塔。开元寺塔建于北宋咸平四年（1001年），从底到塔刹尖部高度有85.6m，是我国现存最高佛塔（图1-2）。这座塔全部用砖砌筑，做工十分精美。塔砖砌楼阁式，八角11层，内部双层套筒，梯级设于塔心。

图1-1　陕西西安大雁塔

图1-2　河北定县开元寺塔

在山西省境内的应县佛宫寺木塔则是世界上现存的最高大的古代木结构建筑。应县木塔高 67.31m，建成于公元 1056 年（图 1-3）。这座仅使用砖石、木料、黄土等简单材料的高塔已经经受了近千年雁北风雪的袭击，七次强烈地震，以及战争的洗礼，至今依然安然无恙，成为中华民族的骄傲。对照现代建筑技术，稍加分析可以发现力学知识在中国古代建筑营造中的应用已经达到了很高的水平。应县木塔横梁与柱之间完全采用斗拱连接，全塔有五十多种不同形式的斗拱。斗拱连接既能使支点接触面增大，从而减小挤压应力，又能使木梁的跨度减小，从而降低弯曲应力。斗拱还是一种柔性连接节点，在受到巨大外力作用时，构件间可以产生一定错动，当外力解除时又能恢复原状。这正与现代地震工程学者为改善房屋抗震性能而提出的种种设想不谋而合。另外，应县木塔采用了桁架为基本单元所组成的筒体结构体系，这既扩大了中部空间，便于放置佛像，也提高了抗水平荷载作用的能力，使塔身更坚固。这种结构体系是高层建筑中抗震性能最好的结构体系之一，已经在现代高层建筑中得到广泛应用。应县木塔以其科学、合理的结构体系，经受住了风雨和时间的考验。这座历经千年沧桑的古代建筑是我国古代木结构建筑体系的典范，是中华民族聪明、才智的最好证明。

图 1-3　山西应县木塔

位于青藏高原拉萨市红山上的布达拉宫殿宇叠砌，巍峨耸峙，红宫白宫，鳞次栉比，金顶高耸入云，壮丽辉煌，是中国古代高层建筑成功的范例，也是世界著名的古建筑之一。布达拉宫始建于吐蕃王朝第 32 代赞普松赞干布时期（公元 7 世纪），当时称"红山宫"，后来随着吐蕃王朝的没落而逐渐毁弃。公元 17 世纪时，五世达赖喇嘛在红山宫的旧址上重新修建了宏伟的宫殿，称"布达拉宫"（图 1-4）。此后这里一直作为西藏政治和宗教的中心。布达拉宫海拔 3700 多米，占地总面积 36 万余平方米，建筑总面积 13 万余平方米，主楼高 117m，共 13 层，是世界上海拔最高、规模最大的宫堡式建筑群。布达拉宫采用石木作为结构材料，宫墙全部用花岗岩砌筑，最厚处达 5m，墙基深入岩层，外部墙体内还灌注了铁汁，以增强建筑的整体性和抗震能力，同时配以金顶、金幢等装饰，巧妙地解决

图 1-4　西藏布达拉宫

了建筑的防雷问题。数百年来，布达拉宫经历了雷电轰击和地震的考验，仍巍然屹立。

（2）外国古代高层建筑

历史传说中的古代高层建筑，最著名的莫过于《圣经》故事中提到的一座通天塔——巴比伦塔。据说，古时候天下人都说一种语言。为了显示力量和团结，他们计划修一座高耸入云，直达天庭的高塔。塔很快就建起来了，这惊动了天庭的耶和华。他见到塔越建越高，心中十分嫉妒，担心神无法统治团结一心的人类，便施魔法，变乱了人们的语言，使他们无法沟通，高塔建设无法顺利进行，最终半途而废，这就是关于"通天塔"的传说。尽管巴比伦塔倒塌了，但是人类架起通天之塔的努力一刻也未停止过。

金字塔是世界古代高层建筑建造技术的杰出成就。古埃及所有金字塔中最大的一座，是第四王朝法老胡夫的金字塔（图1-5）。这座大金字塔底面呈正方形，每边长230多米，原高146.59m，经过几千年来的风吹雨打，顶端已经剥蚀了将近10m。胡夫金字塔，除了以其规模的巨大而令人惊叹以外，还以其高超的建筑技艺而著名。塔身的石块之间，没有任何水泥之类的粘着物，而是一块石头叠在另一块石头上面的。每块石头都磨得很平，以致时至今日再锋利的刀刃也无法插入石块之间，所以能历数千年而不倒，这不能不说是建筑史上的奇迹。

图1-5　埃及金字塔

金字塔是古代埃及劳动人民智慧的结晶，是古代人类文明的象征。如果说关于金字塔大胆而奇妙的设计的传说还能为现代人所接受，那么它的规模如此巨大的建造过程就难以令人想象了。胡夫金字塔是用上百万块巨石垒起来的，每块石头平均有2000多公斤重，最大的有100多吨重。这些巨石是从尼罗河东岸开采出来，既无吊车装卸，也无轮车运送。时至今日人们仍然没有找到金字塔建造过程的完满答案。我们怎能不佩服埃及人民的伟大力量和智慧！

图1-6　意大利比萨斜塔

谈及外国古代高层建筑，就不能不说到意大利。意大利著名古代文化遗产，被认为是世界建筑史上的奇迹。意大利的古代高层建筑也是举世闻名的，其中最为著名的是比萨斜塔（图1-6）。它是意大利中部比萨城内一组古建筑群的组成部分，属于比萨大教堂的一座钟楼，1174年动工，1350年完成。为8层圆柱形建筑，塔高54.5m，全部采用大理石建造，重达1.42万t。造型古拙而又秀巧，为罗马建筑的范本。但由于基础处理不慎，建造过程中塔楼即发生倾斜，建成之时，塔顶中心点即偏离垂直中心线2.1m，后来塔身一直缓慢地向外倾斜，故称"斜塔"。比萨斜塔"巍巍峨峨"，历数世而不倒，堪称神奇。

意大利还拥有以高塔众多而闻名于世的古

镇——圣吉米亚诺（San Gimignano）。圣吉米亚诺位于意大利佛罗伦萨，最初作为农场镇，后来发展成为商业贸易镇。高塔首先是为了满足防卫需要而建造，当地人们为了保护生命财产而就地取材建造高塔，但后来演化为权力的象征。贵族统治者为了显示至高无上的权力，竞相建造高塔。在公元14世纪修建了72座高塔，其中13座仍然完好无损（图1-7）。这些高塔采用石材砌筑，最高的达到52m。

古代高层建筑的竞赛主要发生在宗教领域，人们为了不断接近上帝，竞相修建高大的教堂，大大促进了高层建筑及建造技术的发展。公元9世纪，欧洲一些教堂的塔楼高度，已经接近100m。如意大利威尼斯圣马可广场上的钟塔（Piazza San Marco Bell Tower），始建于9世纪，后多次加高，塔尖大理石完工于1477年，塔高98.6m，挺拔秀丽（图1-8）。12世纪，法国建设了高107m沙特尔教堂（Chartre）的塔楼，英国建设了高124m索尔兹伯里教堂（Salisbury）的主塔楼。建于1337年的德国乌尔姆教堂（Ulm，14～16世纪），以161m的建筑高度超过了埃及"胡夫金字塔"的高度，成为当时世界第一高塔（图1-9）。欧洲教堂塔楼的这种高度竞赛一直持续到工业革命到来之际，1863年意大利的安托内利尖塔（Mole Antonelliana）以164m的高度，打破了德国乌尔姆教堂保持了200多年的高度记录，而成为迄今为止最高的砖石结构建筑（图1-10）。

图1-7 意大利圣吉米亚诺高塔

图1-8 意大利威尼斯圣马可广场的钟楼

图1-9 德国乌尔姆教堂

图1-10 意大利安托内利尖塔

尽管人们追求高远的热情丝毫未减，但是当时的科学技术难以支撑高层建筑进一步发展，砖石结构建筑的高度超过 100m 以后，已将材料特性和当时的建造技术推向了极致。因此高层建筑发展在达到一个巅峰以后，出现了短暂的沉寂。这是高层建筑发展进入新阶段的转折关头，高层建筑的发展行将取得重大突破。

1.1.2 现代高层建筑的起源[2,3]

一言以蔽之，最终催生高层建筑的还是社会需求，社会需求是高层建筑产生、发展最强大的动力。如果说人类早期发展高大建筑纯粹出于宗教欲望，那么到 19 世纪 80 年代，社会发展迫切需要建造高层建筑。随着经济发展、城市化程度的提高，在美国芝加哥和纽约，城市人口急剧增加，土地供应紧张，价格上扬，促使人们向高空发展，拓展生存空间，在极为有限的土地上建造更大面积的建筑，这是高层建筑及超高层建筑产生和发展的原动力。现代高层建筑的产生也有赖于科学技术的进步和飞跃。为了实现美好理想，满足社会发展需要，工程技术人员进行了艰苦努力，为现代高层建筑的产生和发展提供了有力的科技支撑。

发展高层建筑需要解决的第一个技术难题是建筑结构材料和结构体系。传统建筑主要采用砖石作为承重材料，采用承重结构与围护结构合而为一的砌体结构体系。由于砖石材料强度比较低，难以形成整体性比较高的结构，因此以砌体结构为特征的建筑进一步向高空发展受到限制。一方面随着建筑高度的增加，结构整体性下降，这是砌体材料抗拉强度低的力学性质决定的；另一方面宝贵的建筑空间（底层）被结构消耗，经济性迅速下降。1891 年美国芝加哥建造了一栋 16 层的以砖承重的大楼——蒙拉诺克大厦。按照当时通行的做法，单层砖房墙厚 12 英寸（300mm），上面每加一层，底部墙厚要增加 4 英寸（100mm），16 层高的大厦底层墙厚近 2m，既费工费料，又浪费了宝贵的空间。为了建造更高的建筑，工程技术人员积极进行建筑材料和结构体系的创新。19 世纪初，英国出现铸铁结构的多层建筑（多为矿井、码头建筑），但铸铁框架通常是隐藏在砖石表面之后。1840 年以后，美国开始用锻铁梁代替脆弱的铸铁梁。熟铁架、铸铁柱和砖石承重墙组成笼子结构，是迈向高层建筑结构的第一步。19 世纪后半叶钢铁制造技术取得突破，能够生产型钢和铸钢。结构材料创新为建筑形式和结构体系创新创造了先决条件。美国威廉·詹尼（William LeBaron Jenney）在总结前人成果的基础上，借鉴菲律宾竹屋的灵感，发明了一种全新的建筑结构体系——钢框架（骨架）结构体系。该结构体系最显著的创新是以钢铁作为承重材料，承重结构与围护（分隔）结构分离。

发展高层建筑需要解决的第二个技术难题是建筑防火。1871 年芝加哥发生大火，使人们认识到城市建筑防火的重要性。由于当时消防设施还比较落后，消防的合理高度在 5 层楼以下，因此高层建筑的防火主要依赖建筑自身——建筑材料的防火性能。钢铁材料具有不可燃性，为解决高层建筑的防火问题创造了良好条件。

发展高层建筑需要解决的第三个技术难题是垂直运输。1845 年奥的斯在纽约举办安全电梯展览。奥的斯令人信服地演示他的发明，切断缆绳，电梯箱仍安全地悬挂在半空中。1857 年在纽约百货公司安装了第一台蒸汽驱动安全电梯。18 世纪 70 年代，蒸汽电梯被更快的水力电梯取代。1890 年奥的斯发明了现代电力电梯。由于乘客电梯的出现，建筑突破 5 层的高度限制（徒步可行的登高距离）成为可能。

发展高层建筑需要解决的第四个技术难题是远距离通信。1876 年 3 月 10 日贝尔发明电话。这样，人类有了最初的电话，揭开了一页崭新的交往史。1877 年，第一份用电话发出的新闻电讯稿被发送到波士顿《世界报》，标志着电话为公众所接受。19 世纪 60 年代，美国已出现给水排水系统、电气照明系统、蒸汽供热系统和蒸汽机通风系统。制约高层建筑发展的机电系统问题得到解决，标志着高层建筑建造技术基本完备。

图 1-11 芝加哥家庭
人寿保险大楼

1870 年后，高层建筑的技术发展进入了新的阶段。纽约公正人寿保险大厦被认为是高层建筑的早期版本，因为除了高度和结构外，它采用了几乎全部必需的高层建筑技术元素。建筑采用装饰性的法国双重斜坡屋顶，虽只有 5 层，但高度达到 130 英尺（40m），并且在办公楼中首次使用电梯。可以说它是电梯建筑或原始高层建筑的最早实例。1885 年，威廉·詹尼（William LeBaron Jenney）设计了芝加哥家庭人寿保险大楼（Home Insurance Building）（图 1-11）。该建筑地上 10 层（后加至 12 层），高达 55m，采用钢材和砖石，以钢框架为结构体系，梁柱框架承重，外墙仅起围护作用，建筑的材料消耗和重量大大降低，仅为同等规模砌体结构重量的三分之一。芝加哥家庭人寿保险大楼于 1931 年拆除，但由此开启的高层建筑和超高层建筑蓬勃发展新时代却一直延续至今。

1.1.3 超高层建筑的诞生[4]

高层建筑一经出现，即以其巨大的优越性而赢得各方的青睐，发展极为迅速，在非常短的时间内进化至超高层建筑发展阶段。1890 年，世界大厦（World Building）以其93.9m 的高度位居世界第一高楼。1894 年美国纽约曼哈顿人寿保险大厦（Manhattan Life Insurance Building）落成（图 1-12）。该建筑地上 18 层，高达 106m，标志着高层建筑发展进入超高层建筑阶段。美国纽约曼哈顿人寿保险大厦不仅因高度超过 100m 成为超高层建筑的先驱而载入史册，而且因为工程技术创新而受到工程技术人员的长期关注，比如应用气压沉箱工艺施工基础，采用电力空调进行室内采暖和降温，都开创了建筑工程技术的先河。

与美国高层建筑和超高层建筑蓬勃发展形成鲜明对比，世界其他地区高层建筑的发展却非常缓慢，有些国家还出台法规限制高层建筑的发展，极大地延缓了高层建筑发展进程。欧洲国家出于保护传统城市风貌的目的，在相当长的时间内都用"建筑法规"来限制建筑物的高度。在亚太地区则由于技术原因而限制高层建筑的发展，如日本是一个地震多发的国家，由于当时结构抗震理论尚未成熟，所以政府部门只有通过控制高度来确保建筑物的安全。日本1920 年颁布的法规规定建筑物的高度最高不得超过 31 m，这项法规在日本一直沿用了 45 年。澳大利亚曾在 20 世纪初尝试过兴建高层建筑，但是由于消防和日照等原因，很快便又对建筑物的高度加以限制。1912 年悉尼率先实施 45.7m 的限高，此后墨尔本也实行

图 1-12 纽约曼哈顿
人寿保险大厦

了 40.2m 的限高制度,到 1920 年,澳大利亚的其他地区也都相继实施了对建筑高度的限制。

我国在 20 世纪初成为继美国之后的又一个积极探索高层建筑建设的国家。当时,我国的上海、天津、广州等地,积极引进、消化、吸收西方先进的高层建筑建造技术,建造了一批具有当时世界水准的高层建筑。早在 1912 年上海即开始建造高层建筑,现存历史最久远的高层建筑要数位于延安东路的原上海市房地局办公大楼(原名亚细亚大楼)和上海民用设计院办公大楼(原名有利大楼),它们都建于 1913 年。尽管上海高层建筑发展起步比较晚,但是由于上海土地资源一直比较稀缺,发展高层建筑的需求极为迫切,因此高层建筑的发展非常迅速。1929 年第一座超过 10 层的高层建筑"沙逊大厦"落成,高77m、13 层,由公和洋行设计。1934 年国际饭店(高 82.5m,24 层)落成,成为亚洲第一高楼,表明上海高层建筑建造技术在较短的时间内达到了亚洲先进水平(图 1-13)。在高层建筑蓬勃发展过程中,我国也涌现了一些很有影响的高层建筑建筑师,如陆谦受设计了 76m 高的"中国银行大楼"(17 层,1937 年建成),李炳垣、陈荣枝设计了 68.4m 高的"广州爱群大厦"(14 层,1937 年建成)。但是由于历史的原因,我国高层建筑经历较长时期的缓慢发展阶段,超高层建筑诞生比较晚。尽管早在 1934 年上海即建造了亚洲第一高楼——国际饭店,但是直到 1976 年广州白云宾馆(33 层,114.05m)落成,我国才进入超高层建筑发展阶段(图 1-14)。

图 1-13　上海国际饭店

图 1-14　广州白云宾馆

1.2　超高层建筑的发展

1.2.1　世界第一峰

超高层建筑因经济效益显著而诞生,但是不久即因社会效益巨大而受到人们青睐,许多企业竞相建设超高层建筑以向社会和同行展示财富和地位。自超高层建筑诞生以来,这种竞争一直延续至今。自 1894 年美国纽约高约 106m 的曼哈顿人寿保险大厦落成,世界第一栋超高层建筑诞生一百多年以来,超高层建筑的高度记录不断被刷新,先后有 13 栋超高层建筑成为世界第一高峰（图 1-15、图 1-16）。其中 11 栋位于美国，只有 3 栋位于亚洲的中国、马来西亚和阿联酋，这从一个侧面反映了美国社会、经济和科技发展成就。由于竞争极端激烈，大部分超高层建筑的世界第一高度只不过昙花一现，很快就被其他建筑取代，只有美国纽约帝国大厦保持世界第一高楼称号达 42 年之久。

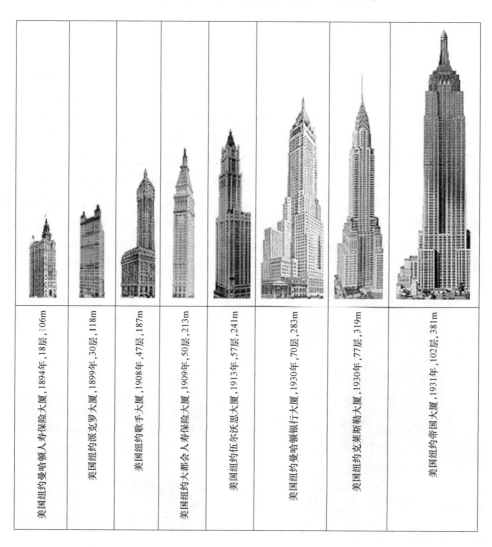

美国纽约曼哈顿人寿保险大厦,1894年,18层,106m

美国纽约派克罗大厦,1899年,30层,118m

美国纽约歌手大厦,1908年,47层,187m

美国纽约大都会人寿保险大厦,1909年,50层,213m

美国纽约伍尔沃思大厦,1913年,57层,241m

美国纽约曼哈顿银行大厦,1930年,70层,283m

美国纽约克莱斯勒大厦,1930年,77层,319m

美国纽约帝国大厦,1931年,102层,381m

图 1-15 世界第一高峰（1894～1931 年）

1.2.2 世界超高层建筑发展简史[1~4]

（1）超高层建筑发展阶段一（1894～1935 年）

1894 年美国纽约曼哈顿人寿保险大厦的落成不但标志着高层建筑进入超高层建筑发展阶段，而且表征着高层建筑的发展重心由美国芝加哥转移到纽约。如果说 19 世纪是技术限制超高层建筑的发展，那么到第一次世界大战时，短时期内众多的超高层建筑发展起来，说明超高层建筑建造技术取得巨大进步。1908 年，47 层、187m 高的歌手大厦落成，成为世界第一高楼。一年后，50 层的大都会人寿保险大厦，以 213m 领先，使超高层建筑

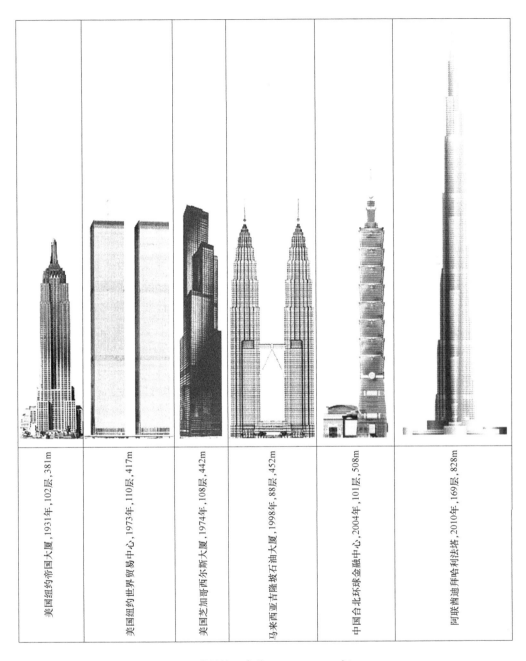

图 1-16 世界第一高峰（1931～2010 年）

高度突破 200m 大关，是世界上第一幢高度超过 200m 的摩天大楼，也是人类有史以来，第一座超过古代埃及金字塔和中世纪德国乌尔姆教堂塔楼的实用性建筑物。1913 年落成的 57 层、241m 高的伍尔沃思大厦保持世界第一高楼称号达 17 年之久，直到 1930 年，70 层、283m 的美国纽约曼哈顿银行大厦和 77 层、319m 的克莱斯勒大厦建成。1931 年，102 层的 381m 的帝国大厦建成，超过了埃菲尔铁塔成为世界第一高楼，这也使美国成为继欧洲之后的世界建筑高度记录保持者，这一世界记录一直保持了 42 年（图 1-17）。帝国

9

图 1-17　美国纽约帝国大厦

大厦的成功建设标志着世界超高层建筑发展的第一个黄金时代达到了顶峰，随着经济大萧条的到来，超高层建筑进入缓慢发展阶段。这一时期的超高层建筑设计盛行折中主义和装饰艺术风格，建筑师运用历史式样来寻求超高层建筑美学上的解决方法，建筑在垂直方向表现为层次分明的古典基座、楼身和屋顶三段式，基座和屋顶装饰性非常强烈。

自 1894 年美国纽约曼哈顿人寿保险大厦成为世界第一高楼至 1931 年纽约帝国大厦落成成为世界第一高楼，短短 37 年间，纽约共诞生了 8 栋世界第一高楼，每一栋超高层建筑保持世界第一高楼称号的时间平均不到 5 年，短的仅 1 年，由此可见超高层建筑的竞争是何等激烈。有人说，每一幢超高层建筑都有一个激动人心的故事，这话一点也不假。克莱斯勒大厦（Chrysler building）和川普大厦（The Trump Building）争夺世界第一高楼称号的竞争就充满戏剧性。在 20 世纪 30 年代，纽约弥漫着浓厚的争建高楼的风气。克莱斯勒大厦和川普大厦（原名曼哈顿银行大厦）同时兴建，都想拥有世界第一高楼的称号。克莱斯勒大厦的初始设计高度比川普大厦低，楼的顶端并没有设计突出物。为了得到世界第一高楼称号，沃尔特·克莱斯勒（Walter P. Chrysler）要求设计师威廉·范·艾伦（William van Alen）修改设计，在顶端设计 56m 高的塔尖，并安排施工人员在电梯井秘密拼装塔尖，待川普大厦以高出克莱斯勒大厦公布的高度封顶以后，克莱斯勒大厦塔尖整体提升到位。这样克莱斯勒大厦反而比川普大厦高出 36m，如愿成为世界第一高楼。

（2）超高层建筑发展阶段二（1950～1975 年）

1929～1933 年美国经济产生严重危机，1939 年第二次世界大战全面爆发，交战各国的民用建筑活动几乎全部停止，超高层建筑发展处于低潮。第二次世界大战结束之后，随着经济的逐步繁荣，超高层建筑的发展进入新阶段。以简洁实用、不受传统建筑形式束缚为主要特征的现代主义超高层建筑成为发展主流，1950 年建成的纽约联合国秘书处大厦（39 层，166m 高）是现代主义超高层建筑的早期代表作。20 世纪 60 年代后期到 70 年代中期，是美国超高层建筑最辉煌的时期，美国成为世界超高层建筑的中心。由于超高层建筑建造技术的不断成熟与美国整体经济实力的强盛，这时期的超高层建筑无论在高度、还是在数量方面都取得惊人的增长。1968 年芝加哥建成 100 层的约翰·汉考克大厦，高 344m。1973 年在纽约建成世界贸易中心大厦（设计人 Minoru Yamasaky），两座并立的 110 层塔式办公综合体，高 417m，是当时世界最高建筑（图 1-18）。1973 年建成芝加哥艾莫科大厦，80 层、336m 高，是芝加哥第二高楼。1974 年在芝加哥建成的西尔斯大厦 110 层，高 442.3m，在 1966 年马来西亚石油大厦（高 450m）建成前的 22 年中，它一直是世界最高建筑（图 1-19）。这个时期高层建筑技术的进步很大，高效率的高层建筑结构已经成熟，特别是钢筋混凝土结构技术取得突破性进展。如1971年建成的休斯敦市贝壳广场大厦50层，钢筋混凝土筒中筒结构，高218m。1976年在芝加哥建成的水塔广场大厦共74层，高262m，是当时世界最高的钢筋混凝土建筑（图1-20）。1976年建成的波士顿汉考克大厦，60层、240.7m高，建筑体形为简洁的长方体，是现代主义超高层建筑的晚期代表。从此以后，超高层建筑设计思潮开始转变。

图1-18　美国纽约世贸中心　　图1-19　美国芝加哥西尔斯大厦　　图1-20　美国芝加哥水塔大厦

（3）超高层建筑发展阶段三（1980～至今）

20世纪80年代，超高层建筑发展呈现新特点，建筑风格发生显著变化，发展重心开始转移。现代主义超高层建筑为了表现它的理智和超脱，越来越多地依赖于简单的几何形式，使建筑设计走向了极端，理智变成了偏执。世界各地大同小异的玻璃盒子式超高层建筑使城市失去特色。为了使这种单调冷漠的六面体变得丰富多彩，建筑师们开始进行新的探索。早在20世纪70年代，尽管国际式超高层建筑仍然大量建造，但一些建筑师开始发掘新技术、新材料的表现力，积极探索新颖的几何形态，关注建筑的环境质量、宜人的尺度。20世纪80年代，后现代主义企图完全否定现代主义，他们从历史的式样中寻找灵感，设计了新哥特式、新Art Deco等带有传统意味的超高层建筑，现代科学技术与传统建筑风格再度结合。这些积极探索到20世纪90年代取得丰硕成果，世界各地兴建了不少具有民族和地方特色的超高层建筑，如上海金茂大厦（图1-21）、吉隆坡石油大厦（图1-22）、台北101大厦（图1-23）。

建筑是经济社会发展成就的重要标志之一。如果说克莱斯勒大厦和帝国大厦是20世纪30年代美国经济社会发展成就的标志，西尔斯大厦和纽约世贸中心是20世纪70年代美国经济社会发展成就的标志，那么金茂大厦、石油大厦、台北101大厦和哈利法塔（图1-24）就是从20世纪90年代中期至今亚洲经济社会发展成就的重要标志。在目前世界上最高的10座超高层建筑中，有8座建成于20世纪90年代至今，而这8座高楼全部建在亚洲。1998年88层、420.5m高的中国上海金茂大厦和88层、452m高的马来西亚吉隆坡石油大厦相继落成标志着超高层建筑的发展重心已经转移到亚洲。2004年，我国台湾省的台北101大厦（原名"台北国际金融中心"）建成时，从马来西亚的石油大厦手中接

图 1-21　中国上海金茂大厦

图 1-22　马来西亚吉隆坡石油大厦

过"世界第一高楼"的接力棒。2010 年阿联酋迪拜哈利法塔以 828m 惊人的高度实现了超高层建筑发展的新飞跃。

图 1-23　中国台北 101 大厦

图 1-24　阿联酋迪拜哈利法塔

世界已建成十大超高层建筑　　　　　　　　　表 1-1

序号	建　筑	城　市	高度	层数	时间
1	哈利法塔	迪拜	828m	169	2010 年
2	101 大厦	台北	508m	101	2004 年
3	环球金融中心	上海	492m	101	2009 年
4	石油大厦	吉隆坡	452m	88	1998 年
5	西尔斯大厦	芝加哥	442m	108	1974 年
6	金茂大厦	上海	421m	88	1998 年
7	国际金融中心	香港	416m	88	2003 年
8	中信广场	广州	390m	80	1997 年
9	地王大厦	深圳	384m	69	1996 年
10	帝国大厦	纽约	381m	102	1931 年

1.2.3 我国超高层建筑发展简史

我国现代高层建筑起源于20世纪初的上海。现存历史最久远的高层建筑要数位于延安东路的原上海市房地局办公大楼（原名亚细亚大楼）和上海民用设计院办公大楼（原名有利大楼），它们都建于1913年。尽管上海高层建筑发展起步比较晚，但是由于上海土地资源一直比较稀缺，发展高层建筑的需求极为迫切，因此高层建筑的发展非常迅速。1934年国际饭店（高82.5m，24层）落成，成为亚洲第一高楼，表明上海高层建筑建造技术在较短的时间内达到了亚洲先进水平。1938～1948年，上海高层建筑发展处于停滞状态，这一时期上海只建造了4幢高层建筑，建筑高度都未超过国际饭店。

新中国成立后，20世纪50年代我国开始自行设计建造高层建筑，如北京的民族饭店（14层）、民航大楼（16层）等。1968年，广州宾馆建成，主楼27层，高86.51m，在楼层数和高度两方面全面超过上海国际饭店，一举成为我国第一高楼；1976年，广州白云宾馆建成，主楼33层，高115m，标志着我国自行设计建造的高层建筑高度开始突破100m，进入超高层建筑发展阶段。20世纪80年代我国高层建筑发展进入兴盛时期。1985年建成的深圳国际贸易中心（50层、160m高）是20世纪80年代我国最高的建筑。1990年落成的广东国际贸易大厦以198.4m的绝对优势，成为当时全国最高建筑。1990年建成的北京京广中心（57层、208m高）是我国大陆首栋突破200m高度的超高层建筑。1996年，深圳地王大厦（81层、384m高）和广州中天广场（现中信广场，80层、390m高）相继建成。特别是1998年88层、420.5m高的金茂大厦建成使我国超高层建筑施工技术跨入世界先进行列。2009年，上海环球金融中心（101层，492m高）落成预示着21世纪我国超高层建筑发展将拥有灿烂的前景。

作为世界上最拥挤的地方，我国香港发展超高层建筑需求非常迫切。由于经济起飞，商业和金融业繁荣，20世纪60年代，香港超高层建筑迅速发展。1973年建成了当时亚洲第一高楼52层、179m高的康乐中心。1980年65层、高216m的合和中心大厦的建成，取代康乐中心成为亚洲最高的建筑物。1989年建成的中国银行大厦高达369m，72层，成为香港的标志性建筑和美国以外最高的超高层建筑，也是当时世界五幢最高的建筑之一。1993年78层、高374m的香港中环广场大厦建成。2003年88层的国际金融中心二期建成，使香港超高层建筑高度突破400m大关，达到416m，标志着香港超高层建筑建造技术达到了世界先进水平。

我国台湾地区超高层建筑发展起步比较晚，20世纪70年代初在台北建成的圆山大饭店（建于1973年，12层，87m高），是当时台湾最高的建筑物和最具代表性的早期高层建筑。20世纪90年代，随着经济腾飞，台湾超高层建筑发展进入黄金时代，在短短十年时间内即跨入世界先进行列。1997年建成85层、378m高的高雄东帝士85国际广场。2004年落成的101层、508m高的台北101大厦成为新世界第一高楼，将台湾超高层建筑的发展推向新高潮。更为难能可贵的是，台湾在发展超高层建筑的过程中非常注意当地工程技术人员的培养，许多超高层建筑都由本土工程师担纲设计，如台北101大厦和高雄东帝士85国际广场就是由台湾本土建筑师李祖原设计，值得我们学习借鉴。

1.3 超高层建筑的未来

1.3.1 超高层建筑的优越性[4,5]

自古以来，没有一种建筑形式像超高层建筑一样，在为人类拓展生存空间发挥巨大作用的同时，引发了人们激烈的非议：浪费资源、破坏环境、引发灾难等等。但是，超高层建筑在激烈的争论中不断发展，自 1894 年美国纽约曼哈顿人寿保险大厦落成至今，超高层建筑发展历经百年风雨而长盛不衰。超高层建筑见证了各个时代一个地区、一个国家的科技进步和经济繁荣，美国纽约帝国大厦、世贸中心和芝加哥西尔斯大厦，中国上海金茂大厦和台北 101 大厦以及马来西亚吉隆坡石油大厦，这些人们耳熟能详的超高层建筑，无一不表征着所在国家和地区的社会发展成就，为世界各地人们所瞩目。

德国哲学家黑格尔说过：存在即合理。尽管人们对超高层建筑的发展仁者见仁、智者见智，但是平心而论，超高层建筑的存在和发展还是以其巨大优越性为先决条件的：

（1）展示发展成就，提升城市和国家形象

高大建筑一直是人们展示发展成就的重要手段，小到个人、企业，大到城市、国家，一旦经济社会发展取得一定成就，往往通过兴建大型建筑工程来向世人展示，超高层建筑作为现代建筑技术的结晶，自然而然成为展示发展成就的有效手段。超高层建筑在展示发展成就的同时，还以其强烈的标志性作用而极大地提升城市和国家形象。超高层建筑地处显要，造型突出，视觉效果强烈，往往成为所在城市和国家的"名片"。一提到帝国大厦和世贸中心双塔，人们自然而然会联想到美国纽约，西尔斯大厦总是与美国芝加哥紧密相联。上海金茂大厦、台北 101 大厦和吉隆坡石油大厦则是中国和马来西亚等亚洲国家传统文化和经济发展成就最集中的展示，大大提升了所在国家和城市的国际形象。

（2）集约化利用土地资源

超高层建筑通过向高空发展，在有限的地面上为人类争取到更多的生存空间。金茂大厦占地面积 2.3 万 m^2，但是总建筑面积却达到 290000m^2，如果不建造超高层建筑，而是建造 10 层的高层建筑，就是整个场地全部建楼也不够。通过发展超高层建筑，金茂大厦在不到 3000m^2 的土地上获得近 200000m^2 的建筑面积（主楼面积）。土地资源得到充分利用，其他区域才能用于绿化，改善人们的生活环境。超高层建筑集多种功能于一身，土地利用效率大大提高。另外超高层建筑促使城市道路、市政管线等公共设施相对集中，减少了市政公共设施的建设量和占地面积。总之，超高层建筑的发展大大提高了不可再生资源——土地的集约化利用水平。

（3）显著提高工作和生活效率

超高层建筑将工作和生活设施适当集中，一般性工作和生活问题在建筑内部即可解决。这样不但缩短了交通联系路线，减少了交通流量，降低了对城市道路的压力，而且极大地方便了人们工作和生活。超高层建筑以办公为中心，综合了各种配套设施（商业、娱乐、展览、餐饮等），使用者足不出户便可完成绝大部分活动，将人们不同的活动有机地联系起来，显著提高了工作和生活效率。

（4）实现资源高度共享，提高投资效益

首先，多层及高层建筑尽管体量不大，但是配套设施必须齐全，由于分属不同业主，因此规模效应不明显，资源利用效率低下。超高层建筑由于体量巨大，配套设施规模效应明显，资源利用效率高。其次，超高层建筑将各种功能的集约式布置，实现了经营互利。例如：商业、办公的便利增加了酒店竞争力；旅馆、办公为商业提供了客源保证；旅馆、商业又增加了办公空间的吸引力。资源共享和互惠互利极大地提高了超高层建筑的投资效益。

（5）带动相关学科发展，促进科技进步

超高层建筑是现代科学技术的结晶，是科学技术发展到一定阶段的产物，其建造和运营涉及多个学科门类。超高层建筑的发展不但得益于土木建筑工程学科中的土木建筑测量、建筑材料、土木建筑结构、土木建筑工程设计、土木建筑工程施工和土木工程机械与设备等二级学科的发展，而且有赖于材料科学、机械工程、动力与电气工程、能源科学技术、电子、通信与自动控制技术和计算机科学技术等相关一级学科的进步。超高层建筑的发展也为这些学科的发展提供了强大动力和广阔舞台，比如随着高度的不断增加，高强度材料的需求非常迫切，促进了高强钢材和高性能混凝土技术的发展，建筑高度的增加也对垂直运输设备提出了更高要求，促进了高速电梯技术的发展，又比如随着超高层建筑功能日趋复杂，建筑智能化的作用日益重要，促进了电子、通信与自动控制技术的发展。因此超高层建筑的发展极大地带动了相关学科的发展，促进科技进步。

1.3.2 超高层建筑的发展前景

超高层建筑的出现是人类美好愿望、社会需求、科技进步和经济发展的完美结合。目前发展超高层建筑的人类愿望依然强烈，社会需求更加迫切、经济技术基础日益牢固。

首先，人类建造更加高大雄伟的超高层建筑的愿望依然强烈。发达国家希望建造更高的超高层建筑来维持其世界领先地位，新兴发展中国家迫切需要发展超高层建筑来展示经济社会发展成就，扩大国际影响，因此美国、日本、中国、韩国、马来西亚和阿联酋等国家纷纷争建"世界第一高楼"也就不足为奇了。许多设计师为满足人类这一美好愿望，先后提出了超高层建筑的宏伟蓝图。英国设计师诺曼·福斯特爵士分别为东京和上海设计了两座高度分别为 840m［图 1-25（a）］和 900m 的大厦。日本竹中工务店提出了在东京建造 1000m 高的空中城市（Sky City 1000）［图 1-25（b）］的设想。西班牙建筑师提出在上海和香港建造 300 层的"超群大厦（Bionic Tower）"［图 1-26（c）］的大胆设想。

其次，人口增加与土地资源日益稀缺的矛盾依然非常突出，超高层建筑发展的社会需求更加迫切。据联合国人口基金 2005 年 10 月 12 日公布的世界人口白皮书透露，世界人口在相当长的时间内都将保持较快增长，世界人口将由 2005 年的 64 亿 6470 万增长到 2050 年的 90 亿。随着城市化水平的不断提高，城市人口将大幅度增加。据联合国人居署（UNHabitat）在 2006 年 6 月 16 日发表的《2006/2007 世界城市状况报告》，2005 年，世界城市人口大约为 31.7 亿，相当于全球总人口的一半。按照目前的趋势预测，城市人口的数字将会继续提升，到 2030 年，全球 81 亿人口当中，将有 50 亿居住在城市。这将进一步加剧人口与土地资源的矛盾，超高层建筑的发展将极大地缓解这一矛盾。在我国这样一个人口众多、土地紧张的国家进行城市化，必须坚持紧凑型发展道路，降低基础设施建设的成本，提高土地的使用效益，遏制城市松散型蔓延，发展超高层建筑具有现实意义。

第三，经济发展、科技进步为超高层建筑的发展提供了坚实的物质基础。当前国际形势的主流仍是和平与发展，伴随着经济全球化不断深入，以信息技术为代表的高科技将推动世界经济持续增长。经济持续发展为超高层建筑的发展不但提出了迫切需求，而且提供了坚实的物质基础。结构材料和机电设备性能的不断改进为超高层建筑的发展奠定了技术基础。此外，建筑结构理论的不断突破，提高了超高层建筑抗恐怖袭击的能力。

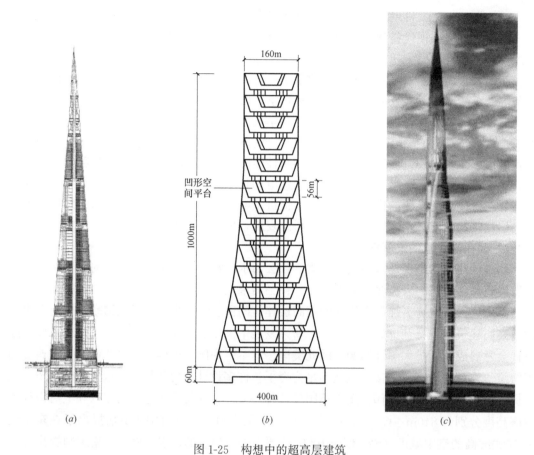

图 1-25　构想中的超高层建筑

(*a*) 840m 的东京千年塔；(*b*) 1000m 的东京太空城 1000；(*c*) 300 层的超群大厦

　　超高层建筑的发展建立在需求为导向、效益为支撑的牢固基础上，经济社会效益显著，发展前景良好 [图 1-26 (*a*)、图 1-26 (*b*)]。因此尽管在 2001 年发生了针对超高层建筑——美国世贸中心的"9·11"恐怖事件，人们对发展超高层建筑的疑虑进一步加深。但是沉思

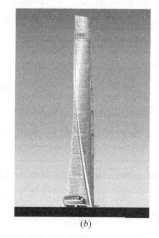

图 1-26　正在建设的超高层建筑

(*a*) 541m 的纽约世界贸易中心；(*b*) 632m 的上海中心

过后，人们更加深刻地认识到超高层建筑的巨大优越性，把发展超高层建筑作为展示社会发展成就，促进科技进步的重要手段，超高层建筑的发展由此进入新高潮。2004 年中国台北 101 大厦落成使超高层建筑的高度一举突破 500m 大关。828m 高的阿联酋迪拜哈利法塔建成实现了超高层建筑跨越式发展，预示着超高层建筑发展的美好前景（图 1-27）。

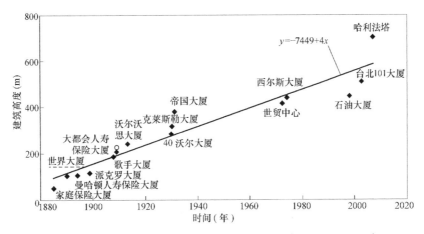

图 1-27　世界最高超高层建筑高度随时间变化规律（1889~2010 年）

1.3.3　超高层建筑发展趋势

在高度不断增加的同时，超高层建筑发展还呈现出综合化、异形化、生态化和智能化等新趋势[6]。

（1）综合化

受建筑形式局限，长期以来城市规划功能分区非常清晰，工作与生活区域相互分离，给人们工作和生活带来很大不便。据研究，在日本东京，41% 的已婚上班族，每天只和伴侣说话不到 15min，其中 10% 的人什么都不说；70% 在东京工作的人，一天睡眠的时间不到 6h；75% 的东京人每天上下班所花时间在 1h 以上。针对目前城市规划中工作和生活区域分离，造成家庭成员每天团聚时间日渐减少的情况，日本正在探索发挥超高层建筑空间容量大的积极作用，将工作和生活场所规划在一座或一组超高层建筑中，建设超高层建筑"城市"。日本森大厦株式会社积极贯彻超高层建筑城市理念，建设东京六本木新城，取得良好效果，值得我们借鉴。东京六本木新城由一栋 54 层超高层建筑办公楼（总建筑面积 38 万 m^2）和四栋住宅（其中两栋为 43 层，总建筑面积 15 万 m^2），工作生活实施齐全，大大方便了在此工作和生活的人们，极大地提高了时间利用效率（图 1-28）。

（2）异形化

超高层建筑由于其结构形式的限制以及使用功能的要求，在造型上往往受制于建筑的结构形式，而不能有太多的变化，存在造型比较单一和简单的缺陷。随着结构理论和技术的发展，超高层建筑在进一步向高空发展的同时，超高层建筑结构的体形适应性大大增强，建筑造型更加多样化和异形化。许多超乎想象的建筑相继问世，如西班牙马德里的欧洲之门双塔（The Twin Towers of Puerta De Europa）是人造斜塔，倾斜度达 16°（图 1-29）。中国中央电视台新台址工程更是将这一设计理念推向极致，两座塔楼相向倾斜 6°，然后在 160m 高空通过 L 形悬臂相连，产生震撼人心的效果。

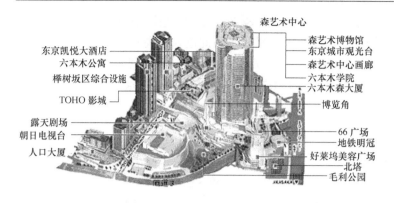

森艺术中心
东京凯悦大酒店
六本木公寓
榉树坂区综合设施
TOHO 影城
露天剧场
朝日电视台
人口大厦
森艺术博物馆
东京城市观光台
森艺术中心画廊
六本木学院
六本木森大厦
博览角
66 广场
地铁明冠
好莱坞美容广场
北塔
毛利公园

图 1-28　日本东京六本木新城

图 1-29　西班牙马德里的欧洲之门

图 1-30　中国中央电视台新台址

图 1-31　法兰克福商业银行总部大厦

（3）生态化

人们为了高效利用宝贵的土地资源而发展超高层建筑，但是却引发了能源消耗量大等生态问题。因此近年来工程技术人员开始探索建设"生态节能型"超高层建筑。1994 年生态建筑师——诺曼·福斯特就将"生态型"建筑的概念融入超高层建筑设计中，在设计 56 层、高 300m 的德国法兰克福商业银行总部大厦时，就采用了许多技术手段降低建筑能耗。除非在极少数的严寒或酷暑天气中，该大厦全部采用自然通风和温度调节，将运行能耗降到最低，同时也最大限度地减少了空调设备对大气的污染。近年来英国工程师杨经文（Ken Yeang）提出了生物气候摩天大楼（bio-climatic skyscraper）的设计概念，这类超高层建筑与环境存在密切的互动关系，其运作所需的能源很少，而品质却比较高。他强调超高层建筑要成为会呼吸的有机体，能适应四季气候的变化进行自我调节。

（4）智能化

超高层建筑功能复杂，系统繁多，确保各系统高效、安全、协调运行是超高层建筑智能化最基本的任务。2001年发生"9·11"恐怖事件以后，超高层建筑的安全问题成为超高层建筑智能化技术研究的热点。目前超高层建筑智能化技术研究开始从过去的侧重于信息处理和设施管理的"高技术型"，转向更加重视环境生态和舒适程度的"高情感型"，通过智能化提高超高层建筑的舒适性，降低超高层建筑能耗。

第2章 超高层建筑基础与结构

2.1 超高层建筑的定义

超高层建筑属于高层建筑的范畴。高层建筑的划分标准在国际上并不统一，但是基本原则是一致的。我国《民用建筑设计通则》GB 50352—2005 将住宅建筑层数划分为：1～3 层为低层；4～6 层为多层；7～9 层为中高层；10 层及 10 层以上为高层；公共建筑及综合性建筑总高度超过 24m 为高层；凡高度超过 100m 的建筑均为超高层。日本建筑大辞典将 5～6 层至 14～15 层的建筑定为高层建筑，15 层以上定义为超高层建筑。1972 年国际高层建筑会议将高层建筑按高度分为四类：(1) 9～16 层（最高到 50m）；(2) 17～25 层（最高到 75m）；(3) 26～40 层（最高到 100m）；(4) 40 层（100m）以上（即超高层建筑）。

2.2 超高层建筑基础工程

2.2.1 基础形式

超高层建筑形高、体重，基础工程不但要承受很大的垂直荷载，还要承受强大的水平荷载作用下产生的倾覆力矩及剪力。因此超高层建筑对地基及基础的要求比较高：其一，要求有承载力较大的、沉降量较小的、稳定的地基；其二，要求有稳定的、刚度大而变形小的基础；其三，既要防止倾覆和滑移，也要尽量避免由地基不均匀沉降引起的倾斜。

基础设计的首要任务是确定基础形式。基础形式的确定必须综合考虑地基条件、结构体系、荷载分布、使用要求、施工技术和经济性能。目前超高层建筑采用的基础形式主要有箱形基础、筏形基础、桩基及桩-筏基础、桩-箱基础。箱形基础和筏形基础整体刚度比较大，结构体系的适应性强，但是对地基的要求高，因此适合于地表浅部地基承载力比较高的地区，如北京地区一般超高层建筑多采用箱形基础或筏形基础。桩-筏基础和桩-箱基础由于可以通过桩基将荷载传递至地下深处，不但具有整体刚度比较大，结构体系适应性强的优点，而且使用条件比较宽松，适合各种地基条件的地区，因此在超高层建筑工程中应用非常广泛。在超高层建筑基础工程中，桩-筏基础应用最广，近年来建设的世界著名超高层建筑大都采用了桩-筏基础，如中国上海环球金融中心、金茂大厦、台北 101 大厦、香港国际金融中心二期、马来西亚吉隆坡石油大厦基础都为桩-筏基础。

在超高层建筑基础工程中，桩基础占有相当重要的地位，桩基不但是荷载传递非常重要的环节，而且是设计和施工难度比较大的基础部位。目前超高层建筑采用的桩基础主要有钢筋混凝土灌注桩、预应力混凝土管桩和钢管桩。三者之中，钢筋混凝土灌注桩具有地层适应性强、施工设备投入小、成本低廉、承载力大和环境影响小等优点，因此在超高层建筑中应用非常广泛。预应力混凝土管桩具有成本比较低、施工高效和质量易控等优点，但是也存在挤土效应强烈、承载力有限等缺陷。因此仅在施工环境比较宽松、承载力要求比较低的超高层建筑中应用。钢管桩具有质量易控、承载力大、施工高效等优点，但是存在成本较高、施工环境影响大等缺陷，因此在超高层建筑中应用不多，只有特别重要的、规模巨大的超高层建筑采用钢管桩作桩基础，如上海环球金融中心、金茂大厦（图2-1）。

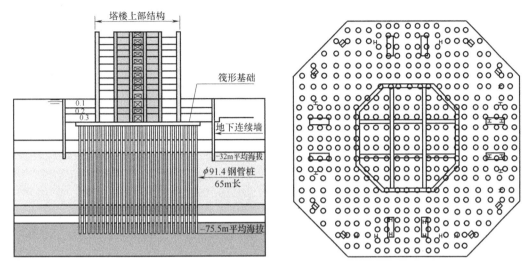

图 2-1 金茂大厦基础形式

近年来，为应对超高层建筑发展对桩基础大承载力的要求，工程技术人员致力于发展承载力更大的新型桩基础：壁式桩基础（Barrette）和沉箱桩基础[7]。壁式桩基础形如地下连续墙，施工工艺和设备与地下连续墙基本相同。由于壁式桩基础横断面大，深度达100m以上，因此承载力特别高。马来西亚吉隆坡石油大厦（也称双塔大厦 Petronas Twin Tower）就采用了208幅（104幅/塔），横断面为2.8m×1.2m 的壁式桩基础（图2-2），桩基础深度随基岩埋深在40～125m 之间变化[7]。正在建设的香港环球贸易广场

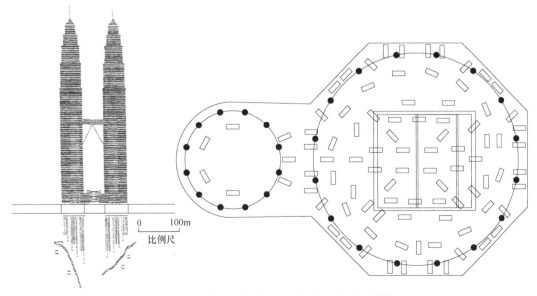

图 2-2 马来西亚吉隆坡石油大厦壁式桩基础[7]

（118 层，484m 高）也采用了 240 幅 2.0m×1.5m 地下连续墙壁式桩基础（图 2-3），桩长 80～120m[8]。沉箱一般应用于卵砾石层等特殊土层中。沉箱桩基础横断面比较大，如果配合扩底措施，其承载力远较一般桩基础大得多。新加坡外联银行中心（Overseas Union Bank Centre，62 层，280m 高）采用了直径分别为 5m 和 6m 的扩底式沉箱桩基础（图 2-4），扩底坡度为 3∶1（$V∶H$），取得了良好效果，试验表明沉箱桩基础容许承载力可达 350～460t/m²[7]。

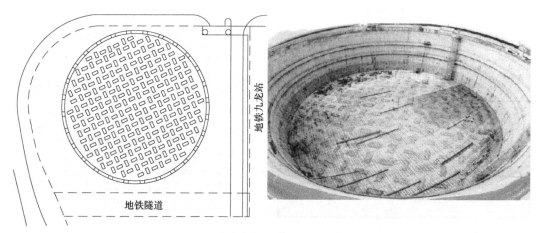

图 2-3　香港环球贸易广场壁式桩基础[8]

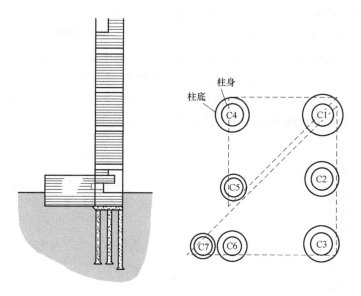

图 2-4　新加坡外联银行大厦沉箱桩基础[7]

2.2.2　基础埋深

由于超高层建筑结构超高，承受巨大的侧向荷载作用，因此为了提高建筑稳定性，与一般高层建筑相比，超高层建筑的基础埋深都比较大。在确定超高层建筑的基础埋置深度时，应考虑建筑物的高度、体形、地基土质、抗震设防烈度等因素，并应满足抗倾覆和抗滑移的要求。在我国《高层建筑箱形与筏形基础技术规范》JGJ 6—2011 中对基础埋深作了详细的规定，箱形和筏形基础的地基应进行承载力的变形计算，必要时应验算地基的稳定性。高层建筑筏形和箱形基础的埋置深度应满足地基承载力、变形和稳定性要求。在抗震设防区,除岩石地基外,天然地基上的箱形和筏形基础其埋置深度不宜小于建筑物高度的 1/15;当桩与箱基底板或筏基底板连接的构造符合规范有关规定时,桩-箱或桩-筏基础的埋置深度(不计桩长)不宜小于建筑物高度的 1/18。目前超高层建筑高度达到 500m,基础埋深接近 30m。在超高层建筑施工中,基础工程已经成为影响建筑施工总工期和总造价的重要因素之一,在软土地基地区尤其如此。超高层建筑基础工程造价占土建工程总造价的 25%~40%,施工工期占总工期的三分之一左右。同时,深基础施工也是一项风险极大的任务,深基坑稳定和环境保护的难度日益增大,深基础工程施工技术已经成为超高层建筑建造技术研究的重要内容之一。

2.3 超高层建筑结构类型

钢和混凝土是超高层建筑最主要和最基本的结构材料,根据所用结构材料的不同,超高层建筑结构可以划分为三大类型:钢结构、钢筋混凝土结构、混合结构与组合结构。

2.3.1 钢结构

钢结构充分利用了钢材抗拉、抗压、抗弯和抗剪强度高的优良特性,是一种历史悠久、应用广泛的超高层建筑结构类型。钢结构具有自重轻、抗震性能好、工业化程度高、施工速度快和工期比较短等优点,但是也存在钢材消耗量大、建造成本高、抗侧力结构侧向刚度小、体形适应性弱、防火性能差、施工技术和装备要求比较高等缺陷。因此钢结构超高层建筑主要在工业化发展水平比较高的发达国家得到广泛应用[9]。

超高层建筑首先是在工业化发展水平很高的美国得到发展的,因此早期的超高层建筑多采用钢结构,钢结构在超高层建筑的发展中长期独领风骚。世界上目前已经建成的几个纯钢结构标志性建筑曾先后成为世界上最高的超高层建筑,它们是:1931 年建成的 102 层、高 381m 的美国纽约帝国大厦 [图 2-5 (a)];1969 年建成的 110 层、高 417m 的美国

| (a) | (b) | (c) |

图 2-5 世界著名钢结构超高层建筑

(a) 美国纽约帝国大厦;(b) 美国纽约世界贸易中心;(c) 美国芝加哥西尔斯大厦

纽约世界贸易中心［图 2-5 (b)］；1970 年建成的 110 层、高 442.3m 的美国芝加哥西尔斯大厦［图 2-5 (c)］。

在建筑中采用钢材，我国经历了"节约用钢"、"合理用钢"和"积极用钢"三个时期。尽管早在 1934 年我国就采用钢结构建成了远东第一高楼——上海国际饭店，但是由于钢产量一直不高，建筑业贯彻"节约用钢"的方针，因此长期以来我国钢结构高层和超高层建筑基本处于停滞和缓慢发展状态。直到 20 世纪 90 年代，当钢年产量超过 8000 万 t 以后，建筑业贯彻"合理用钢"的方针，钢结构超高层建筑才开始有所发展，先后兴建了北京长富宫饭店［25 层，91.05m，钢框架，1989 年，见图 2-6 (a)］、北京国贸大厦［38 层，155.2m，钢筒中筒，1989 年，见图 2-6 (b)］、北京京广中心［53 层，208m，钢框架-剪力墙，1990 年，见图 2-6 (b)］、上海新锦江大酒店［43 层，153.2m，钢框架-筒体，1988 年，见图 2-6 (c)］、上海国际贸易中心 37 层，138.8m，钢框架—筒体，1989 年。近年来，我国钢铁工业突飞猛进，2009 年钢年产量已经超过 6 亿 t，在"积极用钢"方针指引下，钢结构超高层建筑进入了新中国成立以来最好的发展时期，北京中央电视台新台址建设工程就是典型的钢结构超高层建筑。但是总体而言，受经济发展水平所限，钢结构超高层建筑在我国的应用还极为有限。

(a)　　　　　　　　　　　(b)　　　　　　　　　　　(c)

图 2-6　我国著名钢结构超高层建筑
(a) 北京长富宫饭店；(b) 北京京广中心；(c) 上海新锦江大酒店

2.3.2　钢筋混凝土结构

钢筋混凝土结构充分发挥了混凝土受压和钢筋受拉性能优良的特性，是一种广泛应用的超高层建筑结构类型。钢筋混凝土结构具有原材料来源广、钢材消耗量小、建造成本低、结构抗侧向荷载刚度大、体形适应性强、防火性能优越、施工技术和装备要求比较低等优点，但是也存在自重比较大、现场作业多、施工工期比较长的缺陷。因此钢筋混凝土结构超高层建筑首先在工业化发展水平比较低的发展中国家得到广泛应用。由于具有良好的经济性，因此近年来在发达国家，钢筋混凝土结构超高层建筑也日益增加[10]。

1903 年 16 层、高 65m 的殷盖茨大厦 (Ingalls Building) 在美国辛辛那提落成，标志着钢筋混凝土结构在高层建筑中的推广应用取得重大突破［图 2-7 (a)］。钢筋混凝土结构产生以后很长一段时间发展缓慢，20 世纪 30 年代前的庞然大物都是钢结构，直到 1960 年都很少有钢筋混凝土结构超过 20 层。但是自 1960 年开始，世界各地开始兴建钢筋混凝土超高层建筑。1962 年美国芝加哥的玛丽娜城双塔（The twin towers of Marina City）落成（61 层，179m 高），揭开了钢筋混凝土结构在超高层建筑中广泛应用和与钢结构竞争的序幕 ［图 2-7（b）］。1964 年兴建的蒙特利尔市的维多利亚宫（Place Victoria）采用 6000psi（41.4MPa）混凝土柱，高度达到 190m，表明高强混凝土对提高超高层建筑的高度至关重要 ［图 2-7（c）］。1968 年 70 层的湖点群塔（Lake Point Towers）使用了 7500psi（51.8MPa）混凝土，高度达到 197m。1970 年以 218m 封顶的休斯敦单壳广场（One Shell Plaza）也采用了 6000psi（41.4MPa）混凝土。1973 年由于超塑化外加剂的应

图 2-7　世界著名钢筋混凝土超高层建筑

(a) 殷盖茨大厦；(b) 玛丽娜城双塔；(c) 蒙特利尔市的维多利亚宫；
(d) 水塔大厦；(e) 多伦多斯科亚大厦；(f) 平壤柳京饭店

用，水塔大厦（Water Tower Place）使用了强度达到 9000psi（55.1MPa）的混凝土，建筑高度达到 859 feet（262m）[图 2-7（d）]。1989 年高达 907ft.（276.4m）的多伦多斯科亚大厦（Scotia Plaza Building）竣工 [图 2-7（e）]。1990 年在芝加哥又有两栋大厦超过 900ft.（275m），其中西尔斯大厦附近的南威克街 311 大厦（311 South Wacker Drive）65 层，高 293m[10]。1990 年结构封顶的平壤柳京饭店，采用了现浇钢筋混凝土剪力墙结构，地上 101 层，高 334m，成为当时世界最高的钢筋混凝土结构超高层建筑 [图 2-7（f）]。遗憾的是，由于资金不足，该工程结构封顶以后停工至今。

钢筋混凝土结构很早就传入我国，建于 1910 年的上海电话公司就采用了钢筋混凝土结构。此后，受战乱及国家经济发展水平所限，在很长的一段历史时期内，对高层建筑钢筋混凝土结构的研究几乎空白。直到 20 世纪 80 年代，我国对外开放，城市化进程加快，钢筋混凝土结构超高层建筑的研究才开始，经过三十多年的努力取得了丰硕成果。1980 年建成的香港合和中心 [高 216m，65 层，见图 2-8（a）]，1985 年建成的深圳国际贸易中心（高 160m，50 层），1992 年建成的广东国际大厦（高 199m，63 层），香港中环广场 [高 374m，78 层，见图 2-8（b）] 和 1996 年建成的广州中信广场 [高 391m，80 层，见图 2-8（c）] 均采用了钢筋混凝土结构。香港中环广场和广州中信广场还先后成为世界上最高的钢筋混凝土超高层建筑。

（a）　　　　　　　　　　　　　（b）　　　　　　　　　　　（c）

图 2-8　我国著名钢筋混凝土结构超高层建筑
（a）香港合和中心；（b）香港中环广场；（c）广州中信广场

2.3.3　混合结构与组合结构

钢结构和钢筋混凝土结构各有其优缺点，可以取长补短。在超高层建筑不同部位可以采用不同的结构材料，形成混合结构，在同一个结构部位也可以用不同的结构材料形成组合（复合）结构。钢与钢筋混凝土组合方式多种多样，通过组合形成组合梁、钢骨梁、钢骨柱、钢管混凝土柱、组合墙、组合板和组合薄壳等。这些组合构件充分发挥了钢和钢筋混凝土两种材料的优势，性能优异，性价比高，因此已经广泛应用于超高层建筑工程中，上海环球金融中心和台北101大厦就是典型的组合结构。

组合结构分类　　　　　　　　　　　　表2-1

类　　型	特　　征
组合梁	钢梁通过连接件与其上钢筋混凝土楼板组合为一体
钢骨梁	钢筋混凝土梁与埋置其中的型钢组合为一体
钢骨柱	钢筋混凝土柱与埋置其中的型钢组合为一体
钢管混凝土柱	钢管与灌注其中的混凝土组合为一体
组合墙	钢筋混凝土墙与埋置其中的型钢组合为一体
组合板	压型钢板与其上钢筋混凝土板组合为一体
组合薄壳	钢板与其上钢筋混凝土板组合为一体

　　钢与钢筋混凝土结构混合方式比较少，按空间分布划分主要有横向混合和竖向混合两种基本方式。钢与钢筋混凝土按照自身性能分布在建筑横向不同部位，承受结构荷载，如核心筒采用钢筋混凝土材料，外框架及楼层梁采用钢材（或组合结构），这样的混合方式即为横向混合。横向混合是超高层建筑最主要的混合方式，上海金茂大厦、香港国际金融中心二期工程都采用了横向混合结构。钢与钢筋混凝土按照自身性能分布在建筑竖向不同部位，承受结构荷载，如中下部采用钢筋混凝土材料，上部采用钢材，这样的混合方式即为竖向混合。竖向混合在超高层建筑中应用不多，最有代表性的工程是阿联酋迪拜的哈利法塔。哈利法塔在156层以下采用钢筋混凝土材料，157层以上采用钢材，高度达到828m，结构用钢量在$75\sim100kg/m^2$之间，设计师将钢与钢筋混凝土材料各自的优越性发挥到了极致。受经济发展水平所限，我国超高层建筑特别是高度超过150m的超高层建筑多采用钢与钢筋混凝土混合结构，如20世纪80年代建设的北京香格里拉饭店、上海静安希尔顿酒店、上海瑞金大厦和深圳发展中心大厦等都采用了钢框架和钢筋混凝土核心筒相结合的混合结构。20世纪90年代以来，采用钢与钢筋混凝土的混合结构类型的超高层建筑越来越多，如深圳地王大厦（高384m，81层）和上海新金桥大厦（167m，42层）、森茂国际大厦（高201m，46层）、世界金融大厦（高189m，46层），世贸国际广场（333m，63层）和金茂大厦（高421m，88层）。

　　超高层建筑结构类型主要受技术和经济发展水平所决定。在超高层建筑发展初期，钢结构技术相对比较成熟，因此在20世纪70年代以前，超高层建筑多采用钢结构。随着钢筋混凝土结构和混（组）合结构技术日趋成熟，超高层建筑采用钢筋混凝土结构和混（组）合结构的比重不断增加。目前在超高层建筑中，纯钢结构应用范围有所缩小，钢筋混凝土结构和混（组）合结构的比重已经超过纯钢结构。鉴于钢结构超高层建筑存在成本高、防火性能差的缺陷，今后纯钢结构在超高层建筑中的应用范围还将进一步缩小，钢筋混凝土结构和混（组）合结构将成为超高层建筑的主要结构类型（图2-9、图2-10）。

图 2-9　世界著名混（组）合结构超高层建筑
(*a*) 上海金茂大厦；(*b*) 香港国际金融中心二期；(*c*) 台北 101 大厦

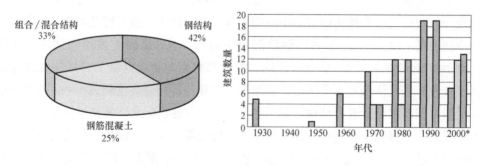

图 2-10　世界 200 栋最高建筑结构类型[11]

2.4　超高层建筑结构体系

2.4.1　结构体系简介

超高层建筑承受的主要荷载是水平荷载和自重荷载，按照结构抵抗外部作用的构件组成方式，超高层建筑结构体系主要有：框架结构体系、剪力墙结构体系、筒体结构体系、框架-剪力墙（筒体）结构体系和巨型结构体系等[12~16]。

（1）框架结构体系

框架结构体系是由杆件——梁、柱所组成的结构体系，是一种承重体系与抗侧力体系合二为一的结构体系，它依靠梁、柱的抗弯能力来抵抗侧向荷载作用（图 2-11）。框架结构体系具有结构布置灵活，室内空间开阔，使用比较方便等优点，但是也存在抗震性能较差，侧向刚度较低，建筑高度受到限制等缺点。框架结构体系历史悠久，是高层建筑和超高层建筑发展初期主要的结构体系，目前主要用于不考虑抗震设防、层数较少的高层建筑中。在抗震设防要求高和高度比较高的超高层建筑中应用不多，高度一般控制在 70m 以下，只有极少数超高层建筑采用框架结构体系。

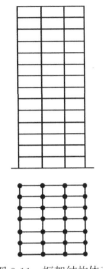

图 2-11　框架结构体系

（2）剪力墙结构体系

剪力墙结构体系是利用建筑物墙体作为承受竖向荷载、抵抗水平荷载的结构体系，也是一种承重体系与抗侧力体系合二为一的结构体系。由于剪力墙采用现场浇捣的方法施工，因此剪力墙结构体系具有整体性好，侧向刚度大，承载力高等优点，但是也存在剪力墙间距比较小，平面布置不灵活，难以满足公共建筑的使用要求。剪力墙结构体系在住宅及旅馆超高层建筑中得到广泛应用（图 2-12）。

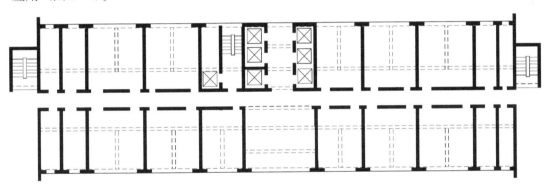

图 2-12　广州白云宾馆剪力墙结构体系

（3）筒体结构体系

筒体结构体系是利用建筑物筒形结构体作为承受竖向荷载、抵抗水平荷载的结构体系，也是一种承重体系与抗侧力体系合二为一的结构体系（图 2-13）。结构筒体可分为实腹筒、框筒和桁筒。平面剪力墙组成空间薄壁筒体，即为实腹筒；框架通过减小肢距，形成空间密柱筒，即框筒；筒壁若用空间桁架组成，则形成桁筒。实际结构中除烟囱等构筑物外不可能存在单筒结构，而常常以框架-筒体结构、筒中筒结构、多筒体结构和成束筒结构形式出现。若既设置内筒，又设置外筒，则称为筒中筒结构体系，它的典型代表就是美国世界贸易中心（图 2-13）。世界贸易中心是双塔楼，每幢平面 63m×63m，建筑面积约 100 万 m^2，高分别为 415m 和 417m，采用的就是筒中筒结构体系。它的外柱中至中间距只有 1.02m，柱间以深梁相连，它们焊接在一起后，从整体上看像一片有小洞口的剪力墙，整个外墙围成一个外筒，内筒为钢桁架筒。美国西尔斯大厦则是著名的成束筒结构超高层建筑。

（4）框架-剪力墙（筒体）结构体系

在框架结构中设置部分剪力墙，使框架和剪力墙两者结合起来，取长补短，共同抵抗

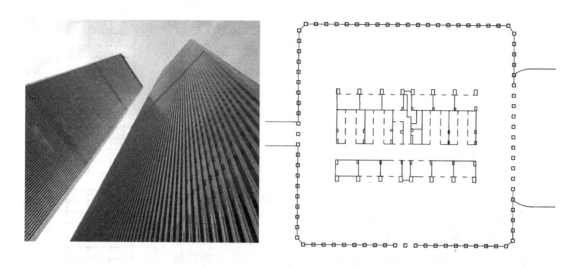

图 2-13　美国世贸中心筒中筒结构体系

竖向荷载和水平荷载，就构成了框架-剪力墙结构体系。如果把剪力墙布置成筒体，就转化为框架-筒体结构体系。框架-剪力墙（筒体）结构体系是一种承重体系与抗侧力体系相结合的结构体系。框架-剪力墙（筒体）结构体系中，由于剪力墙（筒体）刚度大，剪力墙（筒体）将承受大部分水平荷载（有时可达 80%～90%），是抗侧力的主体，整个结构的侧向刚度大大提高。框架则承担竖向荷载，同时也承担少部分水平荷载。

框架-剪力墙（筒体）结构体系综合了框架结构体系和剪力墙（筒体）结构体系的优点，避开两种结构体系的缺点，应用极为广泛。与框架结构体系相比，框架-剪力墙（筒体）结构体系的刚度和承载能力都大大提高了，在地震作用下层间变形减小，因而也就减小了非结构构件（隔墙及外墙）的损坏，这样无论在非地震区还是地震区，这种结构体系都可用来建造较高的超高层建筑，目前在世界超高层建筑中得到广泛的应用。上海金茂大厦（图 2-14）、台北 101 大厦、吉隆坡石油大厦都采用了框架-筒体结构体系。

（5）巨型结构体系

巨型结构一般由两级结构组成。第一级结构超越楼层划分，形成跨越若干楼层的巨梁、巨柱（超级框架）或巨型桁架杆件（超级桁架），承受水平荷载和竖向荷载。楼面作为第二级结构，只承受竖向荷载并将荷载所产生的内力传递到第一级结构上。常见的巨型结构有巨型框架结构和巨型桁架结构。巨型结构体系非常高效，抗侧向荷载性能卓越，应用日益广泛。上海环球金融中心、香港国际金融中心二期都采用了巨型结构体系。目前超高层建筑高度不断增加，但是建筑宽度受自然采光所限难以同步增加，因此只有不断提高结构体系效率，才能在建筑宽度保持基本不变的情况下，继续实现超高层建筑的新跨越。

不同的结构体系所具有的承载力和刚度是不一样的，因而它们适合应用的高度也不同[11]。一般说来，框架结构适用于高度低，层数少，设防烈度低的情况；框架-剪力墙（筒体）结构和剪力墙结构可以满足大多数建筑物的高度要求；在层数很多或设防烈度要求很高时，筒体结构不失为合理选择；巨型结构体系则将支撑超高层建筑实现更大跨越（图 2-16）。

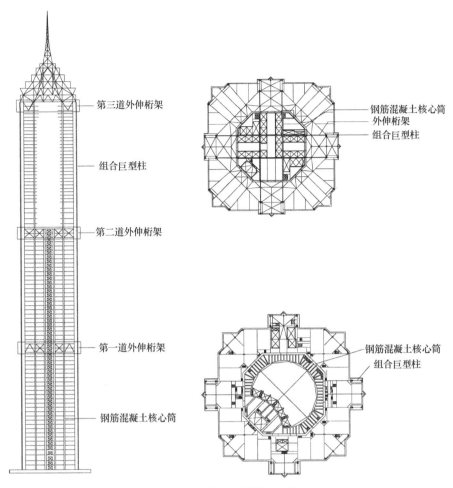

图 2-14 金茂大厦结构 24 层平面

2.4.2 结构体系发展简史[3,12~17]

超高层建筑的发展与人们对结构体系认识的不断深化密切相关，正是结构体系的持续创新为超高层建筑不断攀登新高峰提供了有力支撑。超高层建筑的控制荷载是风和地震作用产生的水平荷载，风对超高层建筑基础和结构的作用都随建筑高度的增加而显著增大，因此风一直是超高层建筑发展需要跨越的主要障碍，超高层建筑结构体系主要是在跨越风的作用中不断取得发展和突破的。

早期的高层建筑和超高层建筑采用框架结构体系，以承受竖向荷载为主，通过梁、柱受弯来抵抗风和地震作用，侧向刚度比较小，因此难以满足超高层建筑不断攀登新高峰的要求。后来，当人们认识到拉压杆承受轴力时的轴向变形，比梁柱承受弯矩的弯曲变形小得多时，就逐渐形成在一幢高层建筑里采用两个传力系统的概念：用侧向刚度较小的框架结构体系承受重力等竖向荷载；用侧向刚度很大的有斜撑的筒体结构体系承

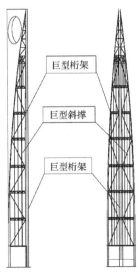

图 2-15 上海环球金融中心巨型结构体系

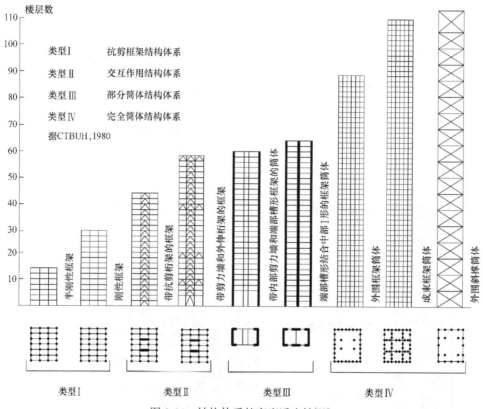

图 2-16　结构体系的高度适应性[11]

受风等水平荷载，并作为建筑物的内核心部分。这个内核心结构在水平荷载作用下的侧移小、重量轻，还能在内部设置电梯、楼梯和铺设各种管道。至于框架结构，由于只让它承受重力，可以大大简化它的节点构造。这就形成了一种新的外框架-内筒体结构体系（内核心的钢桁架体系称为内筒结构），它能大量节约钢材并有效利用建筑面积，因而在高层建筑中得到广泛应用。但这时的钢桁架筒结构因有交叉斜撑，只能用于内核心。与此同时，人们还认识用混凝土薄墙体系代替有斜撑的钢桁架体系更为优越，如它的侧向刚度更大，可以开门窗洞口等。这就形成了超高层建筑中的剪力墙结构体系和框架—剪力墙体系。

20 世纪 60 年代中期，美国 SOM 公司的工程师坎恩（Fazlur Khan，1929～1982）受建筑师戈德斯密司（Myron Goldsmith）启发，在设计芝加哥的约翰·汉考克中心（John Hancock Center，1968 年建成）时，大胆地将有斜撑的桁架布置在四周外墙上（图2-17）。该楼有 100 层高，它的外墙面梁柱钢框架上设置有 5 个巨型 X 形钢斜撑，每个横跨 18 层楼高。虽然每层外墙都会有两个斜撑的杆件遮挡窗口，但它的结构体系，X 形斜撑和方斜锥形筒体立面，却给人以安全感，而且用钢量很少，结构用钢量只有 145kg/m²，比采用钢框架承重的 102 层纽约帝国大厦结构用钢量 206kg/m²，几乎少了 1/3，成为后来许多超高层建筑仿效的典范。这样就又形成了一个新概念——将超高层建筑看成一个巨大的、中空的、由地基升起的竖向悬臂柱，称为筒体结构体系。1974 年，坎恩又将筒体结构发展成为几个筒捆束在一起，形成更新的束筒结构体系，建成了当时世界上最高的西尔斯大厦（Sears Tower）。它由9个方形筒体连接在一起，每个筒体的平面尺寸为23m×23m，总平面尺寸为69m×69m，尽管高度达442.3m，110层，但结构用钢量只有161kg/m²。它作为世界第一高度的记录保持到1998年马来西亚吉隆坡的石油大厦（Petronas Tower）落成。

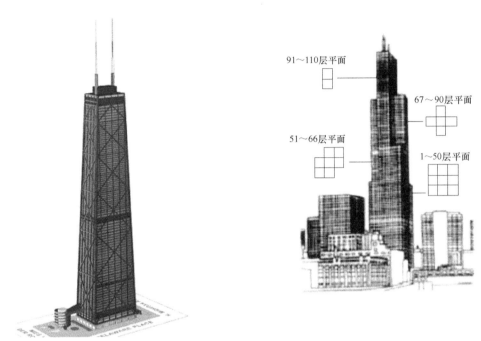

图 2-17　美国约翰·汉考克中心与西尔斯大厦

2.4.3　结构体系发展趋势

超高层建筑高度的增加与结构体系的创新密不可分，在超高层建筑的发展历程中，先后出现了框架、框架-剪力墙、框架-筒体、筒中筒、束筒等多种结构体系，结构体系

(a)　　　　　　　(b)　　　　　　　(c)

图 2-18　巨型结构超高层建筑

（a）日本 NEC 大楼；（b）香港中国银行大厦；（c）北京中央电视台新台址大厦

33

的不断创新有力支撑了超高层建筑不断攀登新高峰。目前超高层建筑结构体系已进入巨型结构体系发展阶段，尽管巨型结构体系工程应用还不广泛，但其发展历史可以追溯到 1965 年。美国 SOM 设计事务所在设计汉考克大厦时，为了提高结构侧向刚度，创造性提出了巨型结构体系。由于巨型结构体系具有良好的建筑适应性和高效的结构性能，因此陆续在一些超高层建筑工程中得到推广应用。如日本千叶县 43 层、高 180m 的 NEC 大楼，该建筑内部布置大开口和大空间庭院，其巨型结构是由四根巨型结构柱和四个巨型的空间桁架梁组成的巨型空间框架结构体系。香港中国银行和北京中央电视台新台址建设工程采用的结构体系也是巨型结构体系。上海环球金融中心为了满足建筑高度从 460m 增加至 492m 的需要，结构设计中就采用了巨型结构体系来提高结构体系抗侧向荷载性能。日本拟建的高 800m 的动力智能大厦（DIB-200）也采用了由 12 个巨型单元体组成的巨型结构体系。

第3章 超高层建筑施工组织

3.1 施工特点

超高层建筑结构超高、规模庞大、功能繁多、系统复杂、建设标准高，施工具有非常鲜明的特点：

(1) 规模庞大，工期成本高。超高层建筑体量巨大，建筑面积达数 10 万 m²，所需投资往往达数十亿元（人民币），甚至逾百亿元，建设单位的资金压力非常大。资金压力体现在工期成本高，一旦工程延期往往显著提高投资成本，降低投资收益。

(2) 基础埋置深，施工难度大。为了满足结构稳定和开发地下空间的需要，超高层建筑的基础埋置都比较深，基坑开挖深度达 20 余米，有的甚至超过 30m。深基础施工周期长、施工安全风险大。

(3) 结构超高，施工技术含量高。超高层建筑较其他建筑最为显著的区别是高度大。目前超高层建筑高度已经突破 800m 大关（阿联酋迪拜哈利法塔高 828m），正在朝 1000m 迈进。有些超高层建筑的高度并不突出，但是为了产生独特的建筑效果，造型非常奇特，如北京中央电视台新台址大厦。高度的不断增加和造型的奇特都会增加超高层建筑结构施工难度。

(4) 作业空间狭小，施工组织难度高。超高层建筑是垂直向上伸展的建筑，这一特点决定了超高层建筑的施工只能逐层向上进行，作业空间非常狭小，施工组织的难度非常高，必须有效利用作业时间和空间，提高施工效率。

(5) 建设标准高，材料设备来源广。超高层建筑多为设计标准比较高的建筑，有些属城市标志性的超高层建筑尤其如此。业主和建筑师为了打造精品，往往采用当今世界最新科技成果，在全球范围大量采购材料、设备。这对总承包管理能力是一个严峻考验，管理前瞻性要求高。

(6) 工期长，冬雨期施工难以避免。超高层建筑体量大，施工周期长，我国全部竣工建筑单栋平均工期为 10 个月左右，而超高层建筑平均工期长达 2 年左右，规模大的超高层建筑施工工期甚至超过 5 年。施工过程中冬雨季恶劣天气不可避免。特别是随着施工高度的增加，作业环境更加恶劣，风大、温度低给结构施工带来很大困难。

(7) 材料设备垂直运输量大。超高层建筑体量巨大，除结构材料外，机电安装与装饰工程所需的材料设备有时都高达数 10 万 t，数千施工人员上下的交通流量相当可观，垂直运输体系的效率对提高施工速度影响极大。

(8) 功能繁多，系统复杂，施工组织要求高。现代超高层建筑往往集办公、酒店、休闲、娱乐和购物等功能于一体，功能繁多。为了实现建筑功能，系统也就非常复杂，除了建筑结构外，仅机电系统就是一个庞大的复杂系统，包含强电系统、空调系统、给水排水系统、电梯系统、消防系统和楼宇自控系统等。要在有限的时间和空间内，保质保量完成这些系统的施工，对总承包商的施工组织能力是严峻考验。

3.2　施工技术路线

超高层建筑施工前必须首先深入分析工程特点，明确项目的施工技术要点，然后制定针对性的施工技术路线。工程对象不同，施工技术路线各有差异，但是基本原则是相同的：突出塔楼、流水作业、机械化施工、总承包管理。

3.2.1　突出塔楼

超高层建筑的显著特点是：投资大、工期长、工期成本高。因此必须突出工期保证措施，采取有力措施缩短工期。在整个工程中，塔楼的施工工期无疑起着控制作用，缩短工期关键是缩短塔楼的施工工期。缩短建设工期应贯穿于项目建设的整个过程中，但是无疑缩短工期应重在施工前期。施工前期以结构施工为主，牵涉面小、投入少，缩短工期相对影响面比较小，成本比较低。因此在施工组织中必须突出塔楼，将塔楼结构施工摆在突出位置。

3.2.2　流水作业

超高层建筑施工作业面狭小，必须自下而上逐层施工，这是其不利的一面，但是它也具有一定的优点，即可以利用垂直向上的特点，充分利用每一个楼层空间，通过有序组织，使各分部分项工程施工紧密衔接，实现空间立体交叉流水作业。这样可以大大加快施工速度，缩短建设工期。

3.2.3　机械化施工

超高层建筑施工作业面狭小、高空作业条件差，施工进度要求高，因此必须有效利用当今科技进步成果，采用机械化施工。采用机械化施工可以减少现场作业量，特别是高空作业量。这样一方面可以加快施工速度，缩短施工工期；另一方面可以充分发挥工厂制作的积极作用，提高施工质量。

3.2.4　总承包管理

超高层建筑功能繁多，系统复杂，参与承建的单位多且来自五湖四海，只有强化总承包管理才能将他们有序组织起来，实现对工程质量、工期、安全等的全面管理和控制，确保业主的项目建设目标顺利实现。在超高层建筑施工中，总承包管理发挥了极其重要的作用，特别是进入施工中后期，各个分包队伍都进入施工状态，各种矛盾陆续暴露，需要总承包及时协调解决，协调工作量非常巨大，因此必须强化总承包管理，加强对施工过程的控制，确保施工顺利进行。

3.3　施工组织设计

3.3.1　施工组织设计的任务和作用

超高层建筑是一项庞大的系统工程，施工周期长、组织难度大，只有加强统筹规划，才能确保超高层建筑施工顺利进行。加强超高层建筑施工统筹规划的有效手段是施工组织设计。施工组织设计是为完成超高层建筑施工任务创造必要的生产条件，制订先进合理的施工工艺所作的规划设计，它是指导超高层建筑工程施工准备和施工的基本技术经济文件。超高层建筑施工组织设计的根本任务是在特定的时间和空间约束条件下，根据超高层建筑工程的施工特点，从人力、资金、材料、机械设备和施工方法五个方面进行统筹规划，实现超高层建筑有组织、有计划、有秩序的施工，确保整个工程施工质量、安全、工期和成本目标顺利实现。

施工组织设计是施工项目科学管理的重要手段，是施工资源组织的重要依据，具有战略部署和战术安排的双重作用。施工组织设计可以增强总承包管理的系统性。超高层建筑功能繁多，系统复杂，施工过程是一项庞大的系统工程。通过施工组织设计，总承包商就可以统揽全局、协调各方，复杂的施工活动就有了统一的行动指南。施工组织设计可以增强总承包管理的预见性。超高层建筑施工技术含量高，施工风险大。通过施工组织设计，总承包商就可以提前掌握施工中可能遇到的各种不利情况，从而预先做好各项准备工作，并充分利用各种有利条件，消除施工中的隐患。施工组织设计可以增强总承包管理的协调性。超高层建筑施工涉及的单位和人员众多，协调工作量大。通过施工组织设计，总承包商就可以密切工程的设计和施工、技术和经济、前方和后方的关系，协调施工中各单位、各部门和有关人员的行动。总之，通过施工组织设计，总承包商可以显著提高超高层建筑施工组织和管理水平。因此，施工组织设计的编制，是超高层建筑施工准备阶段中各项工作的核心，在施工组织与管理工作中占有十分重要的地位。

3.3.2 施工组织设计的分类

超高层建筑施工组织设计是一项贯穿于整个施工过程的活动，必须随着工程建设展开而逐步深化。根据编制依据、编制对象、编制单位和编制深度，超高层建筑施工组织设计可以分为施工组织总设计（施工大纲）、单位工程施工组织设计和分部分项工程施工组织设计（表3-1和图3-1）。

施工组织设计分类　　　　表3-1

编制类型	施工组织总设计	单位工程施工组织设计	分部分项工程施工组织设计
编制对象	建设项目	单位工程	分部分项工程
编制作用	建设项目施工的战略部署	建设项目施工组织总设计的贯彻,单位工程施工的总体安排	分部分项工程施工的战术性指导
编制时间	建设项目施工前	建设项目施工组织总设计后,单位工程施工前	单位工程施工组织设计编制后,分部分项工程施工前
编制单位	建设项目总承包商,分承包商参与	单位工程承包商	分承包商

（1）施工组织总设计

施工组织总设计是以整个超高层建筑建设项目为对象编制的，在有了批准的初步设计或扩大初步设计之后即可进行编制，是超高层建筑建设项目施工的战略部署。一般应以主持该项目的总承包商为主，建设、设计和分承包商参与编制。

（2）单位工程施工组织设计

它是以单位工程为对象进行编制的，用以直接指导单位工程施工。在施工组织总设计的指导下，由单位工程承包商根据施工图进行单位工程施工组织设计编制。

（3）分部（分项）工程施工组织设计

对于工程规模大，技术复杂或施工难度大的或者缺乏施工经验的分部（分项）工程，

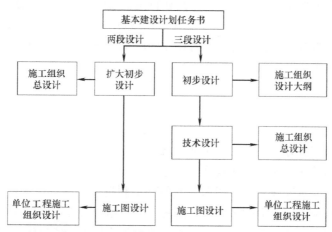

图 3-1 施工组织设计类型与建设项目设计深度的关系

在编制单位工程施工组织设计之后，需要编制作业设计（如：复杂的深基础工程、结构工程、有特殊要求的装修工程等），用以指导施工。

3.3.3 施工组织设计的内容

施工组织设计依工程对象难易和编制类型不同而繁简不一，但是作为一份完整的施工组织设计，一般应包括以下基本内容：

（1）工程概况

包括本建设工程的性质、内容、建设地点、建设总期限、建设面积、分批交付生产或使用的期限、施工条件、地质气象条件和资源条件以及建设单位的要求等。通过深入分析工程特点和难点，明确施工组织设计的重点，提高施工组织设计的针对性。

（2）施工总体部署

施工总体部署是对整个建设项目全局作出的统筹规划和全面安排，主要解决影响建设项目全局的重大战略问题。根据工程特点，优化人力、资金、材料、机械设备和施工方法等配置，合理划分施工区域，正确安排施工顺序，拟定施工技术路线。

（3）施工进度计划

施工进度计划反映的是各项施工活动在时间上的安排，采用先进的计划理论和计算方法，综合平衡进度计划，使工期、成本、资源等通过优化调整达到既定目标。在此基础上，编制相应的人力和时间安排计划，资源需要计划，施工准备计划。

（4）施工平面布置

施工平面布置是施工方案和进度在现场的全面安排，它把投入的各项资源、材料、构件、机械、运输、工人的生产、生活活动场地及各种临时工程设施合理地布置在施工现场，使整个现场能有组织地进行文明施工。超高层建筑施工平面布置的重点是构建高效的垂直运输体系，并随施工进程实现垂直运输体系的有序转换。

（5）主要施工技术方案

根据施工总体部署确立的技术路线，制定主要分部分项工程施工技术方案，如工程测量、基础工程、钢筋混凝土结构工程、钢结构工程、机电工程、幕墙工程等施工技术方案。

（6）总承包管理方案

根据超高层建筑工程特点，明确总承包管理目标、原则、组织和岗位职责，建立总承包管理的程序和标准。

3.3.4 施工组织设计的重点

施工组织设计既要内容全面，更要重点突出，在基本内容齐全的前提下，重点突出"组织"作用，对施工中的人力、资金、材料、机械设备和施工方法，从时间与空间，需要与可能，局部与整体，目标与过程，前方和后方等方面给予周密的安排。从突出"组织"的作用出发，施工组织设计编制，应突出以下三个重点：

第一个重点是施工总体部署。这一部分所要解决的是施工组织的指导思想和技术路线问题。在编制中，要努力在"安排"和"选择"上做到优化，确保施工方法得当，施工流程合理。

第二个重点是施工进度计划。这部分所要解决的是施工顺序和时间问题。"组织"工作是否得力，关键看作业时间是否充分利用，施工顺序是否合理安排。巨大的经济效益寓于时间和顺序的组织之中，绝不能稍有疏忽。

第三个重点是施工平面布置。这一部分所要解决的是施工空间问题和施工"投资"问题。它的技术性、经济性都很强，同时具有较强的政策性，如占地、环保、安全、消防、用电、交通等都涉及许多政策和法规问题，需要慎重对待。

总之，施工总体部署、施工进度计划和施工平面布置分别突出了施工组织设计中的技术、时间和空间三大要素，它们密切相关，相互呼应，其中施工总体部署起主导作用，施工进度计划和施工平面布置是施工总体部署的深化和落实。把握好了这三个重点，施工组织设计的编制质量就有了基本保证，施工技术方案编制也就有了扎实基础，因此施工组织设计编制过程中要高度重视施工总体部署研究，解决好施工技术路线、施工流水段划分和施工流程安排问题，确保施工组织设计不出现方向性失误。

3.4 施 工 流 程

3.4.1 施工流程研究的重要意义

流程是现代管理理论中非常重要的概念。流程是一组将输入转化为输出的相互关联或相互作用的活动集合。相应地，施工流程就是将施工资源转化为建筑工程的相互关联或相互作用的施工活动集合。流程一般包括输入资源、活动、活动的相互作用（即结构）、输出结果等要素。流程具有目标性、内在性、整体性、动态性、层次性和结构性。流程结构有串联、并联、反馈等多种表现形式，表现形式的不同，流程的输出差异很大。即流程不同，输入相同时，输出差异很大，或者输出相同时，需要的输入差异很大。流程的效率与流程结构密切相关，因此近年来研究人员和管理人员都高度重视流程研究。业务流程重组与优化思想自 1990 年由美国哈默教授（Michael Hammer）提出以后，已经风行世界，成为管理学研究的热点和改善企业管理的有效手段。业务流程重组与优化思想值得超高层建筑施工借鉴。超高层建筑施工是一项资源投入巨大的生产活动，通过优化施工流程提高生产效率的空间很大，因此在施工组织设计中，必须高度重视施工流程研究。

3.4.2 施工总体流程

施工总体流程属于施工流程的最高层次，反映的是超高层建筑工程中各单项工程（区域）之间的施工流水关系。施工总体流程是施工总进度计划和各单位工程施工组织设计编制的依据。

（1）施工流水段划分

施工流水段划分应围绕超高层建筑主体部分——塔楼进行，可以划分为塔楼核心区、塔楼外围区、塔楼以外区域三大区域。塔楼以外区域可以视工程规模大小，根据施工组织需要而进一步细分。

（2）施工流水方式

塔楼与其他区域的关系因施工阶段不同而繁简不一。在地下结构施工阶段，塔楼与其他区域通过地下室紧密相连，相互关系比较复杂，流水施工方式变化比较多，采用不同的流水施工方式，产生的效果截然不同，但是在地上结构施工阶段，塔楼与其他区域联系不是很紧密，关系比较简单，流水施工方式变化不大，采用不同的流水施工方式，产生的效果差异不大。因此超高层建筑施工总体流程研究重点在地下结构施工阶段。在地下结构施工阶段，超高层建筑施工总体流程有平行施工、依次施工和流水施工三种基本方式。三种流水施工方式各有优缺点，应根据超高层建筑施工特点进行合理选择。

1）平行施工

超高层建筑工程各区域平行施工，基本同时施工至±0.000。平行施工具有总体速度快、塔楼上部结构施工条件好、临时措施投入比较少的优点，但是施工资源投入大，塔楼施工进度受到一定影响。平行施工是超高层建筑施工中广泛采用的流水施工方式：一是塔楼高度不特别突出，塔楼施工速度对工程总进度的影响不特别显著；二是塔楼尽管比较高，但是从加快投资回收的目的出发，业主希望裙房及塔楼低区部位提前开业；三是深基坑工程支撑结构与主体结构难以避让，主体结构必须同步施工，支撑结构同步拆除。高度在 400m 以内的绝大多数超高层建筑采用平行施工流水方式。

2）依次施工

超高层建筑不同区域在地下结构施工阶段依次施工至±0.000。按照塔楼与其他区域的施工顺序的不同，依次施工又可以细分为塔楼先行和塔楼后做两种形式。

塔楼先行依次施工流水方式是塔楼先施工至±0.000 以后，其他区域地下结构再开始施工。上海环球金融中心、香港国际金融中心二期、香港环球贸易广场都采用了塔楼先行的依次施工流水方式（图 3-2）[18,19]。这些超高层建筑投资巨大，高度都超过 400m，施工工期长，工期成本高。为缩短建设工期，尽快回收投资，施工采用了塔楼先行的依次施工流水方式。为了实现塔楼先行依次施工流水方式，塔楼与其他区域之间采用临时围护分隔，先将塔楼施工至±0.000 以后再开始其他区域施工。上海环球金融中心采用依次施工流水方式，为塔楼施工争取了近一年的宝贵时间。

塔楼后做依次施工流水方式是塔楼外围区域先施工至±0.000 以后，塔楼地下结构再开始施工。有些超高层建筑高度不是特别突出，业主从尽快回收投资的目的出发，希望裙楼和塔楼低区部位提前开业，因此采用其他区域先行，塔楼后做的依次施工流水方式。上海长峰商城和由由国际广场就采用了塔楼后做依次施工流水方式（图 3-3）[20~22]。上海长峰商城和由由国际广场占地面积分别达到 22000m² 和 30000m²，业主希望裙楼和塔楼低区提前开业。如采用传统的内支撑围护方案、平行施工流水方式施工，不但施工措施费高，而且裙楼和塔楼低区竣工时间晚，为此采用了逆作法施工工艺，塔楼后做的依次施工方式施工，达到了既满足业主要求，又节约施工措施费的目的。

图 3-2 上海环球金融中心和香港国际金融中心二期施工实景

图 3-3 上海长峰商城和由由国际广场施工实景

3）流水施工

主塔楼先期施工，其他区域施工穿插进行。整个工程分区施工，但是重点突出塔楼。采用流水施工组织方式，既突出了重点，又兼顾了其他区域，资源投入比较合理。上海商城（图 3-4）、金茂大厦和台北 101 大厦都采用了流水施工方式施工[23~25]，其中上海商城的流水施工最具代表性（图 3-5）。

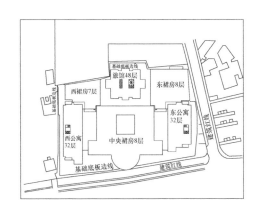

图 3-4 上海商城

上海商城建筑总面积达 20.36 万 m²，由旅馆主楼、东、西公寓、中央、东北、西北裙房六个单项工程组成，拥有宾馆、公寓、展览大厅、超市、高级剧场、地下车库等，是一座集多种功能于一体的现代化建筑群。主楼 48 层，高 164.8m，东西两公寓各 32 层，

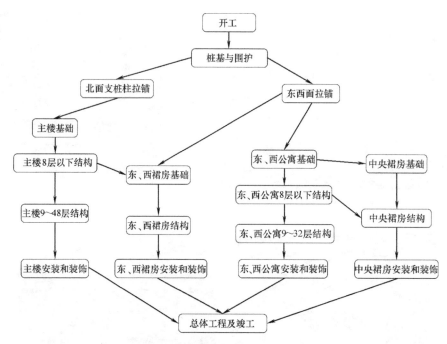

图 3-5　上海商城施工总体流程

高 111.5m，3 栋裙房各 8 层楼，地下 1 层（局部 2 层），高 33.8m。6 栋建筑之间由 1 个巨型交通广场和 3 个中式庭院相联系，关系非常密切。施工组织为了突出主楼，将整个工程划分为四大区域，按照各区域施工工期要求分别组织流水施工，其中二栋超高层建筑——主楼和东、西公寓作为重点，其他区域穿插施工，实施效果良好。

上海金茂大厦地下 3 层，地上 88 层，总高度 420.5m，占地面积 23000m²，基坑面积近 20000m²，主楼开挖深度 19.65m，裙房开挖深度 15.1m。施工中将主楼作为关键予以重点突出，为此在基坑围护结构设计时有意识将支撑结构避让主楼结构，形成局部作业大空间。这样一方面方便土方开挖作业，另一方面为主楼结构连续施工创造了良好条件，对加快主楼施工起到了积极作用。为了降低成本，主楼与裙房的三道支撑形成整体，在第三道支撑以下，主楼与裙房之间设置钻孔灌注桩临时围护，主楼区域设置第四道支撑。该方案既突出了主楼，又控制了临时围护成本，是一个科学合理、经济实用的方案 [图3-6（a）]。

台北 101 大厦地下 5 层，地上 101 层，总高度 508m，占地面积 30300m²，基坑面积近 25000m²，主楼开挖深度 23.5m，裙房开挖深度 21.65m。尽管业主要求分期交付，裙房首先使用，但是鉴于本工程高度非常突出，因此施工中仍能将主楼作为关键予以突出。一是在主楼与裙房之间设置地下连续墙临时围护，主楼采用钢结构内支撑先期顺作施工，裙房采用逆作法后期穿插施工。二是当主楼底板施工完成以后，迅速将钢结构安装至地面后即施工地面层楼板，然后分地下五层向上和地面层向上两条流水线同时作业，取得显著成效 [图 3-6（b）]。

3.4.3　塔楼施工流程

塔楼施工作业面狭小，但是施工工序却特别多，仅结构工程施工就有核心筒劲性钢结构吊装、剪力墙钢筋混凝土结构施工、核心筒楼层钢筋混凝土结构施工、外框架钢结构吊

(a)　　　　　　　　　　　　　　　　(b)

图 3-6　上海金茂大厦和台北 101 大厦施工实景

装、外框架楼层压型钢板铺设、剪力栓钉施工、巨型柱钢筋混凝土结构施工、外框架楼层
混凝土施工和钢结构防火等 10 多道工序，每一道工序都需要相对独立的作业空间和时间。
因此塔楼施工作业空间极为宝贵，必须针对超高层建筑施工特点，按照施工工艺顺序，在
垂直方向合理安排作业空间，确保各工序自下而上流水施工。香港国际金融中心二期塔楼
就通过合理安排施工流程[19]，实现了各分部分项工程有序搭接流水，平均施工速度达到
3 天一层，其经验值得借鉴（图 3-7）。

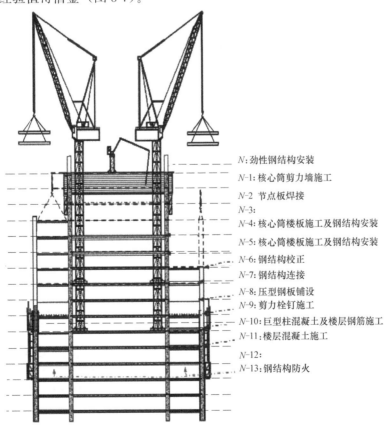

N：劲性钢结构安装

N-1：核心筒剪力墙施工

N-2 节点板焊接

N-3：

N-4：核心筒楼板施工及钢结构安装

N-5：核心筒楼板施工及钢结构安装

N-6：钢结构校正

N-7：钢结构连接

N-8：压型钢板铺设

N-9：剪力栓钉施工

N-10：巨型柱混凝土及楼层钢筋施工

N-11：楼层混凝土施工

N-12：

N-13：钢结构防火

图 3-7　香港国际金融中心二期塔楼结构施工流程

3.5　施工进度计划

施工进度计划是施工组织设计的重要组成部分，也是对工程建设实施计划管理的重要手段。施工进度计划是工程项目施工的时间规划，规定了工程施工的起讫时间、施工顺序和施工速度，是控制工期的有效工具。进度计划主要有总进度计划、单位工程进度计划、分部工程进度计划和资源需要量计划四大类。

3.5.1　施工总进度计划

（1）计划内容

施工总进度计划是施工现场各项施工活动在时间上的体现。编制施工总进度计划就是根据施工部署中的施工方案和工程项目的展开程序，对全工地的所有工程项目做出时间上的安排。其作用在于确定各个施工项目及其主要分部工程、准备工作和全工地性工程的施工期限及其开工和竣工的日期，从而确定建筑施工现场上劳动力、材料、成品、半成品、施工机械的需要数量和调配方案，以及现场临时设施的数量、水电供应数量和能源、交通的需要数量等等。因此，正确地编制施工总进度计划是保证建设工程按期交付使用，降低超高层建筑工程施工成本的重要条件。

（2）编制方法

编制步骤如下：划分单位工程并计算工程量→确定各单位工程的施工期限→确定各单位工程的开竣工时间和相互搭接关系→编制施工总进度总计划→总进度计划的调整与修

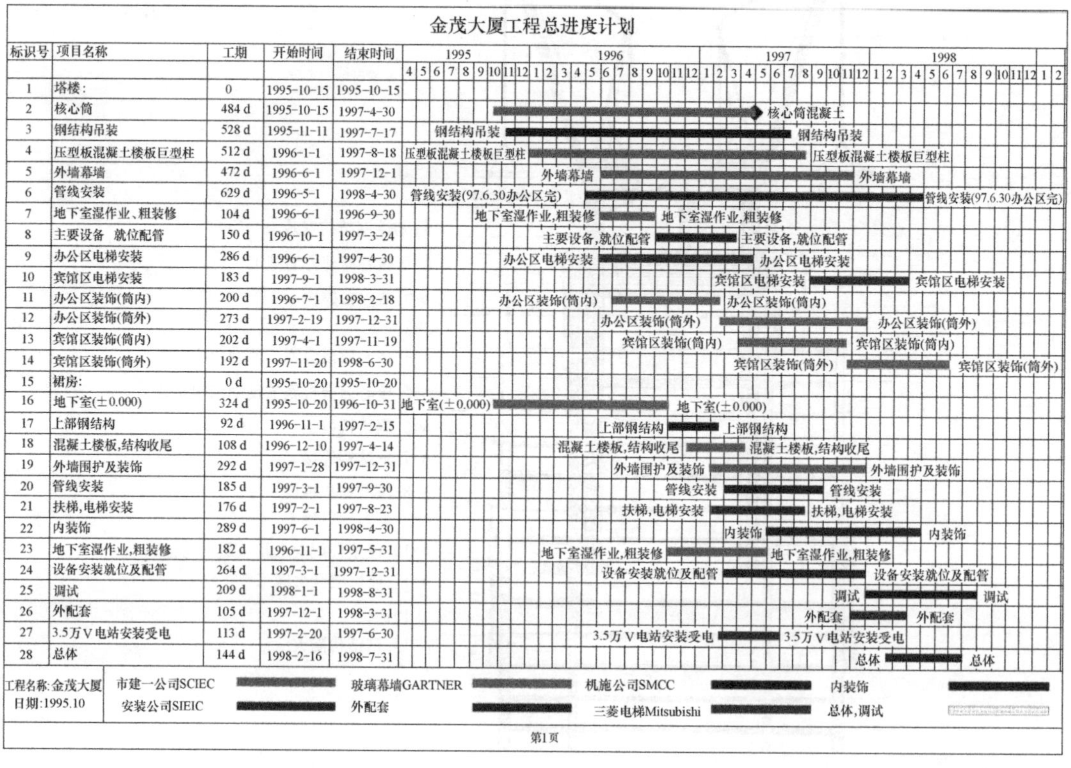

金茂大厦工程总进度计划

标识号	项目名称	工期	开始时间	结束时间
1	塔楼：	0	1995-10-15	1995-10-15
2	核心筒	484 d	1995-10-15	1997-4-30
3	钢结构吊装	528 d	1995-11-11	1997-7-17
4	压型板混凝土楼板巨型柱	512 d	1996-1-1	1997-8-18
5	外墙幕墙	472 d	1996-6-1	1997-12-1
6	管线安装	629 d	1996-5-1	1998-4-30
7	地下室湿作业、粗装修	104 d	1996-6-1	1996-9-30
8	主要设备 就位配管	150 d	1996-10-1	1997-3-24
9	办公区电梯安装	286 d	1996-6-1	1997-4-30
10	宾馆区电梯安装	183 d	1997-9-1	1998-3-31
11	办公区装饰(筒内)	200 d	1996-6-1	1997-12-31
12	办公区装饰(筒外)	273 d	1997-2-19	1997-12-31
13	宾馆区装饰(筒内)	202 d	1997-4-1	1997-11-19
14	宾馆区装饰(筒外)	192 d	1997-11-20	1998-6-30
15	裙房:	0 d	1995-10-20	1995-10-20
16	地下室(±0.000)	324 d	1995-10-20	1996-10-31
17	上部钢结构	92 d	1996-11-1	1997-2-15
18	混凝土楼板,结构收尾	108 d	1996-12-10	1997-4-14
19	外墙围护及装饰	292 d	1997-1-28	1997-12-31
20	管线安装	185 d	1997-3-1	1997-9-30
21	扶梯,电梯安装	176 d	1997-2-1	1997-8-23
22	内装饰	289 d	1997-6-1	1998-4-30
23	地下室湿作业,粗装修	182 d	1996-11-1	1997-5-31
24	设备安装就位及配管	264 d	1997-3-1	1997-12-31
25	调试	209 d	1998-1-1	1998-8-31
26	外配套	105 d	1997-12-1	1998-3-31
27	3.5万V电站安装受电	113 d	1997-2-20	1997-12-31
28	总体	144 d	1998-2-16	1998-7-31

工程名称: 金茂大厦　日期:1995.10

市建一公司SCIEC　　玻璃幕墙GARTNER　　机施公司SMCC　　内装饰
安装公司SIEIC　　外配套　　三菱电梯Mitsubishi　　总体,调试

第1页

图 3-8　上海金茂大厦施工总进度计划

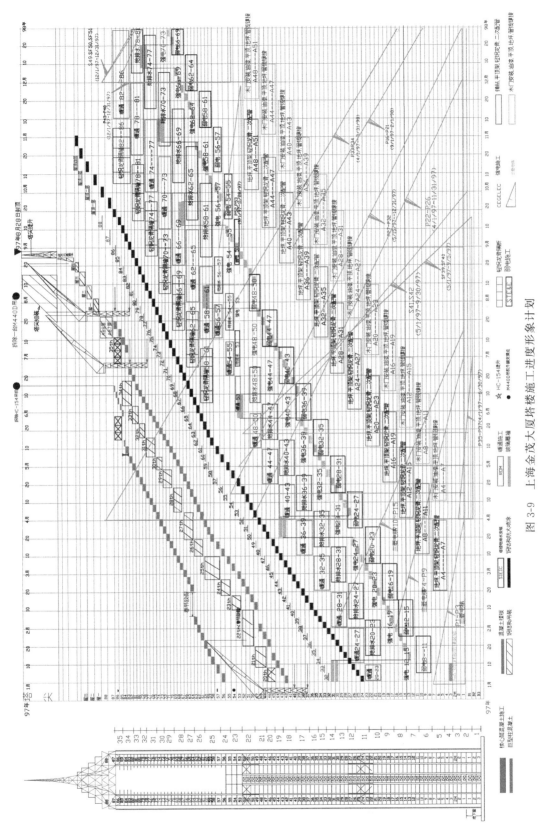

图 3-9 上海金茂大厦塔楼施工进度形象计划

正。施工总进度计划要简洁明了，重点突出，既可以采用横道图，也可以采用网络图编制。上海金茂大厦施工总进度计划采用横道图编制，各单位工程及分部工程的起、迄时间、施工顺序一目了然（图 3-8）[26]。

3.5.2　塔楼施工进度计划

（1）计划内容

塔楼施工进度计划属于单项工程施工进度计划，是在既定施工方案的基础上，根据规定工期和各种资源配置条件，按照施工过程的合理施工顺序及组织施工的原则，用横道图、网络图或形象图对塔楼从开始施工到全部竣工，确定各分部分项工程在时间上和空间上的安排及相互搭接关系。

（2）编制方法

塔楼施工进度计划是项目施工总进度目标的分解落实。超高层建筑施工总进度目标应按以下四个方面进行分解落实。一是按项目组成分解，确定各单位工程（或区域）的开工、竣工、交付日期。二是按分承包方分解，明确各分部工程进度控制目标，并列入分承包合同。三是按施工阶段分解，明确各阶段起止时间，开工条件，确立施工进度重要控制节点。四是按施工计划期分解，明确年度、季度、月度进度目标。

塔楼施工进度计划多采用横道图或网络图编制。近年来工程技术人员针对超高层建筑塔楼立体交叉流水作业的特点，探索采用形象图编制进度计划，取得良好效果。塔楼施工进度形象图具有简洁明了、通俗易懂的优点，能够直观反映总承包商对各主要分部分项工程施工的计划安排，各施工工序在空间和时间上的搭接关系。塔楼施工进度形象图纵向上反映同一时间段不同分部分项工程在空间上的上下搭接关系，横向上反映同一楼层不同分部分项工程在时间上的前后搭接关系。塔楼施工进度形象图突出了施工的重要区域和关键阶段，因此成为总承包商控制施工进度的有效手段。上海金茂大厦施工进度形象图综合反映了 M440D 塔吊爬升、巨型复合柱钢筋混凝土结构施工、HC-154 塔吊爬升、核心筒钢筋混凝土结构施工、外框架压型钢板铺设、外框架楼板混凝土施工、钢结构防火、机电安装等施工活动，各分部分项工程之间立体交错的施工关系直观明了（图 3-9）[26]。

3.6　施工平面布置

施工平面布置是现场管理、实现文明施工的依据，是施工组织设计的重要内容，具有较强的技术性、经济性、政策性，需要统筹规划，慎重对待。

3.6.1　施工平面布置内容

施工总平面图应对施工机械设备布置、材料和构配件的堆场、现场加工场地，以及现场临时运输道路、临时供水供电线路和其他临时设施进行合理布置，重点反映以下内容：

（1）建筑总平面上已建和拟建的地上和地下一切房屋、构筑物及其他设施的位置和尺寸。

（2）建筑现场的红线，可临时占用的地区，场外和场内交通道路，现场主要入口和次要入口，现场临时供水供电的接驳位置。

（3）测量放线的标桩、现场的地面大致标高。地形复杂的大型现场应有地形等高线，以及现场临时平整的标高设计。

46

（4）现场主要施工机械如塔式起重机、施工电梯或垂直运输龙门架的位置。塔式起重机应按最大臂杆长度绘出有效工作范围。移动式塔式起重机应给出轨道位置。

（5）各种材料、半成品、构件以及工业设备等的仓库和堆场。

（6）为施工服务的一切临时设施的布置（包括搅拌站、加工棚、仓库、办公室、供水供电线路、施工道路等）。

（7）消防入口、消防道路和消火栓的位置。

3.6.2 施工平面布置原则

施工平面布置应遵循以下原则：①动态调整原则。超高层建筑施工周期长，且具有明显的阶段性特点，因此施工平面布置应动态调整，以满足各阶段施工工艺的要求。在编制施工总平面图前应当首先确定施工步骤，然后根据工程进度的不同阶段编制按阶段区分的施工平面图，一般可划分为土方开挖、基础施工、上部结构施工和机电安装与装修等阶段，并编制相应的施工平面图。为了减少施工投入，施工平面布置动态调整中应注意有序转换，尽可能避免主要施工临时设施（如主干道路、仓库、办公室和临时水电线路）的调整，实现主要施工临时设施在各阶段的高度共享。②文明施工原则。充分考虑水文、气象条件，满足施工场地防洪、排涝要求，符合有关安全、防火、防振、环境保护和卫生等方面的规定。③经济合理原则。合理布置起重机械和各项施工设施，科学规划施工道路和材料设备堆场，减少二次驳运，降低运输费用；尽量利用永久性建筑物、构筑物或现有设施为施工服务，降低施工设施费用，比如利用永久消防电梯和货运电梯作为建筑装饰阶段的人货运输工具。

第4章 超高层建筑施工垂直运输体系

4.1 垂直运输体系的重要地位

超高层建筑施工垂直运输体系是一套相互补充的担负建筑材料设备、建筑垃圾和施工人员运输的施工机械。超高层建筑施工垂直运输体系任务重、投入大、效益高，在施工中占有极为重要的地位。超高层建筑施工组织设计时，必须针对工程施工特点构建合理、高效的垂直运输体系。

4.1.1 超高层建筑施工垂直运输任务重

超高层建筑规模庞大，所需建筑材料数以十万吨计，上海金茂大厦塔楼自重约30万t，上海环球金融中心塔楼自重达40余万t，将这些建筑材料及时运送到所需部位是一项繁重的任务。超高层建筑施工现场作业量大，所需施工人员多，高峰时施工人员数以千计，每天超过10000人次的施工人员上下对垂直运输体系是严峻考验。特别是上下班及午休期间，施工人员上下非常集中，垂直运输体系压力巨大。同时施工过程中还产生较多的建筑垃圾，必须及时运送，以提高义明施工水平。总之，超高层建筑施工垂直运输任务重。

世界部分超高层建筑施工垂直运输量统计[26-29]   表 4-1

	上海金茂大厦	台北101	香港国际金融中心二期	吉隆坡石油大厦
总建筑面积	292475m²	412500m²	185806m²	341760 m²
总高度	420.5m	508m	415m	451.9m
混凝土	180000m³	204022 m³	112000m³	173200 m³
钢筋	38000t	24548t	18000t	36910t
钢结构	20000t	96700t	28000t	
幕墙	108000m²	116000 m²	85000m²	77000 m²
高峰施工人员	3500 人/天	3000 人/天	3500 人/天	7000 人/天

4.1.2 超高层建筑施工垂直运输投入大

超高层建筑施工中，施工机械设备的费用约占土建总造价的5%～10%，对总造价有一定的影响，而在整个施工机械设备中，垂直运输体系的机械设备是主要组成部分，超高层建筑施工所需的大型机械设备多数用于垂直运输，如塔式起重机、混凝土输送泵和施工电梯。因此超高层建筑施工垂直运输投入大，有些特大型超高层建筑施工垂直运输体系配置费超过1亿元，使用费超过5000万元，是一项非常大的投入。因此根据工程特点正确地构建垂直运输体系，有利于降低超高层建筑造价。

4.1.3 超高层建筑施工垂直运输效益高

超高层建筑施工投入大，迫切要求加快施工速度，缩短施工时间，这样不但将显著提高建设单位的投资效益，而且将大大提高承包商的经济效益。垂直运输体系的合理配置对加快超高层建筑施工速度，降低施工成本具有非常重要的作用。一是高效的垂直运输体系是超高层建筑顺利施工的先决条件。"兵马未动，粮草先行"，快速、高效、及时地将建筑材料运送到施工作业部位，对于加快超高层建筑施工进度具有重要意义。钢结构工程施工尤其如此，目前，制约超高层建筑钢结构工程施工进度的关键环节还是钢结构吊装效率，提高钢结构构件垂直运输效率是加快钢结构工程施工进度的有效措施。二是施工人员是超高层建筑施工的生力军，如何确保施工人员快捷到达施工作业面一直是工程技术人员关注的课题。瑞典 ALIMAK 公司的研究表明[30]，100 个工人在 15 层楼上作业，乘施工电梯比不乘施工电梯，每一个台班可以节省 22.5 工日，也即节省全部 100 个工人出勤的 22.5%。这说明乘施工电梯以后，不仅减轻了上下楼的劳动强度，而且可以大大提高工效。

4.2 垂直运输体系的构成与配置

4.2.1 垂直运输体系的构成

超高层建筑施工垂直运输对象，按重量和体量可以分为以下五类：

（1）大型建筑材料设备：包括钢构件、预制构件、钢筋、机电设备、幕墙构件，以及模板等大型施工机具。这类建筑材料设备单件重量和体量比较大，对运输工具的工作性能要求高。

（2）中小型建筑材料设备：包括机电安装材料、建筑装饰材料和中小型施工机具等。这类建筑材料设备单件重量和体量都比较小，对运输工具的工作性能要求相对较低。

（3）混凝土：这类建筑材料使用量大，但对运输工具的适应性强。

（4）施工人员：超高层建筑施工人员数量大，上下时间相对集中，垂直运输强度大。同时人员运输更须确保安全，因此对运输工具的可靠性要求高。

（5）建筑垃圾：超高层建筑施工产生的垃圾数量并不特别大，但是时间和空间分布广，各个阶段和各个施工作业面都可能产生建筑垃圾，必须及时将其运出，以提高文明施工水平。

根据施工垂直运输对象的不同，超高层建筑施工垂直运输体系一般由塔式起重机、施工电梯、混凝土泵及输送管道等构成，其中塔式起重机、施工电梯、混凝土泵应用极为广泛，输送管道应用不多。我国香港和阿联酋迪拜等地尝试采用输送管道解决超高层建筑垃圾运输难题，效率高、成本低，值得我们借鉴（图 4-1）。运输对象对垂直运输机械的要求各不相同，各种运输机械也各具特色，在构建超

图 4-1 阿联酋迪拜哈利法塔的建筑垃圾输送管道系统

高层建筑施工垂直运输体系时必须将两者密切结合，以提高垂直运输效率，降低垂直运输成本（表 4-2）。

超高层建筑垂直运输机械选择　　　　　　　　　　　　表 4-2

	塔式起重机	施工电梯	混凝土泵	输送管道
大型建筑材料设备	√			
中小型建筑材料设备	√	√		
混凝土	√	√	√	
施工人员		√		
建筑垃圾		√		√

4.2.2　垂直运输体系的配置

超高层建筑施工垂直运输体系配置应当遵循技术可行、经济合理原则：

一是垂直运输能力满足施工作业需要。要根据运输对象的空间分布和运输性能要求配置垂直运输机械，确保大型构件安全运送到施工作业面。

二是垂直运输效率满足施工速度需要。超高层建筑施工工期在很大程度上取决于垂直运输体系的效率。因此必须针对工程特点和垂直运输工作量，配置足够数量的垂直运输机械。

三是垂直运输体系综合效益最大化。超高层建筑施工应用的机械较多，投入大，因此垂直运输体系配置时，应尽可能减少施工机械设备投入。但是施工机械设备投入的高低有时不能完全反映垂直运输体系的经济效益。例如提高施工机械化程度，势必加大施工机械设备投入，但它能加快施工速度和降低劳动消耗，提高超高层建筑施工的综合效益。因此垂直运输体系配置要正确处理投入与产出的关系，实现垂直运输体系综合效益最大化。

超高层建筑施工特点各不相同，但是施工垂直运输对象基本相似，因此垂直运输体系主要配置大同小异，多采用塔式起重机、混凝土泵和施工电梯作为垂直运输体系主要机械，只是垂直运输机械的配置数量因工程而异。一般而言，钢结构为主的超高层建筑塔式起重机配置高，混凝土泵配置低，如上海环球金融中心、台北 101 大厦。钢筋混凝土结构为主的超高层建筑塔式起重机配置低，混凝土泵配置高，如阿联酋迪拜哈利法塔。

4.3　塔式起重机

4.3.1　塔式起重机发展概况

塔式起重机是超高层建筑施工中最重要的吊装和垂直运输机械。经过近百年的发展，塔式起重机的性能日臻卓越。工程技术人员已经有能力制造起重力矩在 10000t·m 以上的塔式起重机。丹麦 KROLL 公司生产了迄今世界上起重力矩最大的塔式起重机 K-10000。该机起重力矩达到 10000t·m，最大起升高度为 90m，最大起重能力高达 240t，最大吊装幅度达 100m 时，起重能力仍然达到 94.5t，不愧为塔式起重机巨无霸。德国 Liebherr 公司、法国 Potain 公司和澳大利亚 Favelle Favco 公司都拥有制造起重力矩大于 2000t·m 塔式起重机的能力。经过 50 多年的艰苦努力，我国塔式起重机的制造水平也已跨入世界先进行列，具备制造起重力矩在 1000t·m 以上的塔式起重机的能力，郑州科润机电工程有限公司、四川建设机械（集团）股份有限公司、沈阳三洋建筑机械有限公司都成功生产了起重力矩超过1000t·m的塔式起重机，见表4-3。但是这些特大型塔式起重机多用于核电站、桥梁施工和船舶制造，超高层建筑施工用塔式起重机起重力矩一般在600t·m以下，只有少数特大型钢结构超高层建筑施工采用起重力矩在600t·m以上的塔式起重机，如台北101大厦施工采用了两台Favelle Favco M1250D塔式起重机，中央电视台新台址大厦施工采用了两台Favelle Favco M1280D塔式起重机作为钢结构安装机械。

世界主要特重型塔式起重机工作性能　　　　表4-3

制造商	塔吊型号	起重力矩	最大起重量	最大起重幅度	最大幅度起重量
丹麦 KROLL	K-10000	10000t·m	240t/44m	100m	94.5t
澳大利亚 Favelle Favco	M1680D	3000t·m	200t/15m	80m	16t
澳大利亚 Favelle Favco	M1280D	2450t·m	100t/25m	80m	13t
德国 Liebherr	4000HC70	4000t·m	70t	80m	41t
法国 Potain	MD 3600	3600t·m	160t/22m	90m	29t
中国科润	FZQ2400	2400t·m	100t	54m	16t
中国川建	QTZ1500	1500t·m	63t/24.4m	80m	15t
中国三洋	M125(100,80)/75	1000t·m	50t/18.57m	80m	7.5t

4.3.2 塔式起重机分类

塔式起重机根据结构特点、工作原理、工作性能等进行分类：

（1）按结构形式分

有：①固定式塔式起重机：通过连接件将塔身基架固定在地基基础或结构物上，进行起重作业的塔式起重机；②移动式塔式起重机：具有运行装置，可以行走的塔式起重机。

（2）按回转形式分

有：①上回转塔式起重机：回转支承设置在塔身上部的塔式起重机；②下回转塔式起重机：回转支承设置于塔身底部、塔身相对于底架转动的塔式起重机。

（3）按架设方法分

有：①非自行架设塔式起重机：依靠其他起重设备进行组装架设成整机的塔式起重机；②自行架设塔式起重机：依靠自身的动力装置和机构能实现运输状态与工作状态相互转换的塔式起重机。

（4）按变幅方式分

有：①小车变幅塔式起重机：起重小车沿起重臂运行进行变幅的塔式起重机；②动臂变幅塔式起重机：臂架作俯仰运动进行变幅的塔式起重机；③折臂式塔式起重机：根据起重作业的需要，臂架可以弯折的塔式起重机，它可以同时具备动臂变幅和小车变幅的性能。

（5）按起重能力分

有：①轻型塔式起重机：起重量在0.5～3t之间；②中型塔式起重机：起重量在3～15t之间；③重型塔式起重机：起重量为20～40t之间；④特重型塔式起重机：起重量超过40t。

4.3.3　塔式起重机选型与配置

（1）塔式起重机选型影响因素

塔式起重机选型必须在深入分析超高层建筑结构特点、塔式起重机的作业环境和工程所在地的社会经济发展水平的基础上进行。

1）超高层建筑结构特点的影响

超高层建筑结构类型对塔式起重机选型影响显著。现浇钢筋混凝土结构的超高层建筑施工中，建筑材料单件重量小，对塔式起重机的工作性能要求低。而且主要建筑材料——混凝土可以采用混凝土泵输送，塔式起重机运输工作量比较少，因此塔式起重机配置（性能和数量）就可以保持在较低的水平。但是钢结构超高层建筑施工中，钢结构构件重量大，有的甚至重达百吨，对塔式起重机的工作性能要求高。而且主要建筑材料——钢材（钢筋和钢构件）只能采用塔式起重机运输，塔式起重机的运输工作量大，因此塔式起重机配置（性能和数量）必须保持较高水平。

2）塔式起重机作业环境的影响

塔式起重机进行吊装作业是一项风险比较大的活动，要严格控制塔式起重机的活动范围，避免塔式起重机作业事故引起周围人员和财产的重大损失，因此作业环境对塔式起重机的选型影响显著。作业环境比较宽松时，可以选用成本比较低，但是环境影响比较大的小车变幅塔式起重机。作业环境比较紧张时，必须选用成本比较高，但是环境影响比较小的动臂变幅塔式起重机，以便塔式起重机的作业范围始终控制在施工现场内。日本是一个土地资源稀缺，建筑密度非常高的国家，超高层建筑施工作业环境极为紧张，因此为减少对周边环境的影响，在中心城区施工时多采用动臂变幅塔式起重机。

3）社会经济发展水平的影响

超高层建筑施工是一项经济性要求比较高的活动，施工成本对超高层建筑的建造成本影响显著。因此必须根据工程所在地的社会经济发展水平来选择施工方式，即社会经济发展水平对塔式起重机的选型影响显著。在社会经济发展水平比较高的国家和地区，人力资源是稀缺资源，劳动力成本比较高，因此必须通过提高施工机械化水平，减少劳动力消耗，达到降低施工成本的目的，这样塔式起重机的配置相对比较高。而在我国这样社会经济发展水平还比较低的国家，大型施工机械是稀缺资源，人力资源比较充裕，成本比较低，因此必须充分发挥人力资源充裕的优势，适当降低施工机械化水平，塔式起重机的配置就比较低。这样既降低了施工成本，又解决了人民就业。

（2）塔式起重机选型

1）选型原则

塔式起重机选型是一项技术经济要求很高的工作，必须遵循技术可行、经济合理的原则。塔式起重机选型必须首先保证技术可行，选型过程中应重点从起重幅度、起升高度、起重量、起重力矩、起重效率和环境影响等方面进行评价，确保塔式起重机能够满足超高层建筑施工能力、效率和作业安全要求。在技术可行的基础上，进行经济可行性分析，兼顾投入与产出，力争效益最大化。在我国从事超高层建筑施工塔式起重机选型时，一定要牢记我国社会经济发展水平还比较低的国情，不贪大求洋，尽可能降低塔式起重机配置，以便降低施工成本。

2）选型优化

塔式起重机选型牵涉面广，结构设计和施工方案对超高层建筑塔式起重机的选型都有显著影响，因此应注意通过优化结构设计和施工方案达到优化塔式起重机选型的目的。

在塔式起重机选型过程中，要结合工程所在地的社会经济水平，深入分析结构设计合理性。在社会经济发展水平比较低的地区，应优先考虑钢筋混凝土结构或组合（混合）结构，减少大型构件的使用，降低单个构件的重量，尽可能降低塔式起重机配置和大型施工机械投入。而在社会经济发展水平比较高的地区，则应充分发挥工业化生产优势，优先考虑钢结构或组合（混合）结构，减少现场施工作业量，适当提高塔式起重机的配置和减少劳动力消耗，以实现综合效益最大化。

在塔式起重机选型过程中，应从塔式起重机布置、构件分段和吊装工艺等方面优化施工方案。塔式起重机的布置应有利于充分发挥机械性能，在实现全面覆盖的同时，应尽可能位于大型构件附近。构件分段则要与社会经济发展水平相适应，正确处理好塔式起重机配置与现场作业量的关系，实现综合效益最大化。在超高层建筑中大型构件多为节点，因此为了降低塔式起重机配置，应探索节点分块制作，多次吊装，高空焊接成型的可能。超高层建筑大型构件分布极不均衡，重量特别大的构件总是少数，对这些数量不多，但重量特别大的构件吊装应优化吊装工艺。许多特大型构件多位于超高层建筑地面附近，吊装时就应当充分利用地面作业条件好的优势，辅以大型履带吊进行吊装。重型桁架和高位塔尖则可以探索采用整体提升工艺进行安装。塔式起重机应尽可能按照大多数构件的重量进行选型配置，以充分发挥其机械性能。

3）工程案例

广州国际金融中心是广州市的标志性建筑，由主塔楼、副楼和裙楼组成。主塔楼地下四层，地上103层，高432m，采用钢管混凝土斜交网格柱外筒+钢筋混凝土内筒的筒中筒结构体系。外筒由30根钢管混凝土组合柱自下而上交错而成。钢管立柱从-18.6m底板起至-0.5m形成首个相交X形节点，再往上每隔27m相交，至结构顶部共有16层相交节点，如图4-2所示。X形节点区钢管板厚随位置而变化，最厚达55mm，中间设置100mm连接板，单个节点区分段重量最大超过60t。

广州国际金融中心钢结构工程具有节点重量大，分布范围广，构件重量差异悬殊等特点，结构安装将面临一系列难题，其中塔式起重机选型就是一项技术性和经济性要求都非常高的工作（图4-3）。围绕在技术可行的前提下，尽可能降低塔式起重机配置，以降低建设成本的目标，施工方案研究中，将塔式起重机选型作为重要课题。通过优化节点设计、塔式起重机布置和钢结构安装工艺等，成功地将塔式起重机配置由3台M1280D降低为M900D，节约了约2000多万元的施工设备投入。

（3）塔式起重机配置

塔式起重机型号确定以后，就要根据建筑高度、工程规模、结构类型和工期要求确定塔式起重机配置数量。确定塔式起重机配置的方法有工程经验法和定量分析法两种。工程经验法通过比照类似工程经验确定塔式起重机配置数量，如表4-4所示的超高层建筑施工塔式起重机配置就可为类似工程参考。工程经验法是一种近似方法，准确性相对比较低，但是计算工作量小，因此多在投标方案和施工大纲编制阶段采用。定量分析法以进度控制为目标，通过深入分析塔式起重机吊装工作量和吊装能力来确定塔式起重机配置数量。该方法非常成熟，准确性高，但计算工作量大，因此多在施工组织设计编制阶段采用。

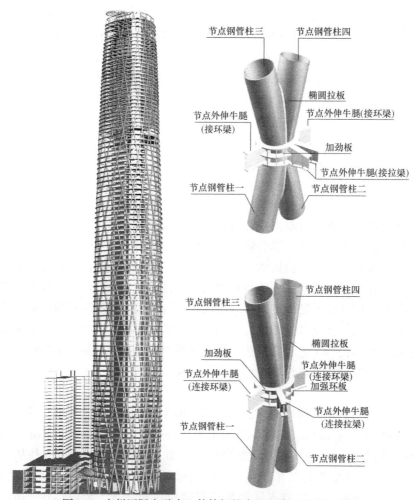

图 4-2　广州国际金融中心外筒钢柱布置及典型 X 节点图

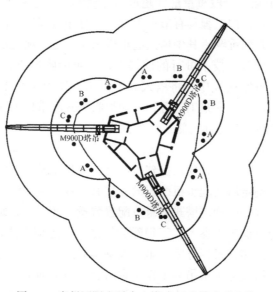

图 4-3　广州国际金融中心塔式起重机选型优化

世界部分著名超高层建筑施工塔式起重机配置　　表 4-4

工 程 名 称	建筑高度	楼层面积(m²)	结构类型	塔式起重机
上海金茂大厦	88 层,420.5m	2470	组(混)合结构	2 台 M440 和 1 台 154EC-H10
上海环球金融中心	101 层,492m	3300	组(混)合结构	2 台 M900D 和 1 台 M440D
台北 101 大厦	101 层,508m	2800	钢结构	2 台 M1250D 和 2 台 M440D
香港国际金融中心二期	88 层,415m	2110	组(混)合结构	2 台 600t・m 和 1 台 300t・m
阿联酋迪拜哈利法塔	169 层,828m	2050	钢筋混凝土结构	M440D、M380D 和 M220D 各 1 台

4.3.4 塔式起重机布置与安装

（1）塔式起重机布置

塔式起重机布置应当充分发挥机械性能，实现吊装区域有效覆盖，保证作业安全可靠。

1）充分发挥机械性能

塔式起重机作业性能的最大特点是作业幅度越小，起重量越大，因此塔式起重机布置必须从有利于大型构件吊装的角度出发，将塔式起重机尽量布置在距离大型构件近的位置。

2）实现吊装区域有效覆盖

塔式起重机布置一方面要保证塔式起重机起重幅度和起升高度能够全面覆盖构件吊装区域，另一方面要保证塔式起重机起重量能够满足构件吊装需要。塔式起重机的布置应确保超高层建筑的全部吊装施工作业面处于其覆盖面和供应面内。

3）保证安全可靠、施工便利

塔式起重机自重大，对结构的影响强烈，因此必须布置在核心筒、剪力墙和巨型柱附近等结构刚度和强度比较大的部位，以确保塔式起重机的使用安全，如图 4-4 所示。塔式起重机安装和拆除是一项投入大、风险高的工作，因此超高层建筑施工中应尽可能避免塔式起重机多次移位和装拆，在超高层建筑整个高度方向，塔式起重机的布置都以不影响结构形成整体为宜，确保塔式起重机能够随超高层建筑施工不断向上延伸而无障碍爬升。

(a)　　　　　　　　　　(b)　　　　　　　　　　(c)

图 4-4　塔式起重机典型布置

(a) 塔吊布置在巨型柱间（上海金茂大厦）；(b) 塔吊布置在核心筒内（上海环球金融中心）；

(c) 塔吊布置在核心筒外（广州新电视塔）

（2）塔式起重机架设方式

塔式起重机安装中，架设方式选择是关键环节。塔式起重机架设方式有固定式、轨道运行式、附着自升式和内爬自升式 4 种，其中附着自升式和内爬自升式能够适应超高层建筑施工需要，其他架设方式仅适应超高层建筑低区施工。附着自升式和内爬自升式各有优缺点，分别适应不同的工程特点和作业环境。

1）附着自升式

附着自升式是塔身固定在地面基础上，塔式起重机附着结构自动升高的架设方式。附着自升式架设方式具有以下优点：①使用安全性高。安装、拆除作业相对简单、升高作业机械化程度高、风险小，安全有保障；②施工影响小。塔式起重机布置在超高层建筑外部，对施工影响小，因此可以保留使用比较长的时间，极大地方便了机电安装和建筑装饰材料的垂直运输；③结构影响小。塔式起重机自重由塔身直接传递至基础，对结构的作用比较小，结构加固工作量小。

附着自升式架设方式具有以下缺点：①材料消耗大。塔式起重机依靠塔身传递自重，塔身消耗随工作高度而增加，因此超高层建筑特别高时，附着自升式架设方式的经济性显著下降；②设备性能没有充分发挥。采用附着自升式架设方式，塔式起重机只能偏位布置，其工作性能难以充分发挥；③环境影响大。塔式起重机安装在建筑外，需要占用较多场地。

2）内爬自升式

内爬自升式是塔式起重机沿着井道内部自动爬升的架设方式。塔式起重机爬升井道一般为核心筒内电梯井。近年来为了提高塔式起重机布置的灵活性，较多地采用悬挂于核心筒剪力墙上人工井道作为大型塔式起重机的爬升通道，如上海金茂大厦、环球金融中心和广州新电视塔都采用了悬挑井道的内爬自升式架设方式[31]。内爬自升式架设方式具有以下优点：①材料消耗小。塔式起重机通过内爬与结构同步升高，不需要大量的塔身；②设备性能得到充分发挥。采用内爬自升式架设方式，塔式起重机距重型构件距离小，塔吊有效覆盖范围广，其工作性能可以充分发挥；③环境影响小。塔式起重机安装在建筑内部，不需要占用额外场地。

内爬自升式架设方式具有以下缺点：①使用安全风险比较大。安装、拆除作业相对复杂、高空作业多，升高作业风险比较大；②施工影响大。塔式起重机布置在建筑内部，在施工后期，影响结构和屋面施工，因此必须提前拆除，给后期机电安装和建筑装饰材料的垂直运输带来很大影响；③结构影响大。塔式起重机所有荷载都作用在结构上，对结构的作用和影响显著，必须在深入分析结构受力的基础上采取针对性措施。

（3）塔式起重机架设方式比选

塔式起重机安装、使用和拆除是一项风险极高的工作，因此塔式起重机架设方式比选应把控制安全风险作为首要因素。一般情况下应尽可能选择作业风险比较低的附着自升式架设方式，只有当超高层建筑高度特别高，施工场地非常紧张，塔吊起重能力很大的情况下才选择内爬自升式架设方式。附着自升式和内爬自升式架设方式适用条件见表 4-5。

塔式起重机架设方式比选　　　　　　　　　　表 4-5

塔式起重机架设方式	建筑高度	作业环境	塔式起重机类型
附着自升式	200m 以下	环境宽松	中型、轻型
内爬自升式	200m 以上	环境紧张	重型、特重型

4.4 施 工 电 梯

4.4.1 施工电梯发展概况

施工电梯是超高层建筑施工垂直运输体系的重要组成部分，在施工人员上下、中小型建筑材料、机电安装材料和施工机具的运输中发挥了重要作用，特别是在塔式起重机拆除以后作用更加突出，大量的机电安装材料、装修材料和施工人员都要依靠施工电梯进行运输。

历经 50 多年发展，世界施工电梯技术越来越成熟，产业集中度越来越高，国外施工电梯的著名生产厂家主要有瑞典 ALIMAK、芬兰 SCANCLIMBER、德国 STEINWEG 和捷克 PEGA，其中瑞典 ALIMAK 为老牌龙头，世界十大超高层建筑有 4 栋（台北 101 大厦、吉隆坡石油双塔、上海金茂大厦、香港国际金融中心二期）建设时采用了瑞典 ALI-MAK 施工电梯，其行业地位可见一斑。捷克 PEGA 则是行业新军，成立时间不长即参与了世界第一高楼迪拜哈利法塔建设。我国自 1973 年开始生产施工电梯，经过 30 多年的发展，基本赶上了国际先进水平，上海宝达和广州京龙都是业内颇具影响的品牌，产品性能与国外先进水平基本相当（表 4-6）。

世界主要超高层建筑施工电梯工作性能   表 4-6

制 造 商	产 品 型 号	额定载重量(kg)	最大起升高度(m)	起升速度(m/min)
瑞士 ALIMAK	ALIMAK SCANDO SUPER	3200	400	100
捷克 PEGA	PEGA 3240 TD VFC SUPER HS	3170	400	100
芬兰 SCANCLIMBER	SC2032	2000	300	36
德国 STEINWEG	SUPERLIFT MX 2024	2000	200	40
中国宝达	SCD320/320V	3200	400	96
中国京龙	SCD200/200G	2000	450	96

4.4.2 施工电梯分类

施工电梯根据结构特点、工作原理、工作性能等进行分类：

（1）按提升方式分：①卷扬机钢丝绳驱动（SS 型）施工电梯；②齿轮、齿条驱动（SC 型）施工电梯；③混合驱动（SH 型）施工电梯。

（2）按驱动方式分：①单机组驱动施工电梯；②双机组驱动施工电梯。

（3）按平衡方式分：①带平衡重施工电梯；②不带平衡重施工电梯。

（4）按导轨架构造分：①单柱导轨架施工电梯；②双柱导轨架施工电梯。

（5）按梯笼数量分：①单笼施工电梯；②双笼施工电梯。

（6）按载重量分：①重型施工电梯：载重量为 2t 或 2.4t，或乘员 27～30 人；②轻型施工电梯：载重量为 1t，或乘员 12 人；③超轻型施工电梯：载重量为 0.6t，或乘员 6～8 人。

（7）按运输对象分：①货用施工电梯；②人货两用施工电梯。

（8）按升运速度分：①普通施工电梯：升运速度在 36m/min 以下；②中速施工电梯：升运速度在 36～63m/min 之间；③高速施工电梯：升运速度在 63～100m/min 之间。

（9）按安装角度分：①垂直式施工电梯；②倾斜式施工电梯。

4.4.3 施工电梯选型与配置

目前超高层建筑施工电梯选型与配置还缺乏定量的方法，多依据工程经验进行。影响超高层建筑施工电梯选型的因素主要有工程规模和建筑高度（表 4-7）。施工电梯配置类型主要受超高层建筑高度所决定，一般超高层建筑施工多选用双笼、中速施工电梯。当建筑高度超过 200m 时则应优先选用双笼、重型、高速施工电梯。施工电梯配置数量也受建筑高度影响。一台双笼、重型、高速施工电梯（载重量为 2t 或 2.4t，或乘员 27～30 人）服务建筑面积在 100000m² 左右。一般情况下施工电梯服务面积随建筑高度增加而下降。

世界部分著名超高层建筑施工电梯配置简况　　　　　　　　　　　　表 4-7

工程名称	建筑高度	建筑规模（m²）	施工电梯配置
上海金茂大厦	88 层，420.5m	202955	2 台 4 笼 Alimak Scando Super＋1 台 2 笼接力
上海环球金融中心	101 层，492m	317000	3 台 6 笼宝达 SCD300/300（SCD200/200）＋1 台 2 笼接力
台北 101 大厦	101 层，508m	198347	3 台 6 笼 Alimak Scando Super
香港国际金融中心二期	88 层，415m	185806	4 台 8 笼 Alimak Scando Super
吉隆坡石油大厦双塔	88 层，452m	341760	4 台 8 笼 Alimak Scando Super
阿联酋迪拜哈利法塔	169 层，828m	280000	4 台 8 笼＋2 台 4 笼＋1 台 2 笼 Pega P3240 接力

4.4.4　施工电梯布置

超高层建筑多采用核心筒先行的阶梯状流水施工方式。为满足不同高度施工需要，施工电梯一般需在建筑内外布置。建筑内部施工电梯布置在核心筒内外，解决核心筒结构施工人员上下，运输工作量不大，但是可以减轻工人劳动强度，提高工效。建筑外部施工电梯集中布置在建筑立面规则、场地开阔处，尽量减少对幕墙工程和室内装饰工程施工的影响（图 4-5）。

图 4-5　阿联酋迪拜哈利法塔施工电梯布置

4.5 混凝土泵

4.5.1 混凝土泵发展概况

混凝土泵在超高层建筑施工垂直运输体系中占有极为重要的地位，担负着混凝土垂直与水平方向输送任务。混凝土泵是一种有效的混凝土运输工具，它以泵为动力，沿管道输送混凝土，可以同时完成水平和垂直运输，将混凝土直接运送至浇筑地点。混凝土泵具有输送能力大、速度快、效率高、节省人力、能连续作业等特点。因此，它已成为施工现场运输混凝土最重要的一种方法。

自 1927 年由德国首创，泵送混凝土技术迅猛发展，泵送压力已经有了大幅度提高。1971 年以前，混凝土出口压力大多不超过 2.94MPa，后提高到 5.88～8.38MPa，现在已达到 22MPa，而且还有继续提高的趋势。同时，液压系统的压力也在不断提高，基本都在 32MPa 以上。因此，输送距离也在不断增加，最大水平输送距离已超过 2000m，最大垂直泵送高度也可达 500m 以上。泵送混凝土已经成为超高层建筑混凝土输送最主要的输送方式。

德国施维英（Schwing），普茨迈斯特（Putzmeister）的混凝土泵制造技术享誉世界，长期垄断市场。普茨迈斯特公司 1994 年在意大利建造 Rivadel Garda 发电站时创下了泵送混凝土 532m 高的世界纪录，2007 年 11 月在迪拜哈利法塔施工时将混凝土一次泵送至 601m 高度处，刷新了混凝土泵送高度的世界纪录。上海金茂大厦和迪拜哈利法塔采用了普茨迈斯特（Putzmeister）的 BSA-14000HD 超高压泵，台北 101 大厦、吉隆坡石油双塔采用施维英（Schwing）的 BP 8000 超高压泵。近年来我国三一重工和中联重科奋起直追，混凝土泵制造技术赶上了世界先进水平。近年来建设完成的和正在建设的超高层建筑中，上海环球金融中心、香港国际金融中心二期和香港环球贸易广场都采用了三一重工生产的混凝土泵（表 4-8）。

世界主要超高层建筑混凝土泵工作性能　　　　表 4-8

制造商	产品型号	最大混凝土压力(MPa)	最大输送量(m³/h)	泵送高度业绩(m)
德国 Putzmeister	BSA-14000HD	22	71	601
德国 Schwing	BP 8000	20	87	445
中国三一重工	HBT90CH	22	90	492

4.5.2 混凝土泵分类

混凝土泵按工作原理、工作性能和移动方式等进行分类：

（1）按工作原理分：①挤压式混凝土泵：结构简单、造价低，维修容易且工作平稳，但是由于输送量及泵送混凝土压力小，输送距离短，目前已很少采用；②液压活塞式混凝土泵：结构较复杂、造价比较高，维修保养要求高，但是由于输送量及泵送混凝土压力大，输送距离长，因此已经成为超高层建筑混凝土泵送的主流设备。

（2）按移动方式分：①固定式混凝土泵（HBG）：安装在固定机座上的混凝土泵；②拖式混凝土泵（HBT）：安装在可以拖行的底盘上的混凝土泵；③车载式混凝土泵（HBC）：安装在机动车辆底盘上的混凝土泵。

（3）按理论输送量分：①超小型混凝土泵：理论输送量在 10～20m³/h 之间；②小型混凝土泵：理论输送量在 30～40m³/h 之间；③中型混凝土泵：理论输送量在 50～95m³/h 之间；④大型混凝土泵：理论输送量在 100～150m³/h 之间；⑤超大型混凝土泵：理论输送量在 160～200m³/h 之间。

（4）按驱动方式分：①电动机驱动；②柴油机驱动。

（5）按分配阀形式分：①垂直轴蝶阀；②S 形阀；③裙形阀；④斜置式闸板阀；⑤横置式板阀。

（6）按泵送混凝土压力分：①低压混凝土泵：工作时混凝土泵出口的混凝土压力在 2.0～5.0MPa 之间；②中压混凝土泵：工作时混凝土泵出口的混凝土压力在 6.0～9.5MPa 之间；③高压混凝土泵：工作时混凝土泵出口的混凝土压力在 10.0～16.0MPa 之间；④超高压混凝土泵：工作时混凝土泵出口的混凝土压力在 22.0～28.5MPa 之间。

4.5.3　混凝土泵选型与配置

混凝土泵选型同样应当遵循技术可行、经济合理的原则。首先应当根据超高层建筑工程特点（规模、高度和结构类型）和工期要求确定混凝土泵技术参数（表 4-9）。在混凝土泵的技术参数中，输送排量和出口压力起主导作用，应当首先确定。超高层建筑规模、结构类型和施工工期决定了混凝土泵的输送排量和配置数量。混凝土泵的输送排量和配置数量应当满足超高层建筑流水施工需要。为了防备设备故障引起混凝土泵送中断，产生结构冷缝，还应当配置备用泵。超高层建筑高度决定了混凝土泵的出口压力。输送排量和出口压力确定了，电机功率和分配阀形式的确定也就有了依据。蝶形阀对骨料的适应性最好，但是换向摆动的截面积较大，适合于低、中压等级的混凝土输送泵。S 形阀在泵送过程中压力损失少，混凝土流动顺畅，但受管径的限制，对骨料要求较高，适合于中、高压泵，适用于高层建筑和超高层建筑施工的混凝土远距离、高扬程输送。闸板阀的性能介于蝶阀和 S 形阀之间，在中压泵上应用较多。混凝土泵的电机功率决定于出口压力和输送排量。在电机功率一定的情况下，出口压力的升高必将使输送量降低。相反，降低出口压力，将会使输送排量增加。在技术可行的基础上，进行经济可行性分析，最终确定混凝土泵型号与配置。

世界近期建设的著名超高层建筑混凝土泵配置（含备用泵）　　　　　　表 4-9

工 程 名 称	建筑高度	楼层面积(m²)	结构类型	混凝土泵
上海金茂大厦	88 层,420.5m	2470	组(混)合结构	Putzmeister BSA-2100HD 和 BSA-14000HD 各 2 台
上海环球金融中心	101 层,492m	3300	组(混)合结构	3 台三一重工 HBT90CH
台北 101 大厦	101 层,508m	2800	钢结构	2 台 Schwing BP 8800
香港国际金融中心二期	88 层,415m	2110	组(混)合结构	3 台三一重工 HBT90CH
吉隆坡石油大厦双塔	88 层,452m	1940×2	钢筋混凝土结构	6 台 Schwing BP 8000
阿联酋迪拜哈利法塔	169 层,828m	2050	钢筋混凝土结构	4 台 Putzmeister BSA-14000HD

第 5 章　超高层建筑施工测量

5.1　施工测量的作用与任务

5.1.1　超高层建筑施工测量的作用

施工测量在超高层建筑施工中发挥极其重要的作用。施工测量是联系设计与施工的桥梁,是设计蓝图转化为现实的必经环节。施工测量是超高层建筑各分部分项工程施工的先导性工作,只有测量定位工作完成以后,各分部分项工程施工才能大规模展开。施工测量贯穿于超高层建筑施工的全过程,是衔接各分部分项工程之间空间关系的重要手段。施工测量是超高层建筑健康状况监测的重要手段之一,施工过程中和运营期间进行的变形监测可以比较全面地反映超高层建筑的设计和施工质量。

5.1.2　超高层建筑施工测量的任务

在超高层建筑施工中,施工测量面临的任务非常繁重,主要有:一是建立施工测量平面和高程控制网,为施工放样提供依据。二是随超高层建筑施工高度增加,逐步将施工测量平面控制网和高程控制网引测至作业面。三是根据施工测量控制网,进行超高层建筑主要轴线定位,并按几何关系测设超高层建筑的次要轴线和各细部位置。四是开展竣工测量,为超高层建筑工程竣工验收和维修扩建提供资料。五是变形观测,在超高层建筑施工和运营期间,定期进行变形观测,以了解其变形规律,确保工程施工和运营安全。在超高层建筑施工测量所有任务中,最重要和最具特色的是将平面控制网正确地向上传递至高空作业面,确保超高层建筑的垂直度,超高层建筑许多施工测量方法和仪器都是为了完成测量控制网的垂直传递和垂直度控制任务而发展起来的。

5.2　施工测量特点

5.2.1　超高层建筑施工测量技术难度大

超高层建筑结构超高,平面控制网和高程垂直传递距离长,测站转换多,测量累计误差大。超高层建筑高度大,侧向刚度小,特别是体形奇特时,施工过程中受环境影响极为显著,空间位置不断变化,保证高空测量控制网的稳定难度大。超高层建筑施工测量通视困难,高空作业多,作业条件差,高空架设仪器和接收装置困难,常需设计特殊装置以满足观测条件。这些都极大地增加了超高层建筑施工测量的技术难度。

5.2.2　超高层建筑施工测量精度要求高

超高层建筑设计和施工都对施工测量精度提出了更高要求。超高层建筑结构超高,结构受力受施工测量精度影响比较大,过大的施工测量误差不但会影响建筑功能正常发挥,如长距离高速电梯的正常运行,而且会恶化超高层建筑结构受力,因此必须严格控制施工测量误差。为加快施工速度，超高层建筑多采用阶梯状流水施工流程，大量采用工厂预制、现场装配的施工工艺，如钢结构工程、幕墙工程，工业化生产对施工测量精度要求高，因此国家规范对超高层建筑施工测量精度要求较一般建筑工程高。行业标准《高层建筑混凝土结构技术规程》JGJ 3—2010 要求建筑高度（H）越大，施工测量精度要求越高，30m＜H≤60m 时，轴线竖向投测允许偏差≤±10mm；60m＜H≤90m 时，轴线竖向投测允许偏差≤±15mm；90m＜H≤120m 时，轴线竖向投测允许偏差≤±20mm；120m＜H≤150m 时，轴线竖向投测允许偏差≤±25mm；H＞150mm，轴线竖向投测允许偏差≤±30mm。

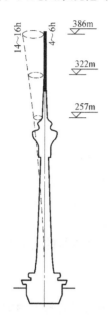

图 5-1　中央电视塔日照变形示意图[32]

5.2.3　超高层建筑施工测量影响因素多

超高层建筑施工测量精度除受测量仪器精度和测量技术人员素质影响外，还受建筑设计、施工工艺和施工环境影响。超高层建筑造型、基础和侧向刚度等设计对施工测量精度影响显著。建筑高度越大、造型越复杂，施工过程中超高层建筑变形越显著。基础刚度越小，施工过程中超高层建筑沉降越大，差异沉降越显著。建筑侧向刚度越小，施工过程中超高层建筑受施工环境和施工荷载影响越大。超高层建筑在施工过程中的空间位置受施工工艺和施工环境影响也非常显著。施工环境中风和日照作用下超高层建筑的变形众所周知。中央电视塔施工过程测试表明[32]，日照作用下结构最大水平偏移达 132mm（图 5-1）。结构仿真分析表明，日照作用下，环境温度每增加 10℃，迪拜哈利法塔钢筋混凝土核心筒顶部每隔 6h 将偏移达 150mm[33]。这些都给提高施工测量精度带来很大困难。

5.3　测量仪器

超高层建筑测量仪器主要有经纬仪、水准仪、测距仪、全站仪和垂准仪。

5.3.1　经纬仪

经纬仪是测量水平角和竖直角的仪器，由望远镜、水平度盘、竖直度盘、水准器、读数设备、基座部件组成。经纬仪按读数设备分为游标经纬仪、光学经纬仪和电子经纬仪。电子经纬仪虽然在外观上和光学经纬仪相类似，但是由于采用微机控制和电子测角系统，性能更为优越：能自动显示测量成果，实现读数的自动化和数字化；采用积木式结构，通过数据传输接口，可把野外采集的数据直接输入计算机进行计算和绘图（图 5-2）。因此电子经纬仪在超高层建筑施工测量中得到了广泛应用。

5.3.2　水准仪

水准仪是建立水平视线，测定地面两点间高差的仪器，由望远镜、管水准器（或补偿器）、垂直轴、基座和脚螺旋等部件组成。水准仪按结构分为微倾水准仪、自动安平水准仪和数字水准仪，其中自动安平水准仪和激光水准仪应用日益广泛。自动安平水准仪借

图 5-2　北京光学仪器厂生产的激光电子经纬仪

助自动安平补偿器获得水平视线。当望远镜视线有微量倾斜时，补偿器在重力作用下对望远镜作相对移动，从而迅速获得视线水平时的标尺读数，工效高、精度稳定。数字水准仪以标尺的条纹码作为参照信号存在仪器内，测量时，线译码器捕获仪器视场内的编码标尺影像作为测量信号，然后与仪器的参考信号进行比较，就可获得视线高度和水平距离。数字水准仪在观测时可自动读数，避免人为误差。观测数据可存贮在仪器内，也可导出到计算机内，进行数据处理。瑞士徕卡 NA2（图 5-3）和日本索佳 B21 精密水准仪的精度可以达到 0.3mm/km。

图 5-3 徕卡 NA2
水准仪

5.3.3 测距仪

　　精密测距一直是测量技术的薄弱环节。传统的距离测量方法有量尺量距法、视距法、视差法等，其中量尺量距法属直接测距法，测距精度比较高，但是作业工作量大，工作效率低，视距法和视差法属间接测距法，测距精度比较低。20 世纪 40 年代发展的电磁波测距技术日臻成熟，已经成为理想的测量距离方法。电磁波测距是利用电磁波作为载波，经调制后由测线一端发射出去，由另一端反射或转送回来，测定发射波与回波相隔的时间，以测量距离的方法。测距仪工效和精度都很高，徕卡智能超强型激光测距仪 LeicaDistoA8（图 5-4）在 0.05～200m 的测量范围内，测量精度可达 $\pm$1.5 mm。利用干涉原理制作的测距仪精度甚至可达到丝级。

5.3.4 全站仪

　　全站仪是一种集光、机、电为一体的高技术测量仪器，是集水平角、垂直角、距离（斜距、平距）、高差测量功能于一体的测绘仪器系统，因一次安置仪器就可完成该测站上全部测量工作而得名。全站仪由电源部分、测角系统、测距系统、数据处理部分、通信接口、显示屏及键盘等组成。目前全站仪正在向全能型和智能化方向发展，采用激光、通信及 CCD 技术，实现测量的全自动化，成为测量机器人。测量机器人可自动寻找并精确照准目标，在 1s 内完成一目标点的观测，像机器人一样对成百上千个目标作持续和重复观测，已广泛用于变形监测和施工测量。测量机器人与 GPS 接收机相结合，成为超全站仪或超测量机器人，将 GPS 的实时动态定位技术与全站仪灵活的三维极坐标测量技术完美结合，实现无控制网的各种工程测量。瑞士徕卡生产的自动导向全站仪 TCA2003（图 5-5）在 120m 范围内测距精度为 $\pm$0.5mm$\pm$1ppm，具有自动导向、自动数据处理和输出等功能，能保证施工测量精度和效率，其对点方式为激光对点。

图 5-4 徕卡智能超强型激光测距仪

图 5-5 徕卡 TCA2003 全站仪

5.3.5 垂准仪

　　垂直度控制是超高层建筑施工测量的重要任务，为此工程技术人员开发了多种专用测量仪器，如配有 90°弯管目镜的经纬仪、垂准经纬仪、激光铅直仪、自动天顶准直仪、自动天底准直仪和自动天顶—天底准直仪，其中激光铅直仪在超高层建筑铅直定位测量中应用最为广泛。瑞士徕卡生产的 WILD ZL 垂准仪精度高达 1/200000（图 5-6）。

图 5-6　弯管目镜和 WILD ZL 垂准仪

5.4　施工控制测量

超高层建筑施工测量应遵循"从整体到局部、先高级后低级、先控制后碎部"的原则，首先建立施工测量控制网。超高层建筑施工测量实行分级布网，逐级控制。超高层建筑控制测量分平面控制测量与高程控制测量。

5.4.1　平面控制测量

平面控制一般布设三级控制网，由高到低逐级控制。同级控制网可以根据工程规模进一步划分，布设多个平级网。平级网之间必须相互贯通，以便联测校正，确保统一性。

（1）首级平面控制网

首级平面控制网是其他各级控制网建立和复核的唯一依据，并可作为钢结构吊装等高空测量定位的空中导线网。首级平面控制网一般以建设单位提供的平面控制点为基础建立，布设在视野开阔、远离施工现场稳定可靠处。布设首级测量控制网，选择较稳定的地面或楼龄在 5 年以上并且楼高在 50m 以下的屋顶布设观测墩或观测站（控制点）。控制点应视线通视，采用 GPS 定位时高度角 15°以上范围应无障碍物。为确保在超高层建筑施工全过程中稳定运行，首级平面控制网应满足有多余观测条件。首级平面控制网可以是导线网、三角网、边角混合网等。

在金茂大厦建设中，建设单位提供了航 1、航 3、航 4 三个控制点，其中航 1、航 3 距基坑较近，受施工影响大，极不稳定，需经常进行修正才能使用。航 4 距基坑较远，而且周围环境相对稳定，因此首级平面控制网以航 4 为基准主测站，并在四个方向设立四个辅助基准控制方向，东为东园高层，西为文汇大楼，南为十六铺绿苑大酒家，北为远洋宾馆。由于首级平面控制网的五个控制点都位于视野开阔的建筑顶部，因此可以作为主楼高空平面控制网校核和钢结构构件测量定位的空中导线网[34]。

（2）二级平面控制网

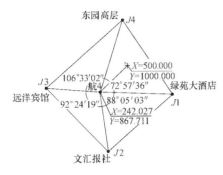

图 5-7 金茂大厦首级平面控制网

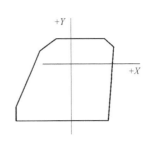

图 5-8 金茂大厦主楼二级平面控制网

二级平面控制网是场地平面控制网，发挥承上启下的作用，即依据首级平面控制网测设，并作为三级平面控制网建立和校核的基准，同时也可为重要部位的施工放样提供基准。二级平面控制网紧邻施工现场，受施工影响比较大，稳定性较差，因此必须定期复测校核。二级平面控制网多为环绕施工现场的闭合导线网，也可为十字形轴线网。金茂大厦塔楼施工测量二级平面控制网即为轴线网[30]。

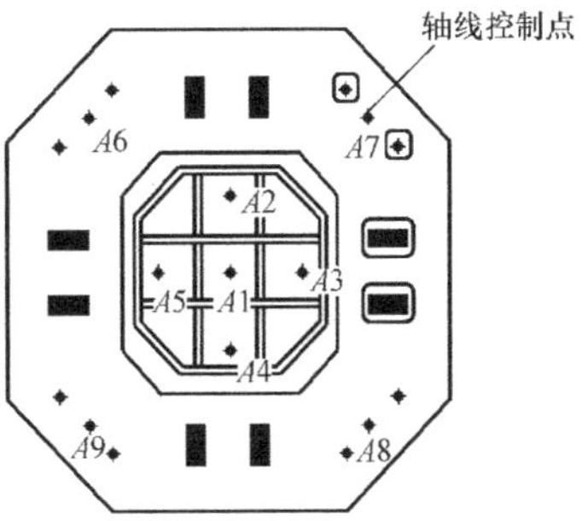

（3）三级平面控制网

三级平面控制网是建筑物平面控制网，为超高层

图 5-9 金茂大厦塔楼三级平面控制网

建筑细部放样而布设的平面控制网，一般布置在基础底板上。当结构施工至地面以上时，应及时将三级平面控制网转换到±0.000结构层，以便与二级平面控制网联测校核，进行施工测量控制。三级平面控制网位于超高层建筑内部，受施工和建筑沉降影响大，因此必须定期复测校核。

目前超高层建筑多采用框—筒结构体系，先核心筒后外框架的流水施工方式，因此二级平面控制网多分为核心筒内外两个平级网。金茂大厦塔楼的三级平面控制网即由核心筒内外两个平级网组成[34]。该工程依据二级平面控制网的十字轴线，在核心筒内布设一个小十字轴线网，其点为$A1 \sim A5$，在筒外楼层布设一个正四边形网，其点为$A6 \sim A9$。核心筒内十字轴线网与核心筒外正四边形网通过门洞交于四边形中间，形成一个田字形网，进行联测校核。

5.4.2 高程控制测量

较之平面控制测量，高程控制测量相对比较简单。高程控制网一般分二级布置，由高到低逐级控制。首级高程控制网一般以建设单位提供的高程控制点为基础建立，布设在视野开阔、远离施工现场稳定可靠处。创建过程中需考虑除了下发或提交的城市高程控制点外，还要增加冗余高程控制点，以增强高程控制系统的安全性。为保证高程系统的稳定性，点位应设置在不受施工环境影响，且不易遭破坏的地方。考虑季节变化、环境影响以及其他不可知因素，定期对高程控制点进行复测。二级高程控制网布设在建筑物内部，以首级高程控制网为依据创建。随着时间的推移与建筑物的不断升高，自重荷载的不断增加，建筑物会产生沉降。因此，要定期检测高程点的高程修正值，及时进行修正。高程控制网应结合平面控制网进行布设，控制点尽可能共享，以减少维护工作量。

5.5　竖向测量

竖向测量是超高层建筑施工测量最重要的任务，也是超高层建筑施工测量技术研究的主要内容。目前，超高层建筑施工竖向测量方法主要有外控法、内控法和综合法三种。

5.5.1　外控法

外控法是在建筑物外部，利用经纬仪，根据建筑物轴线控制桩来进行轴线的竖向投

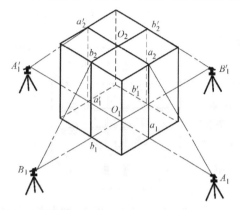

图 5-10　外控法竖向测量示意图

测，亦称作"经纬仪引桩投测法"，如图 5-10 所示。外控法操作简单，测量仪器要求低，普通经纬仪即可满足要求，因此早期的超高层建筑竖向测量多采用该方法。但是该方法场地要求高，建筑周边必须开阔，通视条件好。随着超高层建筑高度和城市建筑密度不断增加，外控法作业条件越来越差，因此该方法应用范围逐步缩小，仅限于超高层建筑地下结构和底部结构施工测量使用。

5.5.2　内控法

内控法是在超高层建筑基础底板上布设平面控制网，并在其上楼层相应位置上预留 200mm×200mm 的传递孔，利用垂准线原理进行平面控制网的竖向投测，将平面控制网垂直投测到任一楼层，以满足施工放样需要，即在建筑物内部进行竖向测量，如图 5-11 所示。

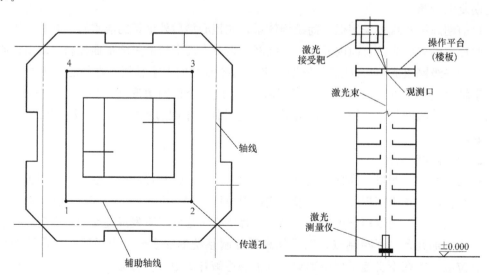

图 5-11　内控法竖向测量示意图

内控法有吊线坠法、垂准仪法。吊线坠法受环境影响大，一般适用高度在 100m 以下的高层建筑，在超高层建筑施工测量中应用不多。垂准仪法受环境影响小，投测距离大，

工效高，误差小，因此目前成为超高层建筑竖向测量的主要方法。按照控制点投测方向，垂准仪法可分为天顶准直法、天底准直法。天顶准直法是利用垂准仪将控制点向天顶方向进行竖向投测，因此也称仰视法。常用的天顶准直法测量仪器有：配有90°弯管目镜的经纬仪、激光经纬仪、激光铅直仪、自动天顶准直仪和自动天顶—天底准直仪。天底准直法是利用垂准仪将控制点向天底方向进行竖向投测，因此也称俯视法。常用的天底准直法测量仪器有：垂准经纬仪、自动天底准直仪和自动天顶—天底准直仪。

5.5.3 综合法

内控法虽然弥补了外控法受环境制约的缺陷，但是随着超高层建筑高度的不断增加，内控法自身缺陷也开始凸显，这就使平面控制网垂直传递过程中整体位移与转动难以检查和控制，因此金茂大厦施工中发展了内控法与外控法相结合的综合法进行超高层建筑竖向测量。竖向测量采用内控法进行平面控制网的竖向传递。为了控制传递误差，以首级平面控制网（空中导线网）为依据，采用外控法校核传递至高空作业面的平面控制网，取得了良好效果[26]。

目前综合法在复杂超高层建筑施工测量中得到广泛应用，正在建设的广州新电视塔即采用综合法进行竖向测量。广州新电视塔的曲面扭转钢结构外框筒所有构件都呈三维倾斜，安装精度高，空间定位测量难度大。为此在周围选择通视条件好、稳固的高层建筑物设立外控点，构建空中导线网（首级平面控制网）。空中导线网由五个空间点和一个地面点组成。空中导线网既作为三级平面控制网垂直传递校核的依据，又为钢结构外框筒构件测量定位的参照（图5-12）。

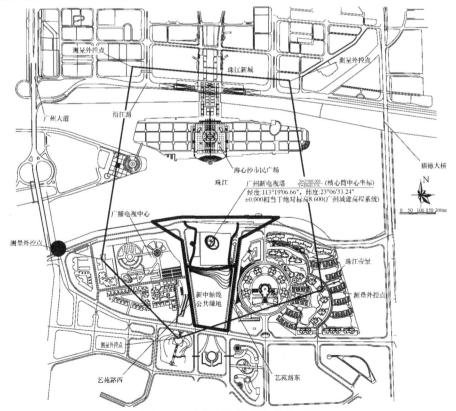

图5-12 广州新电视塔空中导线网

5.6　高　程　测　量

超高层建筑高程测量一般采用悬挂钢尺与水准仪相结合的方法进行高程传递。该方法劳动强度大，所需时间长，累积误差随超高层建筑高度而增加，测量精度控制困难。现代测距仪具有测量精度高，观测快捷、方便等优点，因此工程技术人员探索采用测距仪与水准仪相结合的方法进行高程传递。该方法原理为，依据二级高程控制点，确定仪器视高，然后利用全站仪的测距功能将高程传递至接收棱镜，最后利用水准仪将高程引测至核心筒筒壁上，供施工放样使用。该方法具有测量方便快捷和累积误差小等优点，是超高层建筑高程传递非常有效的方法（图 5-13）。金茂大厦施工中就进行过这方面的尝试，取得良好效果[26]。

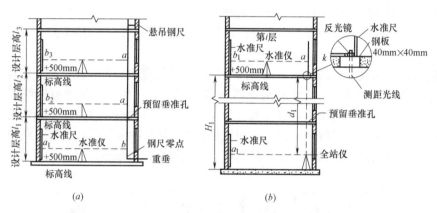

图 5-13　高程测量原理

（a）悬挂钢尺结合水准仪进行高程传递；（b）测距仪结合水准仪进行高程传递

5.7　GPS 测量原理及工程应用

传统的施工测量遵循"从整体到局部，先控制后碎部"的原则。但是随着超高层建筑高度的不断增加和体形的更加复杂，传统的施工测量方法暴露出许多薄弱环节：一是测量效率低、累计误差大。采用传统的方法进行超高层建筑施工测量，工作环节越来越多，地面测量控制网须经测量平台多次转换才能传递至高空作业面，测量效率显著下降，测量误差逐步增大。二是环境影响大，有效作业时间少。随着建筑高度的不断增加，超高层建筑的空间位置受环境（风、日照等）的影响越来越显著。但是传统的施工测量方法不能消除环境对施工测量精度的影响，只能通过被动地选择有利时间来控制环境对施工测量精度的影响，因此施工测量有效作业时间少。

GPS 技术作为一种全新的测量手段，其优点主要体现在不存在误差积累、精度高、速度快、全天候、无需通视和点位不受限制，并可同时提供平面和高程的三维位置信息。近年来，工程技术人员积极发挥 GPS 测量技术的全球定位优势，提高超高层建筑施工测量精度和效率，取得了阶段性成果[33,35]。

5.7.1　GPS 测量原理

GPS 是全球定位系统（Global Positioning System）的简称，是由 24 颗人造卫星和地面站组成的全球无线导航与定位系统。GPS卫星的分布使得在全球的任何地方，任何时间都可观测到四颗以上的卫星，并能保持良好定位解析精度。它具有海、陆、空全方位实时三维导航与定位能力。正是因为全球定位系统具有巨大优越性，因此美国发展了GPS全球定位系统以后，许多国家和地区都在构建自己的全球卫星定位系统，如俄罗斯的GLONASS、中国的北斗星和欧洲的伽利略全球卫星定位系统都在建设中或已经建成。

（1）系统组成

GPS系统由三大部分组成，即空间部分、地面监控部分、用户设备部分。

1）空间部分：GPS系统的空间部分是指GPS工作卫星星座，共由24颗卫星组成，均匀分布在6个轨道上。其主要功能是：根据地面监控指令接收和储存由地面监控站发来的导航信息，调整卫星姿态、启动备用卫星；向GPS用户播送导航电文，提供导航和定位信息；通过高精度卫星钟向用户提供精密的时间标准。

2）地面监控部分：GPS工作卫星的地面监控系统包括一个主控站、三个注入站和五个监测站。其主要功能是：对空间卫星系统进行监测、控制，并向每颗卫星注入更新的导航电文。

3）用户设备部分：由GPS接收机硬件和相应的数据处理软件以及微处理机及其终端设备组成。其主要功能是：接收GPS卫星发射的信号，获得必要的导航和定位信息及观测量，并经简单数据处理实现实时导航和定位，用后处理软件包对观测数据进行精加工，以获取精密定位结果。

（2）工作原理

GPS系统运用测距后方交会原理定位与导航，利用三个以上卫星的已知空间位置交会出地面未知点（接收机）的位置，如图5-14所示。因此，利用GPS卫星导航定位时，必须同时跟踪至少三颗以上的卫星。

根据接收机天线运动状态，GPS系统定位可以分为静态定位和动态定位，GPS卫星导航实质上就

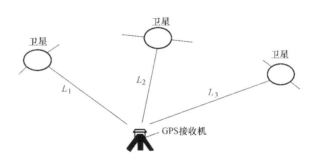

图5-14 GPS卫星定位原理

是广义的GPS动态定位。根据工作方式不同，GPS导航定位可分为绝对定位和相对定位。GPS绝对定位也叫单点定位，即利用GPS卫星和用户接收机之间的距离观测值直接确定用户接收机天线在WGS－84坐标系中相对于坐标原点（地球质心）的绝对位置。GPS相对定位也叫差分GPS定位，即至少用两台GPS接收机，同步观测相同的GPS卫星，确定两台接收机天线之间的相对位置，它是目前GPS定位中精度最高的一种方法，广泛用于大地测量、精密工程测量、地球动力学的研究和精密导航。目前又发展了一种叫载波相位动态实时差分－RTK（Real-time kinematic）技术，实质也就是相对定位，只不过它能快速完成搜索求解。其基本过程是基准站（已知点）通过数据链将其采集的观测数据和测站信息一起传送给流动站，流动站利用同步采集到的GPS观测数据，在系统内组成差分观测值进行实时处理，同时给出厘米级定位结果。经过几十年的发展，GPS定位技术的测量精度能够基本满足施工控制网布设要求，实用性大大增强。拓普康HiPer ProGPS（图5-15）接收机静态测量精度为平面3mm＋0.5ppm，高程5mm＋0.5ppm；RTK实时动态测量精度为平面10mm＋1.0ppm，高程15mm＋1.0ppmm。

图 5-15　拓普康 HiPer ProGPS 接收机

5.7.2　工程应用

（1）工程概况

阿联酋迪拜哈利法塔建筑造型取意于沙漠花，是伊斯兰国家历史与文化的结晶，总建筑面积 479830m²，其中塔楼建筑面积 280000m²，地下四层，地上 169 层，高达 828m（图 5-16）。该工程集住宅、商务、酒店、观光、娱乐、购物和休闲于一体。为了提高建筑各楼层的观光效果和结构抗侧向荷载的能力，建筑平面呈 Y 形。B2-F156 采用钢筋混凝土束筒结构体系（与美国西尔斯大厦相似，希尔斯大厦采用的是钢结构束筒结构体系），F157 以上采用钢结构桁架筒体结构体系。钢筋混凝土束筒结构体系随建筑高度逐步呈螺旋式收分，以提高建筑的抗风性能。

（2）测量难点

作为世界第一高楼，哈利法塔施工测量面临许多技术难题：一是塔楼结构超高、体形纤细，施工过程中变形显著。结构分析表明，

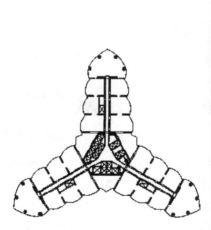

图 5-16　迪拜哈利法塔

温度每变化 10℃，塔楼混凝土顶部每隔 6h 将偏移高达 150mm，即该楼层每小时将发生 25mm 的偏移，因此测量控制网的稳定性差。二是塔楼空间位置受环境影响的变化规律非常复杂。塔吊、风和日照等都会引起结构变形，使得塔楼产生比较严重的倾斜和晃动。塔楼受环境影响的变化规律非常复杂，理论分析难以准确把握。三是施工测量工作巨大。为加快施工速度，哈利法塔结构分核心筒、三个翼缘四条流水线，采用液压自动爬升模板系统施工，模板系统施工需要设置 240 个参照点。采用内控法进行垂准测量的传统测量方法既不实用也不安全。因此，有必要开发出一套测量系统，能有效地提供大量的参照点并能

在建筑偏移的时候使用，即测量系统能够有效消除环境对施工测量精度的影响。

（3）测量方法

哈利法塔周边场地开阔，视线良好，因此在 20 层以下，采用外控法进行平面控制网的垂直传递。随着楼层的升高，塔楼将受到诸多因素影响而产生的偏移越来越显著，严重影响施工测量精度。同时楼层超过 20 层以后，模板系统上层平台的阻隔使得看清现场的外界参照点变得越来越困难，通视条件恶化使得外控法的使用效果越来越差。为此工程技术人员探索采用 GPS 定位与高精度仪器测斜相结合确定施工控制点的精确空间位置，为施工提供统一的测量放样基准。其原理为，首先运用 GPS 确定测量控制点的空间位置，同时利用测斜仪确定塔楼变形情况，然后根据测斜仪反映的结构变形情况修正控制点的 GPS 测量结果，最终得到测量控制点的基准空间坐标，用于施工放样（图 5-17）。

（4）测量系统

测量系统由定位测量子系统和倾斜测量子系统组成。两大子系统通过网络形成整体，实现系统功能，如图 5-17 所示。

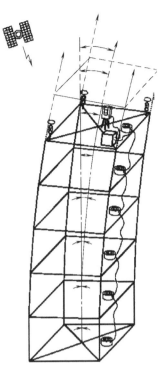

图 5-17　测量系统

1）定位测量子系统

定位测量子系统由 GPS 基准站，GPS 接收器和带圆形棱镜的天线以及全站仪组成，如图 5-18～图 5-21 所示。该系统最少由 3 个 GPS 接收器组成，一般安装在模板顶层的固定高杆上。倾斜式圆形棱镜安装在各天线的下面，全站仪（TPS）安装在混凝土楼层上且能看到所有的 GPS 测量站。GPS 与 TPS 的组合构成了"定位测量子系统"。

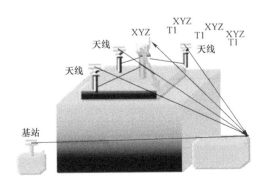

图 5-18　定位测量子系统图

图 5-19　GPS 和圆形棱镜的组合

GPS 定位采用静态模式，卫星信号数据被接收并贮存。与此同时，使用 TPS 仪器测量距安装在 GPS 天线下的棱镜的角度和距离。然后，TPS 测量设置在新浇混凝土上的参

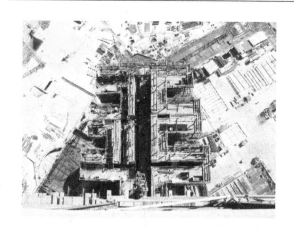

图 5-20　GPS 主动控制点

图 5-21　连续工作式基准站

照点，这些参照点用于控制模板安装位置。在观测完成后，数据反馈至办公室进行处理。运用最小二乘后方交会法确定 TPS 的位置。最后，根据 TPS 坐标得出所有测量参照点的坐标，为模板安装定位等提供测量依据。

2）倾斜测量子系统

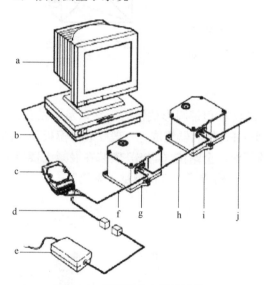

图 5-22　倾斜仪与电脑的连接

a—电脑；b—电缆，转换器—电脑；c—RS232/RS485 总线转换器；d—电缆，Lemo 1（阴极）—转换器；e—电源；f—电缆，转换器—Lemo 0（阳极）；g—NIVEL220 RS485；h—电缆，Lemo 0（阴极）—Lemo 0（阳极）；i—NIVEL 220 RS485；j—电缆，Lemo 0（阳极）—Lemo 0（阳极）

倾斜测量子系统由 NIVEL200 双轴高精度倾斜仪、电脑网络系统及 Geo-MoS 软件组成。NIVEL200 双轴高精度倾斜仪的绝对测量精度达 ±0.2 弧分。倾斜仪随结构施工逐步布设，在每隔约 20 层楼的高度上设置总共 8 个高精度倾斜仪。倾斜仪安装在核心筒剪力墙的中心位置以防干扰破坏。倾斜仪安装完成后，应参照该楼层的测量控制点，采用由底板垂直度观测的方法进行校正。倾斜仪通过 RS-485 信号总线与安装在测量办公室的电脑的 LAN 网线接口连接 GeoMoS 软件，组成倾斜测量子系统，如图 5-22 所示。GeoMoS 软件由监测器和分析器两个部分组成。监测器是一个在线的工作软件，主要负责传感器的控制、数据的收集以及事件的管理。分析器是一个分体式的软件，主要用于测量数据的分析、可视化和后处理。倾斜测

量子系统对结构的倾斜情况进行连续的实时测量，记录各楼层上仪器的数据，输出大楼与垂直轴线偏移的 X 轴和 Y 轴值。对偏移的预测分析完毕后，修正 GPS 定位测量得到的 TPS 和参照点的坐标，安装在模板顶层的测量系统便开始为大楼的施工发送精确的定位信息。

工程实践表明，该系统能够连续为模板安装定位提供测量基准，定位精度达到15mm。该测量系统还可以识别塔楼任何方向超过20mm的长期偏移。该测量系统具有测量效率高、累积误差小等优点，特别是能够准确确定和有效消除环境对施工测量精度的影响，因此可以实现全天候测量，为加快施工速度创造了良好条件，其成功经验值得我们借鉴。

第6章 超高层建筑深基坑工程施工

万丈高楼平地起，世上从来就没有空中楼阁，超高层建筑总是与深基础工程紧密联系在一起的。深基坑工程是为深基础工程施工服务的，是深基础工程施工技术研究的重要对象之一。

6.1 深基坑工程施工特点

6.1.1 深基坑工程特点

与其他分部分项工程相比，超高层建筑深基坑工程具有鲜明特点：

（1）临时性。深基坑工程是为深基础工程施工服务的，深基础工程施工结束后，深基坑工程的历史使命就完成了，深基坑工程属施工措施性工程，具有较强的临时性。因此在深基坑工程实践中，要在确保安全的前提下突出经济性，尽量降低深基坑工程的造价。

（2）区域性。深基坑工程处于岩土体中，其工作状况受岩土工程特性影响极为显著，而岩土工程条件具有显著的区域性。我国幅员辽阔，不同地区岩土工程条件差异极大，沿海地区岩土工程条件较差，如上海、天津软土工程问题特别突出，而广大内陆地区岩土工程条件较好，如北京等地区，地下水位埋深大，土体强度高。因此从事深基坑工程实践时，必须因地制宜，根据工程所在地的岩土工程条件选择安全可靠、经济合理的深基坑工程技术。

（3）风险性。深基坑工程的安全受场地岩土工程条件影响极为显著，但是受技术和经济条件所限，人们对岩土工程的了解还是极为有限的，还不可能全面掌握地下岩土工程的变化规律，深基坑工程实践的不确定性因素比较多，安全风险性高，深大基坑工程尤其如此。因此在深基坑工程实践中要高度重视安全风险问题，采取的各项技术措施要留有足够的安全储备，以规避安全风险。

6.1.2 深基坑工程施工特点

超高层建筑深基坑工程规模庞大、环境复杂、工期紧张，施工具有非常鲜明的特点：

（1）规模庞大。超高层建筑深基坑工程占地面广，面积超过 $50000m^2$ 的深基坑工程已不鲜见。为了结构稳定和开发地下空间的需要，超高层建筑的基础埋置都比较深，基坑开挖深度达 20 余米，有的甚至超过 30m。深基坑工程施工技术含量高、施工安全风险大。

（2）环境复杂。超高层建筑多处于城市繁华地段，周边建筑密集，地下管线交错，甚至还紧邻城市生命线工程如地铁等，施工环境复杂，环境保护要求高，深基坑工程施工不但要确保自身安全，而且要将变形控制在环境可承受的范围内，施工控制标准高。

（3）工期紧张。超高层建筑的显著特点是：投资大、工期长、工期成本高。因此必须突出工期保证措施，采取有力措施缩短工期。由于深基坑工程施工任务比较单一，牵涉面比较小，因此超高层建筑施工中，往往将压缩工期的任务落实在深基坑工程施工阶段，深基坑工程施工工期往往极为紧张。

6.2 深基坑工程施工技术路线

6.2.1 深基坑工程施工技术路线

超高层建筑施工的总体技术路线是突出塔楼，以缩短工程建设工期，加快投资回收，提高投资收益。在超高层建筑整个施工过程中，塔楼的施工工期无疑起着控制作用，缩短工期关键是缩短塔楼的施工工期。因此深基坑工程施工必须遵循超高层建筑施工总体技术路线，把塔楼施工摆在突出位置，采取有效措施为塔楼施工创造良好条件。

6.2.2 深基础工程施工工艺

贯彻深基坑工程施工技术路线关键是确定合理的深基础工程施工工艺，这是因为基坑工程属临时工程，是为深基础工程施工服务，深基础工程施工工艺对深基坑施工影响极大。在研究深基坑工程施工技术路线时，必须重点解决深基础工程施工工艺问题。

目前超高层建筑深基础工程施工工艺主要有三种：顺作法、逆作法和顺—逆结合法，三种施工工艺各有优缺点和适用范围。尽管超高层建筑深基础工程施工工艺变化不多，但是深基础工程施工工艺的选择还是非常困难的，必须在详细了解场地地质条件、环境保护要求的基础上，深入分析超高层建筑工程特点（规模、高度、结构体系和工期要求等），遵循技术可行、经济合理的原则，借鉴类似工程经验，经过充分论证慎重决策（表6-1）。

世界部分超高层建筑深基础工程施工工艺简介 表6-1

工程名称	工程规模	地质条件	建设环境	施工工艺
上海金茂大厦	地下3层，基坑开挖深度19.65m，地上88层，420.5m高，总建筑面积289500m²	地质条件较差，基坑处于软土中	有地铁、22万V电缆等需要保护	突出主楼的内支撑明挖顺作工艺
上海环球金融中心	地下3层，基坑最大开挖深度25.89m，地上101层，492m高，总建筑面积约380000m²	地质条件较差，基坑处于软土中	有地铁、22万V电缆等需要保护	主楼顺作+裙房逆作工艺
台北101大厦	地下5层，基坑最大开挖深度22.95m，地上101层，508m高，总建筑面积约412500m²	地质条件较差，基坑处于软土中	较好	主楼顺作+裙房逆作工艺
香港国际金融中心二期	地下5层，基坑最大开挖深度32m，地上88层，415m高，总建筑面积约185800m²	地质条件较好，基坑处于砂土层中	近海，紧邻地铁	主楼顺作+裙房逆作工艺
香港环球贸易广场	地下4层，基坑最大开挖深度28m，地上118层，484m高，总建筑面积约262176m²	地质条件较差，基坑处于软土中	建筑密集，紧邻高架和地铁	主楼顺作+裙房先顺后逆作工艺
迪拜哈利法塔	地下4层，基坑最大开挖深度12m，地上168层，705m高（暂定），总建筑面积479830m²	地质条件良好，地下水位低	周边场地空旷	放坡明挖顺作工艺
吉隆坡石油大厦	地下5层，基坑最大开挖深度25.5m，地上88层，452m高，总建筑面积341760m²	地质条件较好	周边场地空旷	拉锚支护顺作工艺
纽约世贸中心1号楼	地下4层，基坑最大开挖深度25.5m，地上108层，541.3m高，总建筑面积241548m²	地质条件较好	周边建筑密集，交通繁忙	拉锚支护顺作工艺

6.3　深基础工程顺作法施工工艺

6.3.1　工艺原理与特点

顺作法是超高层建筑深基础工程施工最传统的工艺，深基坑工程施工完成后，再由下而上依次施工基础筏板和地下主体结构。顺作法施工工艺具有以下优点：

（1）施工技术简单。除围护结构施工技术含量比较高外，土方工程和临时支撑施工及拆除施工工艺都比较成熟，施工技术简单。

（2）土方工程作业条件好。土方工程露天作业，作业空间比较开阔，能够发挥大型机械的优势，施工效率比较高，不存在逆作法所遇到的照明和通风问题。

（3）基础工程质量易保证。结构工程由下而上施工，工艺合理，属成熟工艺，而且施工缝比较少，结构工程的施工质量和完整性易保证。

因此绝大部分超高层建筑采用该工艺施工深基础工程。但是当深基础工程规模大，特别是地质条件比较差，需要设置临时支撑时，顺作法施工工艺的缺点凸显：

（1）环境影响显著。为节约成本，顺作法深基坑工程临时支撑断面受到限制，因此临时支撑刚度较永久结构支撑刚度要小得多，约束基坑变形的能力比较弱。另外顺作法施工存在临时支撑与永久结构的转换，施工步骤比较多，也会增加基坑变形。因此与逆作法工艺相比，采用顺作法工艺施工深基础工程时，深基坑变形比较大，环境影响显著。

（2）临时支撑投入大。深基坑工程临时支撑承受的土压力荷载大，随着深基坑工程规模的不断扩大，钢筋混凝土用量达数千立方米，甚至上万立方米，临时支撑投入非常大，增加了建设成本。

（3）施工工期比较长。采用顺作法施工工艺时，由于深基坑工程与深基础工程施工采用依次施工流水方式，有支护顺作情况下，竖向上实行依次施工，先基坑工程，后基础工程，且基础工程施工往往齐头并进，施工速度受到限制，难以突出关键线路，施工工期比较长。

6.3.2　工程应用

顺作法施工工艺仍然是超高层建筑深基础工程施工主流工艺，当地质条件良好、施工环境宽松和工期宽裕时，超高层建筑深基础工程还是优先考虑采用顺作法工艺施工。世界上许多著名超高层建筑都采用了顺作法工艺施工深基础工程，如阿联酋迪拜哈利法塔、马来西亚吉隆坡石油大厦、美国纽约世界贸易中心（原世界贸易中心修复工程）、上海金茂大厦、上海国金中心、广州新电视塔、广州国际金融中心和南京紫峰大厦等。尽管这些超高层建筑都采用了顺作法工艺施工深基础工程，但是施工中都把塔楼作为关键予以重点突出。无支撑顺作法施工深基础工程时，突出塔楼问题容易解决。有支撑顺作法施工超高层建筑深基础工程时，突出塔楼问题的解决难度比较高。通常采用两种办法：一是深基坑工程一次施工，深基础工程分区流水顺作；二是深基坑工程分期施工，深基础工程分区流水顺作。

（1）深基坑工程一次施工，深基础工程分区流水顺作

深基坑工程一次施工，深基础工程分区流水顺作在超高层建筑基础工程施工中应用极为广泛，主要是因为采用该方法施工时，基坑内部不需要设置分隔用临时围护，临时围护工作量小，成本低。对有支撑深基坑工程而言，如何实现基础工程分区流水施工是支撑布

置时必须重点考虑的问题。深基坑工程一次施工，临时支撑多为一整体，必须同时拆除。因此为了方便塔楼先期施工，临时支撑必须优化布置，完全避让塔楼地下主体结构。目前避让地下主体结构常用两种办法：

一是将塔楼地下主体结构区域全部避让，形成大空间，既方便地下主体结构施工，也方便土方工程作业，上海金茂大厦和广州新电视塔工程都采用了这种办法[22]。广州新电视塔地下 2 层，地上高度 610m，建成后将成为世界第一高塔。基坑工程占地平面尺寸为 178.7m×180m，基坑最大开挖深度为 14.82m，主要采用 800mm 厚钢筋混凝土地下连续墙围护和二道钢筋混凝土支撑。为加快塔楼施工速度，深基坑支撑完全避让塔楼地下主体结构，这样深基坑工程完成后塔楼主体结构就可以优先其他区域无障碍地连续施工，为缩短工程总工期创造了良好条件（图 6-1）。

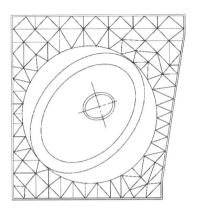

图 6-1 广州新电视塔深基坑支撑避让主体结构

二是将塔楼核心筒区域全部避让，外框架（筒）布置临时支撑，但是临时支撑避让地下主体结构，灵活性比较强，南京紫峰大厦就采用了该办法（图 6-2）。南京紫峰大厦地下 4 层，地上由 68 层 450m 高塔楼、24 层 99.75m 高副楼和 6～7 层 37m 高裙房组成，总建筑面积达 261075m²。基坑占地面积约 13800m²，基坑开挖深度在 21～23m 之间，最大开挖深度达到 28.25m。工程周边交通繁忙、人流密集、需要重点保护的地下管线较多，如东侧的地铁距离基坑边仅 5m 左右。基础工程采用内支撑顺作工艺施工，采用"两墙合一"的地下连续墙作围护，设置三道钢筋混凝土内支撑。支撑采用角撑＋边桁架＋对撑形式布置，完全避开塔楼和副楼核心筒，并避让塔楼和副楼的其他地下永久结构。因此塔楼和副楼结构施工非常顺利，其他区域还在施工地下 3 层结构时，塔楼和副楼已经开始地上 3 层结构施

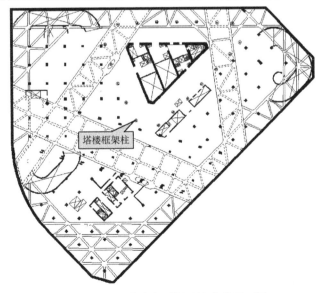

塔楼框架柱

图 6-2 南京紫峰大厦深基坑支护平面图

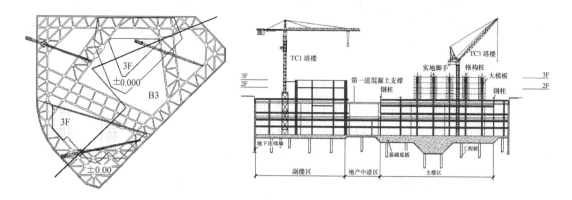

图 6-3　南京紫峰大厦塔楼、副楼施工流程

工，施工进度大大加快（图 6-3）。

（2）深基坑工程分期施工，深基础工程分区流水顺作——上海国金中心

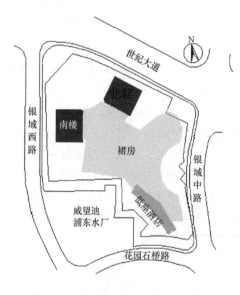

图 6-4　上海国金中心建筑平面布置

目前超高层建筑发展进入新阶段，建设规模越来越大，已从独栋开发向群体开发发展，如上海国金中心、香港国际金融中心和世界贸易广场、日本东京六本木新城和品川国际城市大楼都由多栋超高层建筑组成，深基坑面积超过 5 万 m²。按传统方法整体开挖，顺作施工，深基础工程施工工期特别长，不但严重影响整个超高层建筑的建设总工期，而且投资巨大。为了减轻投资压力，建设单位往往希望分期建设，提前交付使用，实现资金回笼。为此工程技术人员积极探索"深基坑分期施工，基础工程分区流水顺作"的施工方法。上海国金中心采用该方法施工深基坑工程，取得了良好效果（图 6-4）。

上海国金中心占地面积约 6.4 万 m²，地下室 4 层，地上由 4 层 24m 高裙房、1 栋 23 层 85m 高低座酒店、1 栋 55 层 250m 高南塔楼和 1 栋 57 层 260m 高北塔楼组成，总建筑面积约 60 万 m²。基坑占地面积约 5.4 万 m²，基坑开挖深度比较大，一般在 21～23m 之间，最大开挖深度达 27.85m。本工程北临世纪大道，西侧为银城西路，东侧为银城中路，南靠花园石桥路，四周管线密布，特别是西南角存在水厂，环境保护要求特别高。如果整个深基础工程齐头并进施工，不但工期长，而且所需投资量大，资金回收周期长。为加快深基坑工程施工速度，减轻投资压力，整个深基坑工程划分为 5 个区域（1、2、2a、3 及 3a），并分二期施工。首先施工第一期地块 1、2 及 2a，待第一期地块结构施工至地面层后，再开始施工第二期地块 3 及 3a。这样既加快了深基坑工程施工速度，又有效地控制了深基坑变形，保护了环境（图 6-5）。

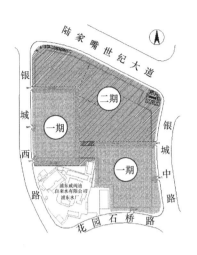

图 6-5　上海国金中心深基坑工程施工流程及实景

6.4 深基础工程逆作法施工工艺

6.4.1 工艺原理与特点

逆作法是将常规的深基础工程施工工序颠倒过来,待基础工程桩及围护结构施工完成以后,即由上而下逆向施工超高层建筑地下主体结构及基础筏板。1933 年日本首先提出深基础工程逆作法的设想,并于 1935 年应用于东京都千代田区第一生命保险互助会社本社大厦[36]。逆作法施工工艺具有以下优点:

(1) 施工工期短。当地质条件良好,桩基础承载力足够高时,采用逆作法施工工艺可以实现地下主体结构与地上主体结构同步施工,上部结构开工时间大大提前,为超高层建筑施工总工期缩短创造了良好条件。

(2) 环境影响小。采用逆作法工艺施工时,深基坑支撑为永久结构梁板,刚度比较大,而且减少了临时支撑与永久结构之间的转换,因此深基坑变形比较小,深基坑工程施工的环境影响能够控制在比较小的范围内。

(3) 临时支撑投入少。在逆作法施工中,主要采用永久结构梁板代替临时支撑,仅在结构缺失区域需要临时支撑。较顺作法工艺,临时支撑投入大大减少。

因此深基础工程逆作法施工工艺一经提出即很快推广应用到超高层建筑施工。日本在超高层建筑深基础工程逆作法方面进行了系统探索,取得了丰硕成果。

日本采用逆作法施工深基础工程的超高层建筑工程[36]　　　　表 6-2

序号	工程名称	工程概况	建设环境	施工工艺简介
1	东京圣路加国际医院第三街区连体大楼	地上 51 层,地下 4 层,部分 3 层,地下室占地面积 90m×160m,最大开挖深度 24m	软弱地层,地下水埋深为 1m,承压水水位埋深为 10m,施工场地狭小,距干道 8m	采用 ϕ850SMW 工法桩作围护结构,钻孔灌注桩加型钢柱作立柱。明挖至地下一层梁、板底后,顺作完成地下一层和地面层结构,然后同步向下施工地下主体结构和向上施工地上主体结构

序号	工程名称	工程概况	建设环境	施工工艺简介
2	相铁高岛屋共同大厦	地上 27 层,地下 6 层,最大开挖深度 36.65m	软弱地层,为填土、黏性土、砂土及砂泥互层,承压水水位埋深为 7.4m,施工场地紧邻横滨地铁车站	采用 1.0m 厚地下连续墙作围护结构。明挖至地下一层梁、板底并施工结构后,继续逆作施工至地下三层,然后同步向下施工地下主体结构和向上施工地上钢结构
3	品川国际城市大楼	地上由三栋超高层建筑(32 层、31 层、31 层)和二栋多层组成,地下 3 层	良好地层,为砂土和硬黏土层,地下水埋深为 4m	采用地下连续墙作围护结构,钻孔灌注桩加型钢柱作立柱。其中一栋超高层建筑采用逆作法施工,其他建筑全部采用锚杆支护顺作法施工
4	涉谷樱丘町设计大楼	地上 41 层,地下 6 层,地下室占地面积 74m×123.8m,最大开挖深度 36m	软弱地层,为填土、凝灰质、砂质黏土、黏性土、砂砾和固结粉土	采用 φ850SMW 工法桩作围护结构,扩底钢管混凝土柱作立柱,垂直度达到 1/500。明挖至地下一层梁、板底后,顺作完成地下一层和地面层结构,然后同步向下施工地下主体结构和向上施工地上主体结构
5	山王帕科达大厦	地上 44 层,地下 4 层,地下室占地面积 76m×201m,最大开挖深度 28.3m	地层为填土、黏性土和砂土,地下水埋深为 11m	采用 1.0m 厚地下连续墙作围护结构。采用全逆作法施工,地下室钢结构安装采用 4.5t 电动台车辅助运输
6	新代官山公寓楼	地上 36 层,地下 4 层,地下室占地面积 12450m² ,最大开挖深度 28.5m	地层为填土、亚黏土和砂土	采用 SMW 工法桩作围护结构及承重墙。采用全逆作法施工
7	晴海岛商住楼	地上由三栋超高层建筑(44 层、39 层和 33 层)组成,地下 4 层,地下室占地面积 198m×129m,最大开挖深度 31m	地处东京湾岸边,地下 20m 以内为软弱黏土层,以下为东京砂层,含高承压水	采用 900mm 厚地下连续墙作围护结构。逆作施工至地下三层,然后同步向下施工地下主体结构和向上施工地上钢结构
8	新东京商科大楼	地上 31 层,地下 4 层,最大开挖深度 24m	在既有建筑场地上新建,四周为旧建筑物及地铁,施工场地狭小,工期紧张	主要利用原有建筑物地下室外墙,部分采用 SMW 工法桩作围护结构,钻孔灌注桩加型钢柱作立柱,垂直度控制在 1/500 以内。采用逆作法施工,地下室采用钢梁,充分利用楼板作施工场地

但是逆作法也存在一定不足:

(1) 作业条件比较差。所有施工作业都在结构覆盖的情况下进行,照明和通风条件比较差。

（2）施工效率比较低。作业空间狭小，无法使用大型施工机械，土方开挖、土方和材料运输困难，模板拆除不便，施工效率比较低。

（3）临时立柱投入大。在逆作法施工中，巨大的永久结构荷载需要临时立柱承担，临时立柱投入大，因此有必要探索临时立柱与永久结构柱合二为一。

6.4.2 工程应用——深圳赛格广场[37,38]

（1）工程概况

我国也积极探索采用逆作法工艺施工超高层建筑深基础工程，取得丰硕成果，深圳赛格广场为典型工程。深圳赛格广场地下 4 层，地上 72 层，358m 高，采用框筒结构体系，桩基础为大直径人工挖孔桩。地下室占地为 84.0m×85.2m，基坑开挖深度为 17.5m，局部达 24.5m。深基坑工程处于相对隔水的坡积黏土、残积（砾质）粉质黏土和全风化粗（细）粒花岗岩中，下伏微风化粗（细）粒花岗岩埋深小，承载力高，地质条件比较好。深圳赛格广场位于深圳市深南中路与华强路交叉路口之东北侧，北邻宝华大厦，东接中电住宅楼，南紧靠赛格电子配套市场，西侧为华强北商业街，施工场地狭小。

（2）施工工艺

根据场地地质条件良好，桩基础承载力高的情况，深圳赛格广场深基础工程采用逆作法工艺施工：地下连续墙施工→人工挖孔桩施工→安装支承立柱→进行顺/逆作法分界层楼板（±0.000 层）施工→地下主体结构与地上主体结构同步施工。

（3）施工技术

1）立柱施工

由于场地地质条件良好，因此采用人工挖孔桩作为桩基础，采用钢管混凝土柱作为支承立柱。人工挖孔桩施工在桩顶预先做钢管混凝土柱的杯口，钢管柱运至施工现场后吊装插入人工挖孔桩杯口，校正、固定完成后浇捣混凝土。

2）结构施工

钢管混凝土柱施工至自然地面后，安装±0.00 层的钢梁和压型钢板组成的组合楼盖体系，并与周边地下连续墙结构进行可靠连接，浇筑楼盖及钢管柱混凝土。顺、逆作法施工的分界层楼板（±0.000 结构层）混凝土养护到设计强度后，即进入逆作法全面施工阶段：地上进行主体结构施工、地下挖土及地下主体结构施工同步进行，直至地下主体结构施工完成和结构封顶。

3）土方开挖

土方开挖是逆作法施工的一大难点，本工程采取了多项措施提高土方挖运的机械化作业程度。一是充分利用地下室柱网和层高大（本工程结构柱网一般为 12m×12m，层高 3.6m）的有利条件，配置 0.8～1.2m³ 的中小型挖掘机械。二是在地下 1 层预留宽约 6m 的坡道，在地下 2～4 层预留出土口，作为土方挖运及材料进出的通道，实现了机械挖掘、机械转运、机械提升的全机械化施工，土方施工的效率大大提高。

深圳赛格广场深基础工程采用逆作法工艺施工，既保护了环境，缓解了施工场地狭小的困难，又扩大了施工作业空间，使地上主体结构施工提前了 110 天，为整个工程施工总工期缩短奠定了坚实基础，产生了良好的经济效益。

6.5　深基础工程顺—逆结合法施工工艺

6.5.1　工艺原理与特点

　　鉴于顺作法和逆作法各有优缺点，工程技术人员积极探索综合运用两种工艺解决超高层建筑深基础工程施工难题，形成了顺—逆结合法施工工艺。顺作法与逆作法一般采用两种方式结合，一种是按建筑区域分别采用顺作法和逆作法工艺施工深基础工程，如塔楼深基础工程顺作，其他区域深基础逆作；另一种是地下室主体结构不同构件分别采用顺作法和逆作法工艺施工，如框架梁逆作，楼板和柱、剪力墙顺作。第一种顺—逆结合方式应用比较广，后一种顺—逆结合方式应用不多，比较适合框架结构体系超高层建筑的施工。

6.5.2　工程应用

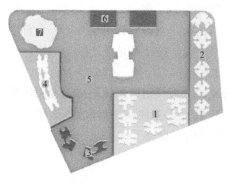

图 6-6　香港环球贸易广场施工分区

　　（1）塔楼区域先期顺作，其他区域后期逆作—香港环球贸易广场

　　1）工程概况

　　香港环球贸易广场是香港九龙地铁车站发展项目第七期，地下四层，地上 118 层，高达 484m，总建筑面积近 50 万 m^2（图 6-6）。塔楼采用框筒结构体系，桩筏基础，基坑最大开挖深度达 28m。香港环球贸易中心紧邻维多利亚海湾，地质条件较差，两面紧邻运营地铁，最近距离仅为 3m，两面为高架环绕，环境保护要求高。

　　2）施工工艺

　　塔楼深基坑围护采用圆形地下连续墙自立式支护形式（与上海环球金融中心工程类似），圆形围护直径 76m。采用自立式基坑支护方案创造了大空间，为塔楼施工提供了良好条件。裙房基坑采用顺逆结合的方案施工，地下一层和二层采用顺作法施工，地下三层和四层采用逆作法施工，环境保护效果非常好（图 6-7）。

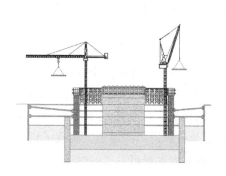

图 6-7　香港环球贸易广场深基坑工程施工工艺及实景

　　（2）其他区域先期逆作、塔楼区域后期顺作—上海由由大酒店[35]

　　1）工程概况

上海由由大酒店分为 N1 和 N2 两个地块，由 3 幢 23～33 层的塔楼和 3 层的裙楼组成，塔楼采用框筒结构体系，裙楼采用框架结构，均设置 2 层地下室，基础采用桩筏基础，工程桩均采用钻孔灌注桩。基坑占地面积约 29319m²，开挖深度在 10～12m 之间。本工程东毗临沂北路、西依浦东南路、北靠浦建路，周边市政管线和临近的多层、高层建筑物众多，环境保护要求较高，尤其是北侧埋藏有已建（尚未投入运营）的地铁明珠线车站，须引起足够重视且应给予重点保护（图 6-8）。

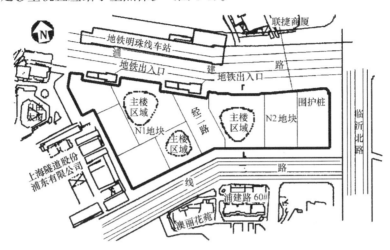

图 6-8　上海由由大酒店工程概况

2）施工工艺

综合考虑工程特点、环境条件、建设工期和建设造价等因素，确定深基础工程采用其他区域先期逆作、塔楼区域后期顺作的工艺施工。较其他逆作法工艺施工的工程不同，本工程采用钻孔灌注桩结合外侧水泥土搅拌桩止水帷幕作围护，节约了工程费用，同时利用永久结构梁板作水平支撑，并在塔楼区域形成圆形大空间。工程施工总体流程为，首先采用由上而下的逆作施工方式施工裙楼地下各层结构，同时在塔楼区域设置圆形大空间，然后待裙楼逆作施工至基底时，最后采用由下往上的顺作施工方式施工塔楼，与此同时裙楼可顺作施工一柱一桩钢立柱外包混凝土形成框架柱以及内部剪力墙和结构外墙等竖向受力构件（图 6-9 和图 6-10）。

3）实施效果

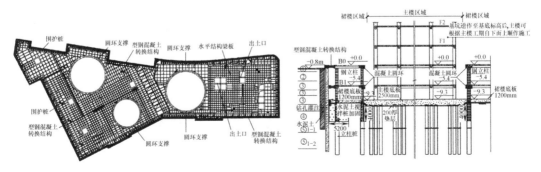

图 6-9　上海由由大酒店深基坑支护设计

图 6-10　上海由由大酒店深基坑工程实景

地下各层结构在主楼区域设置圆形大空间，出土口周边设置混凝土圆环支撑。一方面受力比较合理，圆环支撑在较为理想的均布荷载作用下，其各截面上主要产生以轴力为主，弯矩和剪力均较小，可充分发挥混凝土材料优越的抗压性能，具有较高的经济性。另一方面圆形出土口所辖的有效出土面积较相对更广，利用周边封板作为逆作施工阶段的挖土平台，可显著提高出土速度。特别是，在塔楼区域设置圆形出土口，将裙楼和塔楼地下主体结构分成为两个独立的部分，待基坑逆作施工至基底后，塔楼便可不受裙楼地下主体结构施工的制约，完全根据自身进度安排由下往上顺作施工，施工工期可以明显缩短。

（3）结构梁先期逆作，其他结构构件后期顺作——上海城市酒店[40]

1）工程概况

上海城市酒店二期工程为公寓式办公楼，地下三层，地上 29 层，基坑面积约 2083m²（48.2m×43.2m），基坑开挖深度一般为 13.10m，局部达 16.3m。本工程地处陕西南路延安路口，北面为居民楼，南侧为学校，西面与已建的城市酒店一期工程地下室相连，两地下室外墙相距仅 1m，基地非常狭小，且二期地下室比已建的一期地下室深 7m，环境保护要求高。

2）施工工艺

根据工程环境条件和结构特点，深基础工程采用了结构梁先期逆作，其他结构构件后期顺作的工艺施工。基坑采用 800mm 厚地下连续墙作为围护结构；四道井格形钢筋混凝土梁作为支撑，其中上面三道支撑梁为地下主体结构，第四道支撑梁为临时支撑结构，暗埋于基础底板中；角钢格构柱＋钻孔灌注桩作为水平支撑体系的立柱，待工程完成后外包钢筋混凝土成为永久结构柱。

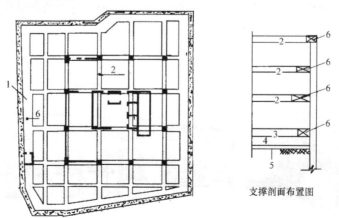

支撑剖面布置图

图 6-11　上海城市酒店二期基坑支护技术

1—地下连续墙；2—支撑（结构）梁；3—暗梁；4—底板；5—垫层；6—围檩

在闹市中心施工场地狭小的情况下，本工程深基础工程采用"结构梁先期逆作，其他结构构件后期顺作"的方法施工，取得显著成效：

1）节约资源。基坑围护墙替代地下室外墙、永久结构主梁替代基坑临时支撑，节约了大量的建材资源。

2）保护环境。避免了基坑支撑爆破工序，消除破损支撑所带来的噪声和建筑垃圾，大大减轻了对周围环境的影响。

3）减少变形。采用结构主梁与支撑相结合，使每道支撑的间距相对缩小，提高支护体系的刚度，同时避免了临时支撑与结构梁板的受力转换，基坑变形控制效果良好。

4）缩短工期。本工艺较传统顺作法工艺，施工工序明显简化，免除了支撑拆除，结构楼板混凝土养护不占绝对工期，可以穿插进行，有利于缩短工期。

第7章 超高层建筑基础筏板施工

7.1 基础筏板施工特点

7.1.1 引言

基础筏板是基础工程的重要组成部分,将桩基础整合为一体,形成共同受力的整体。基础筏板是超高层建筑荷载传递中非常重要的环节,发挥承上启下的作用,因此往往成为设计和施工关注的重点。随着建筑高度的不断突破,超高层建筑基础筏板承受的荷载显著增加,垂直荷载达数十万吨,风荷载产生的弯矩达数百万吨·米,基础筏板的强度和刚度要求越来越高,因此超高层建筑基础筏板呈现出混凝土体量不断增大、强度等级逐步提高的发展趋势。高度超过400m的超高层建筑,基础筏板厚度往往超过4.0m,混凝土体量在10000m³以上,有的接近40000m³,更有的达到60000m³,混凝土强度等级多超过C40,有的达到C60,如表7-1所示[15,19,25,29,41-44]。

部分超高层建筑基础筏板简况   表 7-1

名称	工程概况	塔楼底板大体积混凝土体量(m³)	强度等级	基础厚度(m)
上海中心	地下5层,地上层,632m高	60000	C50	6.0
中央电视台新台址主楼	地下3层,地上52层,234m高和44层、194m高	39000+33000	C40	4.5
上海金茂大厦	地下3层,地上88层,420.5m高	13500	C50	4.0
上海环球金融中心	地下3层,地上101层,492m高	38900	C40	4.5
台北101大厦	地下5层,地上101层,508m高	28000	6000psi(41.37MPa)	3.0~4.7
香港国际金融中心二期	地下5层,地上88层,415m高	20000	C60	6.5
香港环球贸易广场	地下4层,地上118层,484m高	36000	C45	8.0
迪拜哈利法塔	地下4层,地上168层,705m高(暂定)	12500	C50	3.7
吉隆坡石油大厦	地下5层,地上88层,452m高	13200	C60	4.6

7.1.2 施工特点

理论研究和工程实践经验表明,混凝土结构体量超过一定规模时(如最小尺寸大于80cm),硬化过程中水泥水化热引起的温差可能会超过混凝土承受能力,产生温差裂缝,必须采取针对性措施予以控制,这样的混凝土即为大体积混凝土。超高层建筑基础筏板混凝土多属于典型的大体积混凝土。由于具有混凝土体量大、强度等级高的特点,超高层建筑基础筏板施工将遇到施工组织和施工技术双重挑战。

（1）施工组织要求高

为确保结构整体性，超高层建筑基础筏板施工必须连续进行，施工组织将面临严重挑战：一方面要保证混凝土一次连续供应量能够满足数万立方米基础筏板施工需要；另一方面还要保证供应强度满足施工面及时覆盖需要，防止施工冷缝产生，这给混凝土生产和运输提出了很高的要求。

（2）裂缝控制难度大

超高层建筑基础筏板强度等级高，水泥用量比较多，水泥水化热高，温升幅度大，温差控制困难，同时混凝土生产和使用中用水量比较大，混凝土硬化过程中收缩控制困难。温差和收缩控制不当都会导致基础筏板产生有害裂缝，裂缝控制难度大。

7.2　基础筏板施工工艺

在进行超高层建筑基础筏板施工组织设计时，首先必须确立施工工艺，然后制定针对性的施工组织措施和施工技术措施。

7.2.1　施工工艺

按照混凝土施工的连续性分，超高层建筑基础筏板施工工艺有一次成型工艺和多次成型工艺。

（1）一次成型工艺

一次成型工艺是将整个基础筏板混凝土一次连续浇捣成型，属于大体积混凝土施工传统工艺。一次成型工艺具有以下优点：一是结构整体性强。基础筏板内部不存在施工缝、后浇带等薄弱部位，整个结构一次连续施工完成，结构整体性容易保证；二是施工工期短。整个混凝土一次连续浇捣完成，节约了多次成型所需的重复准备和混凝土养护时间，有利于缩短施工工期；三是施工成本低。一次成型工艺节省了施工缝、后浇带处理所需的施工措施，施工措施费得到控制。正因为一次成型工艺具有显著优点，因此往往成为设计和施工工程技术人员优先考虑的工艺，中央电视台新台址主楼、金茂大厦等超高层建筑基础筏板就采用了一次成型工艺施工[41,42]。当然一次成型工艺也存在一定缺陷：施工组织和施工技术要求高，数万立方米混凝土在交通繁忙的城市高强度连续供应绝非易事，同时控制超长、超厚混凝土结构裂缝更需要较高的技术水平。

（2）多次成型工艺

多次成型工艺是将整个基础筏板混凝土分多次间隔浇捣成型。多次成型工艺具有以下优点：一是施工组织比较简单，混凝土供应难度大大降低；二是施工技术要求低，结构几何尺寸减小，混凝土结构裂缝控制难度小。当然一次成型工艺也存在明显缺陷：一是结构整体性削弱。基础筏板内部存在施工缝、后浇带等薄弱部位，整个结构多次间隔施工完成，结构整体性不易保证；二是施工工期长。整个混凝土多次间隔浇捣完成，重复准备和混凝土养护时间长，施工工期不易控制；三是施工成本高。多次成型工艺采取的施工缝、后浇带等施工措施，增加了施工成本。多次成型工艺是为适应超高层建筑基础筏板施工面临的施工组织和技术挑战而发展起来的，尽管能够满足特定工程建设需要，但是因为存在结构整体性、施工工期和施工成本控制难度大等缺陷，因此应用范围受到很大限制。

（3）施工工艺选择

在一般情况下，一次成型工艺在经济性方面多优于多次成型工艺，因此超高层建筑基础筏板施工工艺选择主要从技术可行性方面进行论证。在技术可行的前提下优先采用一次成型工艺。技术可行性论证应从施工组织和裂缝控制两方面进行。当混凝土生产能力有保证，交通运输条件比较好，且具备控制混凝土裂缝技术水平时，应当选择一次成型工艺。当混凝土生产能力较小，交通管制非常严格，尽管具备控制混凝土裂缝的技术水平，也应当选择多次成型工艺。发达国家和地区，如美国、日本和我国香港由于交通运输条件比较紧张，对施工材料运输实行严格管制，允许施工时间比较短，因此经常采用多次成型工艺施工超高层建筑基础筏板混凝土。香港环球贸易广场基础底板混凝土强度等级为 C45，厚达 8.0m，总方量为 36000m³。受施工时间限制，基础底板竖向分五层，共 18 次浇捣[44]。台北 101 大厦塔楼基础筏板平均厚度为 3.5m，最厚达 4.7m，混凝土总量达 28100m³，共分 9 次浇捣[46]。

7.2.2　施工技术

（1）混凝土泵送

混凝土泵送设备主要有固定泵和汽车泵。固定泵具有输送距离长，泵送成本低等优点，但是灵活性差，泵送过程中工人劳动强度比较大。汽车泵灵活性好，泵送过程中工人劳动强度低，但是输送距离比较短，泵送成本比较高。超高层建筑基础筏板混凝土体量巨大，泵送距离长，因此泵送以固定泵为主，汽车泵为辅。泵送设备配置要满足泵送时间和泵送强度要求，通过计算并参考同类工程经验确定。同时为应对突发设备故障，泵送设备配置应留有足够余地，一般应有 10%～20% 左右的设备备用。混凝土泵送需在综合考虑现场条件和交通组织的基础上，按照施工面泵送强度最大化原则，确定设备布置及泵送方向。混凝土泵送方向应与基础筏板的长边方向一致，这样混凝土施工面小，容易保证混凝土供应强度和施工面及时覆盖，防止施工冷缝出现。

（2）混凝土浇捣

根据浇捣流水段划分及浇捣流程，超高层建筑基础筏板浇捣可分为全面分层、逐段分层和斜面分层三种工艺。施工中应根据工程规模、混凝土供应能力和泵送设备灵活选择。

1）全面分层

将基础筏板水平划分为数层，自下而上逐层浇捣，即在第一层全部浇捣完毕后，且第一层混凝土初凝前，再回头浇捣第二层，如此逐层连续浇捣，直至施工完毕。施工时从短边开始，沿长边推进。当基础筏板长边过长时可将基础筏板分成两段，从中间向两端或从两端向中间分两个流水方向同时进行浇捣。全面分层浇捣工艺要求的混凝土浇筑强度较大。当基础筏板体量比较大时，混凝土组织供应的压力非常大，应对不当时极易产生施工冷缝。因此全面分层浇捣工艺适用于结构平面尺寸比较小的基础筏板（图 7-1）。

2）逐段分层

将基础筏板先沿长边方向分段，再水平分层，混凝土浇捣逐段分层进行，即先从底层开始，浇捣至一定距离后浇捣第二层，如此依次向上浇捣其他各层，直至浇捣到顶，且在第一层末端的混凝土初凝前，开始浇捣下一段各层混凝土，直至施工完毕。施工时从短边开始，沿长边推进。逐段分层浇捣工艺适用于混凝土供应能力比较弱，结构物厚度不太大而面积或长度较大的基础筏板（图 7-2）。

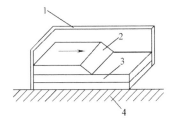

图 7-1 全面分层浇捣示意图
1—模板；2—新浇混凝土；
3—已浇混凝土；4—地基

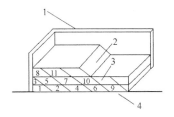

图 7-2 逐段分层浇捣示意图
1—模板；2—新浇混凝土；
3—已浇混凝土；4—地基

3）斜面分层

将基础筏板斜向分层，逐层向前浇捣。在每一层浇捣中，混凝土从浇筑层下端开始，逐渐上移。斜面分层工艺是逐段分层工艺的发展，当分段长度较小时，逐段分层工艺就演化为斜面分层工艺。斜面分层浇捣工艺具有显著优点：①施工面小，混凝土供应强度要求低；②施工面相对稳定，泵送设施不需反复装拆和变位，可采用固定泵泵送，成本低。因此斜面分层浇捣工艺在超高层建筑基础筏板混凝土施工中得到广泛应用。采用斜面分层浇捣工艺施工时，斜面的坡度不应大于新浇混凝土自然流淌的坡度，对一般混凝土控制其不大于1/3，对泵送混凝土控制在 1/6～1/10，因此，斜面分层浇捣工艺适用于长度大大超过厚度 3 倍的基础筏板（图 7-3）。

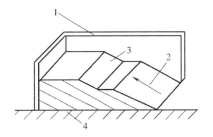

图 7-3 斜面分层浇捣示意图
1—模板；2—新浇混凝土；
3—已浇混凝土；4—地基

（3）混凝土养护

混凝土养护是超高层建筑基础筏板施工的重要环节。混凝土的凝结与硬化是水泥水化反应的结果。为使已浇筑的混凝土能获得所要求的物理力学性能，在混凝土浇筑后的初期，必须加强混凝土养护，营造良好的水化反应条件。由于温度和湿度是影响水泥水化反应速度和水化程度的两个主要因素，因此，混凝土的养护就是控制混凝土凝结硬化过程中的温度和湿度。同时混凝土养护也是控制混凝土早期收缩，防止混凝土成型后经历暴晒、风吹等恶劣条件而产生开裂的需要。

根据混凝土在养护过程中所处温度和湿度条件的不同，混凝土的养护一般可分为标准养护、自然养护和加热养护。超高层建筑基础筏板混凝土一般采用自然养护。其中覆盖养护是最常用的保温保湿养护方法，即在混凝土初凝以后开始覆盖保温保湿材料（塑料薄膜、草袋等片状物）。覆盖养护技术简单、施工方便，因此得到广泛应用。蓄水养护也是比较有效的保温保湿养护方法，混凝土终凝前在基础筏板表面满灌温度适中的养护水。蓄水养护能很好地保证混凝土在恒温、恒湿的条件下得到养护，能大大减少因温湿变化及失水所引起的塑性收缩裂缝，但是施工影响比较大，因此应用比较少，只有在高温、干燥气候条件下施工的超高层建筑工程采用，如阿联酋迪拜哈利法塔基础筏板施工即采用了蓄水养护[44]。

保温养护材料厚度应通过计算并结合工程经验确定，满足混凝土内外温差及降温速率控制的需要。保温保湿养护时间长短主要决定于水泥的品种和用量。在正常水泥用量情况下，采用硅酸盐水泥、普通硅酸盐水泥和矿渣硅酸盐水泥拌制的混凝土，不得少于 7 昼夜；掺用缓凝型外加剂或有抗渗性要求的混凝土，不得少于 14 昼夜。

7.3　基础筏板裂缝控制

确保结构完整性是超高层建筑基础筏板施工的基本要求。施工冷缝、温差裂缝及收缩裂缝是影响大体积混凝土结构完整性的主要因素，为此必须加强施工组织，制定科学的施工方案。施工冷缝控制技术比较简单，主要通过制定严密的施工组织方案，保证混凝土供应强度，确保施工面及时覆盖。温差裂缝和收缩裂缝产生原因多种多样，其控制技术比较复杂，一直是超高层建筑基础筏板大体积混凝土施工技术研究的重点。

7.3.1　裂缝形成机理

超高层建筑基础筏板混凝土水化过程中，水化热引起的温升及温差和水分蒸发引起的收缩等是导致混凝土产生裂缝的主要原因。

（1）温差裂缝

超高层建筑基础筏板体量大、强度等级高，水泥用量大，水泥水化将产生大量的热量，使混凝土温度升高。尽管采取了严格的保温措施，但是混凝土养护环境难以达到绝热环境，混凝土硬化过程是水化热产生和散发并存的过程，大量的水化热通过混凝土表面向周围散发，造成混凝土内外出现温差。内外温差将使混凝土内部受压，表面受拉，产生拉应力。此时，混凝土龄期短，抗拉强度很低。当拉应力超过混凝土抗拉强度时，混凝土即发生开裂，出现温差裂缝。

（2）收缩裂缝

混凝土硬化过程中因失水而收缩，根据失水原因，混凝土收缩可分为干燥收缩和自收缩。干燥收缩是由毛细水的损失而引起的硬化混凝土的收缩。自收缩是水泥水化作用引起的混凝土宏观体积减小的现象，即水泥与水发生化学反应时，生成物的体积小于前两者之和的现象。混凝土是在水泥水化过程中逐步硬化的，水化热的产生使混凝土成型环境温度比较高。当水化反应完成后，混凝土开始降温并发生收缩。混凝土收缩由于受到内外约束而产生收缩应力。当收缩应力超过混凝土抗拉强度时，混凝土即出现收缩裂缝。

温差裂缝与收缩裂缝既有区别，又要联系。温差裂缝出现时间晚，持续时间短，但是发展速度快。收缩裂缝出现时间早，持续时间长，属于缓慢发展型。因此尽管收缩裂缝比较细小，多为表面裂缝，但是它为温差裂缝的发展提供了条件。就具体裂缝而言，其产生和发展既有温差的作用，又有收缩的作用，早期以收缩作用为主，中期以温差作用为主，后期又以收缩作用为主，因此裂缝控制需要走"综合治理"之路。

7.3.2　裂缝控制技术

混凝土裂缝归根结底是在外在约束下，温度变化及收缩在混凝土内部产生的拉应力超过同期混凝土的抗拉强度，是外在作用与自身抗力相互作用的结果。因此控制混凝土裂缝也要从改善外在作用和提高自身抗力两个方面入手，采取"综合治理"措施才能取得成效。

（1）混凝土温差控制技术

混凝土温差产生是水泥水化发热和混凝土表面散热共同作用的结果，因此控制温升及散热是控制温差的有效手段。

1）温升控制

水泥水化引起混凝土温度升高是温差产生的内因，因此控制温升是控制温差及温差裂缝的根本，只要将混凝土温升控制在较小幅度内，混凝土温差及温差裂缝控制就有基本保证。控制混凝土温升最直接的手段是优化混凝土配合比，降低混凝土水化热。为此必须采取措施降低水泥用量。一是充分利用混凝土后期强度。针对基础筏板加载过程缓慢，混凝土强度增长持续时间长的情况，在满足施工阶段强度和刚度要求的前提下，可以尽可能利用混凝土 60d 或 90d 龄期强度，这样可以大大减少水泥用量。目前许多超高层建筑如中央电视台新台址主楼、上海金茂大厦等工程基础筏板就利用了混凝土 60d 龄期强度作为设计强度[41,42]，台北 101 大厦基础筏板则利用了混凝土 90d 龄期强度作为设计强度[25]，取得了良好效果。二是采用硅灰、粉煤灰等活性材料代替部分水泥，既可以降低水泥用量，又可以减少水泥水化热。经过长期探索，粉煤灰等掺合料用量显著增加，香港环球贸易广场基础筏板混凝土掺入了 35% 的粉煤灰，中央电视台新台址主楼基础筏板混凝土则掺入了 50% 的粉煤灰，水泥用量控制在 200kg/m^3 左右[44,47]。

2）入模温度控制

入模温度对温差的影响极为显著。在相同温升和散热条件下，入模温度越低，基础筏板混凝土中心温度越低，温差就越小。入模温度控制一般通过骨料预冷技术来实现。国内外常规的混凝土骨料预冷技术为水冷骨料加上风冷保温，最后加片冰拌合混凝土，俗称"三冷法"。针对传统"三冷法"骨料预冷技术存在占地面积大，工艺环节多，运行操作复杂，冷量损耗大，材料出口温度不稳定，且工程投资大，运行费用高等缺陷，三峡工程建设时开发了"二次风冷骨料技术"[48]。二次风冷骨料技术的工艺原理是利用地面二次筛分所设骨料仓兼作一次冷却仓，将传统的水冷骨料改为风冷骨料，然后通过上料胶带机将一次风冷后的骨料直接送入二次风冷仓，保证连续生产和连续冷却，最后加入片冰拌合混凝土。二次风冷骨料技术工艺流程大大简化，同等生产能力下可减少占地面积 80%，显著节约工程投资，预冷混凝土温度可稳定地达到 7℃。骨料预冷技术投入比较大，因此应用受到限制，一般在工程规模特别大的水电工程中应用比较多，只有施工环境比较恶劣的超高层建筑基础筏板施工才采用。阿联酋迪拜哈利法塔和日本横滨标志性大厦基础筏板都采用了骨料预冷技术控制混凝土入模温度。1993 年日本横滨标志性大厦采用 4℃ 搅拌水的水冷技术施工 5.0m 厚的基础筏板[49]。2005 年迪拜哈利法塔施工 3.7m 厚的 C40 基础底板时，环境温度高达 40℃，也采用了骨料预冷与冰水搅拌相结合的措施，以控制混凝土入模温度[50]。

3）外部蓄热

外部散热是导致混凝土内部温度高，外部温度低，形成内外温差的重要原因。散热条件对温差影响比较大，因此通过外部保温，控制混凝土散热速度可以有效控制混凝土内外温差。外部蓄热控制混凝土内外温差技术简单，操作简便，成本低廉，因此得到广泛应用，成为大体积混凝土温差控制必备的措施。外部蓄热多采用草帘、帆布等廉价保温材料，只有环境温度特别低时才搭设保温棚。

4）内部散热

大体积混凝土之所以产生内外温差，关键在于内部和外部散热条件存在差异，内部混凝土水化热需要通过外部混凝土向周围散发，散热路径长，效果差，因此内部温度上升快，下降慢，外部温度上升慢，下降快，导致混凝土内外温度差异显著。如果能够采取措施改善混凝土内部散热条件，降低混凝土内部温度上升速度，加快混凝土内部温度下降，就可以有效控制大体积混凝土内外温差。内置循环水冷却法就是这一技术路线的成功实践。该方法自 20 世纪 30 年代在美国胡佛重力拱坝施工中首创以来，在大体积混凝土施工中已得到广泛的应用，成为混凝土内外温差控制的重要措施之一。金茂大厦施工时就采用内置循环水冷却法控制 4.0m 厚的 C50 基础筏板大体积混凝土内外温差，效果非常显著[42]。

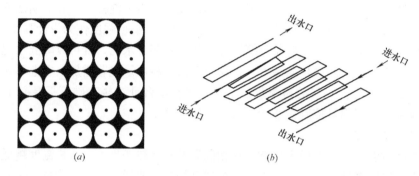

图 7-4　冷却水管布置形式（据伍小平博士）

(a) 剖面；(b) 空间

内置循环水冷却系统在降低混凝土内部温度方面效果良好，但是投入也比较大，因此方案设计必须兼顾效果与经济两个方面，合理选择布置形式、管径、管距、单根水管长度、管内水流量及冷却水温度等。内置循环水冷却系统水管一般在剖面上呈井字形，空间上呈蛇形布置，如图 7-4 所示。理论研究和工程实践经验表明：1）冷却水管采用 $\phi25.4$ 的管径，1.5～2.0m 的管距比较合理；2）冷却水管单根长度控制在 80～200m 为宜；3）循环水流量根据实测结果进行调节，一般为临界流量的 3～4 倍，即可保证冷却效果，并控制材料消耗。

（2）混凝土收缩控制技术[51]

混凝土收缩受原材料性能、混凝土配合比、搅拌方式、养护时的湿度条件和构件尺寸等因素影响，其中混凝土的配合比中用水量影响最大。因此必须采取综合措施才能控制混凝土收缩：①控制骨料级配。骨料粒径越粗，收缩越小，骨料粒径越细，砂率越高，收缩越大。因此应尽可能使用粒径较大的粗骨料，粗骨料宜采用连续级配，细骨料宜采用中砂，砂率控制在 45% 以内。②控制骨料质量。粗细骨料中含泥量越大收缩越大，应将骨料含泥量控制在 1% 以下。③控制水泥用量及性质。水泥用量越大，用水量越高，表现为水泥浆量越大，坍落度大，收缩越大。水泥活性越高，颗粒越细，比表面积越大，收缩越大。④控制用水量。采用高效减水剂，控制水灰比，减少用水量。水灰比越大，收缩越大。⑤做好养护阶段的保湿工作，确保水泥水化所需水分，控制混凝土早期失水收缩。早期养护时间越早、越长（7～14d），收缩越小。

（3）混凝土约束控制技术

混凝土裂缝产生的内因是温差及收缩引起的变形，外因是变形受到外部约束而不能自由发生，因而产生拉应力。因此控制混凝土约束也能够控制混凝土内部拉应力水平。在超高层建筑基础筏板大体积混凝土中，桩基础布置比较密集，对基础筏板混凝土约束比较大，目前还缺乏有效措施直接控制桩基础对基础筏板的约束，但是可以通过控制混凝土施工分仓长度来间接控制桩基础对基础筏板的约束水平。混凝土施工分仓长度越长，约束越大，混凝土温差变形和收缩变形越难以自由发生，积累的拉应力越大。因此控制混凝土约束最有效的措施是确定混凝土施工合理的分仓长度，应当将塔楼基础筏板与其他基础筏板混凝土分开施工，条件许可时，还可以在塔楼基础筏板内部设置施工缝和后浇带，以控制桩基础约束积累。

(4) 混凝土强度控制技术

混凝土内部积累拉应力是混凝土产生裂缝的先决条件，但是只有拉应力超过混凝土抗拉强度，裂缝才能产生，因此提高混凝土抗拉强度也能够有效控制混凝土裂缝。1) 优化构造钢筋配置。钢筋不能杜绝混凝土裂缝产生，但是可以有效控制混凝土裂缝的扩展。因此钢筋配置除了满足结构受力要求外，还应满足混凝土裂缝控制需要。构造钢筋应优先选用直径 8~14mm 的细钢筋，构造钢筋间距在 100~150mm 为宜。2) 掺入聚丙烯纤维或钢纤维。在纤维混凝土受力初期，纤维与混凝土共同受力，此时混凝土是外力的主要承担者，随着外力的不断增加或者外力持续一定时间，当裂缝产生、扩展到一定程度之后，混凝土退出工作，纤维成为外力的主要承担者，横跨裂缝的纤维极大地限制了混凝土裂缝的进一步扩展。因此掺入聚丙烯纤维或钢纤维可以提高混凝土抗裂强度。但是由于超高层建筑基础筏板体量巨大，采用掺入纤维提高混凝土抗拉强度成本比较高，因此应用受到限制。3) 加强混凝土养护。一方面混凝土养护要及时，混凝土施工完成后立即进行养护，确保强度增长超过拉应力积累速度。另一方面混凝土养护要到位，持续时间要保证，只有混凝土强度增长到能够抵抗养护条件变化引起的温差和收缩作用，才可以调整或终止保温保湿。

7.4 基础筏板施工案例

7.4.1 北京中央电视台新台址工程主楼[41,48,52,53]

(1) 工程概况

中央电视台新台址主楼总建筑面积约为 47 万 m^2，地下 3 层，地上包括 52 层，高度 234m 和 44 层、高 194m 两座塔楼，塔楼顶部以 14 层高的悬臂结构相连 (图 7-5)。主楼采用桩筏基础，基础筏板施工具有以下特点：①体量大。底板南北长 292.7m，东西宽 219.7m，混凝土总方量近 120000m³。②厚度变化显著。基础筏板基底标高 -21~-27m，平均厚度为 4.5m，最大厚度达 10.9m，厚度变化大、错台多。③强度等级高。混凝土强度等级为 C40。④气候条件差。施工正值北京冬季，日平均气温低于 -5℃，最低温度达 -11~12℃。⑤施工质量要求高。塔楼双向倾斜，基础筏板受力复杂，结构整体性必须得到保证。

(2) 施工工艺

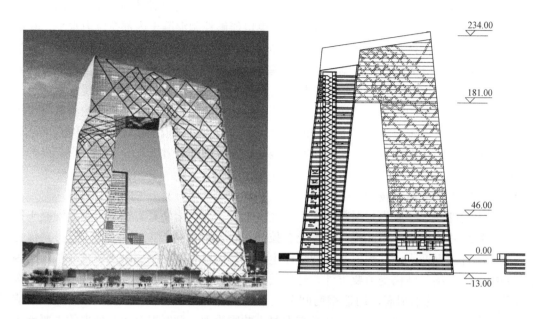

图 7-5　中央电视台新台址主楼

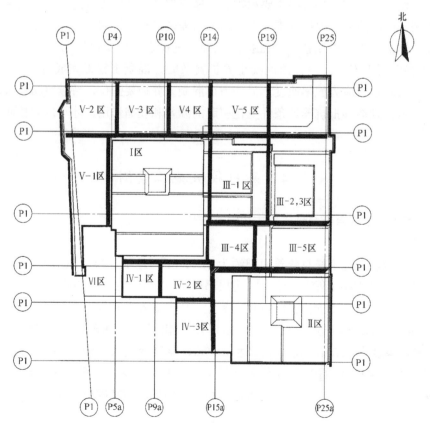

图 7-6　基础筏板施工分区

根据结构特点和施工组织需要，基础筏板采用分区一次成型工艺施工。整个基础筏板划分为 16 个施工区块，如图 7-6 所示。施工难度最大的是塔楼基础筏板，即Ⅰ区和Ⅱ区，其中塔楼 1 基础筏板平面尺寸为 91m×75m，厚度分别为 4.5、6.0、7.0、10.8mm，混凝土总量为 39000m³。塔楼 2 基础筏板平面尺寸为 77m×70m，厚度分别为 4.5、6.0、7.0、10.9m，混凝土方量 33000m³。区块之间设置后浇带，以控制混凝土约束。为了保证主楼基础筏板良好的受力性能及整体性，所有区块都采用一次成型工艺施工混凝土。

（3）施工技术

1）混凝土配合比设计

①原材料选择

（a）水泥：北京琉璃河水泥厂生产的 P·O.42.5 普通硅酸盐水泥。

（b）骨料：粗骨料选用 5～25mm 连续级配碎石，细骨料选用模数 2.5 以上中砂。

（c）掺合料：Ⅰ级粉煤灰。

（d）外加剂：高效缓凝型减水剂。

②配合比设计

为充分利用混凝土的后期强度，减少水泥用量，降低水化热，经设计认可，采用 56d 龄期强度作为设计强度。混凝土配合比见表 7-2。

基础筏板混凝土配合比 表 7-2

材料用量（kg/m³）						水灰比	砂率（%）
水	水泥	砂	石	粉煤灰	减水剂		
155	200	810	1039	196	3.96	0.41	42

2）混凝土泵送（以塔楼 1 为例，图 7-7）

塔楼 1 基础筏板混凝土总方量 39000m³，由 3 家搅拌站同时供应，共使用 HBT80 固定泵 20 台、汽车泵 1 台，混凝土搅拌运输车 230 辆，振捣棒 280 台，3m³ 混凝土搅拌机组 7 个。混凝土输送泵沿塔楼 1 的 75m 边均匀布置。为便于管理，混凝土供应与泵送关系明确固定，做到有条不紊，其中第 1 家搅拌站负责 1～9 号固定泵混凝土供应，第 2 家搅拌站负责 10～15 号固定泵及 1 辆汽车泵混凝土供应，第 3 家搅拌站负责 16～20 号固定泵的混凝土供应。20 台固定泵中最长输送距离 260m，最短输送距离 120m。

3）混凝土浇捣

混凝土采用斜面分层浇捣工艺施工。混凝土浇捣由北向南同步推进。由于基础筏板厚度大于 3m，混凝土浇捣初期在钢筋网片下悬挂串筒将混凝土自泵管出口送至作业面，以减小自由落差，防止混凝土离析、分层。混凝土收面找平后为防止面层起粉及塑性收缩，修补因混凝土初期收缩、塑性沉陷而产生的非结构性表面裂缝，要求至少进行 2 次搓压，其中最后一次搓压要在混凝土终凝前进行。

4）混凝土养护

混凝土养护采用"保湿软管＋塑料布＋草帘被"的方式。草帘被覆盖层数根据基础筏板厚度、养护期间环境温度、混凝土内外温差等情况调整。进入冬季后，由于天气恶劣，为防止风雪，还要在草帘被外覆盖 1 层帆布，在混凝土表面形成双层不透风保温。底层塑

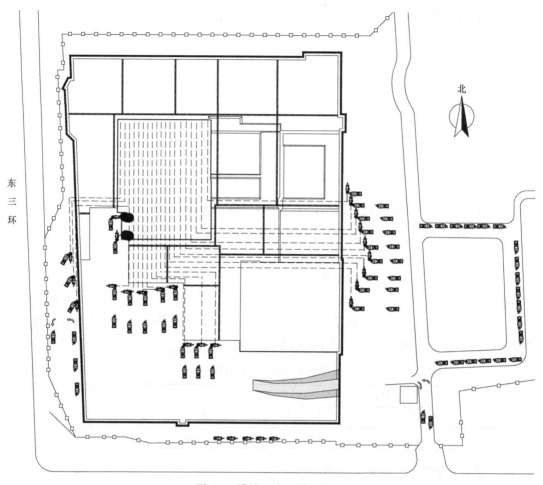

图 7-7　塔楼 1 施工平面布置

料布下预设补水软管，补水软管沿长向每 10cm 开 5mm 以下小孔，根据底板表面湿润情况向管内注水，保证混凝土表面始终处于湿润状态。冬期施工期间，取消补水软管且不得向保温材料浇水，底层塑料布必须覆盖密实以保证混凝土表面的湿润。

（4）实施效果

塔楼 1 基础筏板混凝土浇捣在 2005 年 12 月 27 日和 28 日两天完成，共用 54h 顺利完成了全部 39000m³ 混凝土浇筑，比原计划的 62 小时浇筑时间提前 12 小时，创造了建筑工程基础筏板混凝土一次性浇筑量（39000m³）和混凝土浇筑强度（722m³/h）的国内纪录。混凝土浇捣时气候极为恶劣，环境温度极低，平均气温−3℃，夜间最低气温−8℃，白天最高气温 2℃，风速 1～5 级。但是由于采取了综合措施，混凝土温差得到有效控制，混凝土内部最高温度 61℃，内外温差不超过 20℃，基础筏板均未出现裂缝，大体积混凝土施工取得圆满成功。

7.4.2　上海金茂大厦[42,54]

（1）工程概况

金茂大厦总建筑面积 289500m²，塔楼地下 3 层，地上 88 层，高 420.5m，采用桩筏基础。基础筏板施工具有以下特点：1）体量大。基础筏板呈八边形，长 64m，宽 64m，厚 4m，混凝土总方量约 13500m³。2）强度等级高。强度等级为 C50，在超高层建筑基础筏板工程中极为罕见。3）桩基础约束比较强。筏板基础下面布置了 385 根 φ914.4×20、长 65m 的钢管桩。4）气候条件差。施工正直上海 8、9 月高温季节，常年平均气温为 23.8℃，极端最高气温曾高达 38.2℃。5）施工质量要求高。塔楼高宽比达 8：1，基础筏板受力巨大，结构整体性必须得到保证。

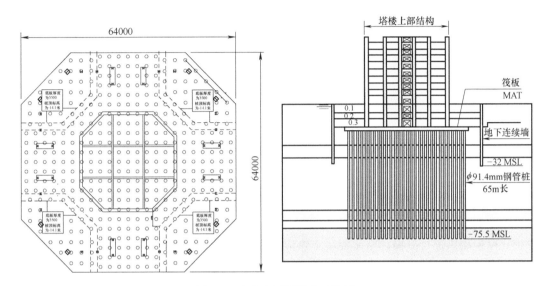

图 7-8　金茂大厦塔楼基础筏板

（2）施工工艺

基于金茂大厦基础筏板施工面临施工组织和施工技术双重挑战，设计单位美国 SOM 设计事务所提出采用多次成型工艺施工基础筏板。采用多次成型工艺施工基础筏板一方面可以大大降低施工组织难度；另一方面也有利于混凝土裂缝控制。但是多次成型工艺存在工期长、结构整体性差和施工措施费高等缺陷，因此经过反复论证，制定了一次成型施工工艺，即塔楼整个基础筏板混凝土一次连续浇捣完成。这样既可以缩短施工工期，又可以保障结构整体性，当然也存在高强大体积混凝土裂缝控制的技术难题需要攻克。

（3）施工技术

1）混凝土配合比设计

① 原材料选择

（a）水泥：选用水化热较低的上海金山矿渣水泥，强度等级为 42.5，并参照水泥厂水泥强度的历史资料，充分利用水泥的富余活性，尽量减少水泥用量，降低水化热。

（b）骨料：选用粒径为 5～40mm 碎石和细度模数大于 2.5 的中砂。严格控制骨料的含泥量，石子控制在 1% 以下，砂控制在 2% 以下。

（c）掺合料：Ⅱ级磨细粉煤灰。

（d）外加剂：具有缓凝、减水作用的 EA-2 型外加剂。

② 配合比设计

为充分利用混凝土的后期强度，减少水泥用量，降低水化热，经设计认可，采用 56d 龄期强度作为设计强度，使每立方米混凝土的水泥用量减少 50kg 左右，相应地降低温升

8℃（表7-3）。

基础筏板混凝土配合比　　　　　　　　　　　　　　　　表7-3

材料用量(kg/m³)						水灰比	砂率(%)
水	水泥	砂	石	粉煤灰	减水剂		
190	420	626	1050	70	3.36	0.39	37

2）混凝土泵送

塔楼基础筏板混凝土总方量13500m³，由五个搅拌站供应，其中一个搅拌站备用，并配备了100辆搅拌车以确保混凝土供应的连续性。混凝土泵送共使用10台固定泵（其中2台备用），固定泵布置在塔楼北侧，固定泵水平泵管间距为8m，呈南北向布置，如图7-9所示。固定泵混凝土输送能力为每台泵平均每小时不少于24m³，8台固定泵每小时总输送量不少于192m³，能够满足混凝土施工连续性需要。

3）混凝土浇捣

混凝土采用斜面分层浇捣工艺施工，由南向北同步推进。斜面分层厚度为50cm左右，每层覆盖时间控制在6h以内。在混凝土浇捣初期，配备一定数量的卸料串筒，混凝土自由下落高度不大于2.0m，以防止混凝土离析。每台固定泵供应混凝土浇筑带范围不少于6台振动棒进行振捣。由于混凝土供应速度大于混凝土初凝速度，确保了混凝土在斜面处不出现冷缝。混凝土表面处理，做到"三压三平"。首先按面标高用煤撬板压实，长刮尺刮平；然后在混凝土初凝前用铁滚筒碾压、滚平；最后在终凝前用木蟹打磨、压实、整平，消除混凝土塑性裂缝。

4）混凝土养护

基础筏板混凝土养护采用两层塑料薄膜＋两层草垫保温保湿。针对本工程混凝土强度等级高和气温高的情况，基础筏板施工时还采用内置循环水冷却法来控制混凝土内外温差。冷却水管为1英寸钢管，分南北和东西两个方向布置，竖向共三层，垂直间距和水平间距均为1m。冷却水管在混凝土浇捣之前预埋在基础筏板内部，冷却水流向可根据温差控制需要正反切换，正循环与反循环时间由现场测温决定。施工现场设置循环调温水箱，通过阀门调节冷热水比例，控制进水温度及流量。

（4）实施效果

塔楼基础筏板混凝土于1995年9月19日浇捣，历时45h。基础筏板混凝土中的循环水冷却系统于1995年9月20日0：00开始通水，于1995年10月10日通水结束。混凝土保温保湿养护于1995年10月7日上午结束。混凝土入模温度为27～36℃，混凝土最高温度为97.5℃，混凝土最高温升值为68.6℃，内外温差均控制在30℃，如图7-10所示。混凝土温度检测结果表明，内置循环水冷却系统产生了良好成效：一是显著降低了混凝土最大温升值和内部最高温度，经估算，内置循环水冷却系统20d共带走混凝土水化热2.12×108kcal，使混凝土平均累积降温达27℃；二是缩短了混凝土高温持续时间，根据工程经验，一般大体积混凝土浇捣结束后，中心部位高温持续时间在30～40h之间。金茂大厦基础筏板混凝土温度升至最高以后立即下降，高温持续时间极短；三是加快了混凝土降温，内置循环水冷却系统运行期间，混凝土降温速率达到2～3℃/d，当内置循环水冷却系统停止运行时，混凝土降温速度明显减缓。

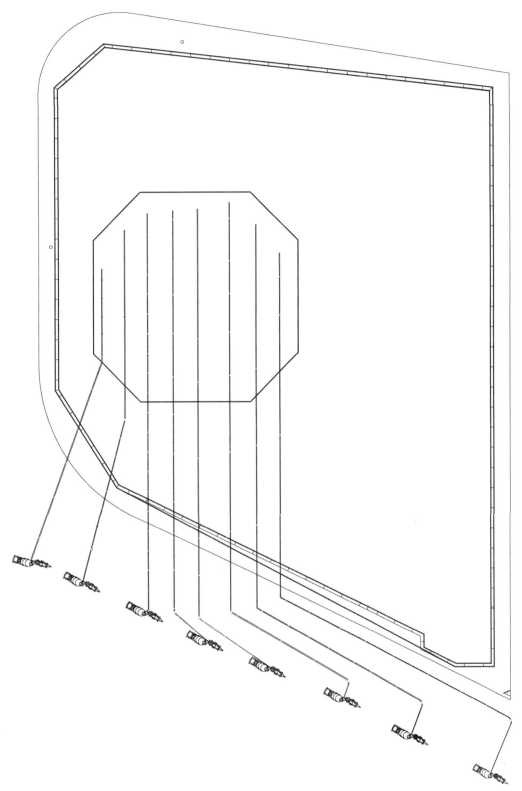

图 7-9 金茂大厦基础筏板混凝土泵送施工平面布置图

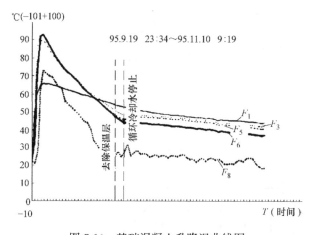

图 7-10　基础混凝土升降温曲线图

第8章　超高层建筑模板工程施工

8.1　超高层建筑模板工程特点

超高层建筑最显著的特点是结构超高，故其模板工程具有鲜明特点：

（1）竖向模板为主体。目前超高层建筑多采用框—筒、筒中筒结构体系，核心筒以钢筋混凝土结构为主，外框架（筒）以钢结构为主，水平结构（楼板）一般采用压型钢板作模板，因此超高层建筑结构施工中，核心筒的模板工程量最大。在超高层建筑中，核心筒内多为电梯和机电设备井道，楼板缺失比较多，竖向结构（剪力墙）工作量较水平结构（楼板）工作量大得多，竖向模板面积远远超过水平模板面积。如广州新电视塔核心筒中，竖向模板面积约为水平模板面积的6倍。因此超高层建筑模板工程设计必须以竖向模板为重点，以加快竖向结构施工为目标。

（2）施工精度要求高。超高层建筑结构超高，受力复杂，施工精度，特别是垂直度对结构受力影响显著。另外超高层建筑设备如电梯正常运行对结构垂直度也有严格要求，因此超高层建筑模板工程系统必须具备较高的施工精度。

（3）施工效率要求高。超高层建筑施工往往采用阶梯形竖向流水方式，核心筒是其他工程施工的先导，核心筒施工速度对其他部位结构施工速度、甚至整个超高层建筑施工速度都有显著影响，因此超高层建筑模板工程必须具有较高工效。

总之，超高层建筑模板工程设计必须以核心筒为重点，以竖向结构为主体，在确保施工精度的前提下，努力提高施工效率。

超高层建筑施工有赖于先进的模板工程技术，同时超高层建筑的蓬勃发展又极大地促进了模板工程技术的进步。20世纪以来是超高层建筑大发展的时期，模板工程技术呈现出百花齐放、丰富多彩的发展局面，液压滑升模板工程技术、液压自动爬升模板工程技术、整体提升钢平台模板工程技术和电动整体提升脚手架模板工程技术已经成为超高层建筑结构施工主流模板工程技术。

8.2　液压滑升模板工程技术

8.2.1　发展简介

液压滑升模板工程技术始创于20世纪初，开始主要用于贮仓一类等截面筒体结构的施工。20世纪30年代以后，工程技术人员改进了手动千斤顶和模板结构，特别是1943年瑞典AB Bygging发明了中央控制液压滑升模板系统（SLIPFORMING SYSTEM）[55]，液压滑升模板工程技术的劳动强度大大降低，极大地促进了这项工艺的发展和工程应用。很多国家和地区采用该工艺建造了不少高耸建筑。例如，553m高的加拿大国家电视塔[56]、65 层 218m 高的香港合和大厦都是采用该工艺建造的。

我国早在 20 世纪 30 年代即已开始应用手动滑升模板施工工艺，20 世纪 60 年代北京市第二建筑工程公司自行研制了我国第一批 HQ-35 型滑模穿心式液压千斤顶，大大提高了滑模施工的机械化程度，极大地促进了我国滑升模板工程技术的发展。20 世纪 70 年代，液压滑升模板施工工艺开始在全国推广应用，液压滑升模板工程技术日趋成熟。液压滑升模板施工工艺已广泛应用于水塔、烟囱、贮仓、油罐、桥墩、电视塔，如中央广播电视塔、天津广播电视塔[57,58]。20 世纪 80 年代液压滑升模板施工工艺开始应用于超高层建筑施工。1989 年采用新加坡林麦公司的液压滑升模板系统施工了 34 层 123m 高的上海花园饭店[59]。1983 年应用自主研发的内外筒整体滑升工艺建造了 52 层、158.65m 高的深圳国际贸易中心主楼，创造了闻名全国的三天施工一层楼的"深圳速度"[60]。1995 年采用了墙、柱、梁整体同步液压滑升工艺施工 55 层、205m 高的武汉国贸中心大厦，总共动用了 832 个 6 吨的大吨位千斤顶，液压滑升规模和施工速度都达到国际先进水平[61]。

8.2.2　工艺原理及特点

（1）液压滑升模板工艺原理及特点

1）工艺原理

液压滑升模板工程技术是一种现浇钢筋混凝土工程的连续成型施工工艺，其工艺原理如下：首先在地面附近按照结构平面形状，组装液压滑升模板系统，在内外模板之间形成一个上下连续的空间，然后待钢筋绑扎完成后，由模板的上口分层（每层厚度一般 30cm 左右）浇灌混凝土，当模板内最下层的混凝土达到一定的强度后，液压滑升模板系统以预先竖立在结构内的圆钢杆为支承，以液压为动力带动模板向上滑升一个流水段。这样，一边向模板内浇灌混凝土，一边将模板向上滑升，使已成型的混凝土不断脱模，如此循环往复，直至达到结构设计高度。

在超高层建筑施工中，竖向结构滑升施工与水平结构（楼层梁板）施工之间的流水关系通常有以下三种滑升方式：

① 墙体一次滑升。即利用液压滑升模板系统一次施工墙体至设计高程，然后再自上而下或自下而上逐层施工楼板。

② 墙体分段滑升。即利用液压滑升模板系统逐段连续施工墙体，然后待该流水段内楼板施工完成，再施工下一流水段的墙体，如此循环往复直至设计高程。

③ 墙体逐层滑升、楼板逐层浇捣。即利用液压滑升模板系统逐层施工墙体，模板滑升到位后首先施工楼板，然后再浇捣上一层墙体混凝土，如此循环往复直至设计高程。

2）工艺特点

液压滑升模板工程技术是性价比比较高的技术，实现了最大施工效率和最小施工投入的完美结合。具有明显的技术特点：

① 机械化程度高。液压滑升模板施工的整个过程中只需要进行一次模板组装，系统完全依靠自身动力滑升，施工机械化程度高，工人劳动强度低。

② 结构整体性好。液压滑升模板施工中，混凝土分层连续浇筑，水平和垂直方向均不设施工缝，模板固定无需对拉螺栓，结构整体性好。因此在高塔、筒仓和烟囱等对结构整体性要求高的工程中应用比较广泛。

③ 施工速度快。液压滑升模板施工中，模板组装一次成型，模板装拆工作量小，施

工作业连续性强，竖向结构施工速度快。高层建筑结构施工可以做到三天一层，筒壁式结构施工速度可以达到 6m/d。

④ 施工投入少。液压滑升模板系统在地面组装完成后，施工过程中一般不作大的调整，一套模板即可施工，组装成型后可一滑到顶，不但可以大量节约模板，同时能够大大降低模板装拆的劳动力投入。

但是液压滑升模板工程技术也存在明显缺陷：

① 施工组织要求高。由于液压滑升模板必须连续作业，否则滑升困难，成本增加，因此对施工组织要求比较高，材料和劳动力计划安排必须周密，适应突发事件的能力弱。而建筑施工恰恰是风险大、变数多的一项工作，不可预计的因素很多，难以完全满足滑模施工的要求，这是制约液压滑升模板施工工艺进一步推广应用的最大障碍。

② 结构体形适应性差。采用液压滑升模板工艺施工，模板装置一次性投资较多，对结构物立面造型有一定限制，结构收分将大大降低液压滑升模板系统的效率，而为降低造价，超高层建筑设计时多采用收分技术，剪力墙断面尺寸变化多，变幅大，因此限制了液压滑升模板工艺的应用。

③ 混凝土结构表面质量控制难度大。为了降低滑升阻力，滑模作业往往在混凝土结构强度比较低的情况下即需开始，这样势必拉裂混凝土表面，影响结构质量和观感。而且由于这种损伤不易及时发现，发现后也难以修复，往往成为质量隐患。

④ 垂直度控制比较困难。为了降低成本，液压滑升模板系统的支承杆断面都比较小，液压滑升模板系统的整体刚度不强，在滑升过程中容易偏位。而且由于模板、脚手连为一体，一旦出现垂直偏差，纠正十分困难，因此结构的垂直度较难保证。

（2）液压滑框倒模工艺原理及特点

1）工艺原理

针对传统液压滑升模板工程技术存在的混凝土结构表面粗糙，连续施工组织难度大的缺陷，工程技术人员发展了滑框倒模工艺。滑框倒模工艺原理与滑升模板工艺基本相似，首先在地面附近按照结构平面形状，组装液压滑升模板系统，在内外模板之间形成一个上下连续的空间，然后待钢筋绑扎完成后，由模板的上口分层（每层厚度一般 30cm 左右）浇灌混凝土，当模板内最下层的混凝土达到一定的强度后，液压滑升模板系统以预先竖立在结构内的圆钢杆为支承，以液压为动力，带动模板框架向上滑升一个流水段。这样，一边向模板内浇捣混凝土，一边将液压滑框倒模系统向上滑升，如此循环往复，直至达到结构设计高度。在滑升过程中，模板系统留在原地不同，当完成一个滑升流水作业后，再由人工将下部模板及滑道拆除搬移到上部安装。

2）工艺特点

液压滑框倒模工艺与液压滑升模板工艺最根本的区别，在于将液压滑升模板工艺中的模板与混凝土之间的相对滑动，改变为框架与模板之间的相对滑动，混凝土脱模方式也由滑动脱模变为拆倒脱模。这样容易保证混混凝土表面质量，且滑升阻力也明显降低。滑模施工时滑升阻力，是模板与混凝土之间摩擦和粘结作用共同产生的，其大小随混凝土强度增长而显著上升，而且与模板光洁度关系极大，因此滑模施工常因滑升时间掌握不当及模板清理不好而产生粘模、拉裂现象。采用液压滑框倒模工艺施工时，滑升阻力是框架与模板之间摩擦产生的，在框架与模板材料确定的条件下，滑升阻力大小仅与混凝土对模板侧压力有关，而随着混凝土凝结硬化收缩，此侧压力显著下降，因此滑升阻力易于控制。

　　滑框倒模工艺基本保留了滑升模板工艺的提升方式和施工装置，因此兼有滑模施工的优点，如施工连续快速，设备配套定型简单可靠，节省脚手架搭设，操作方便，改善施工条件等。滑框倒模工艺大大简化了施工组织，结构质量保证难度显著下降。目前国内许多超高结构工程，如北京中央广播电视塔[3]、天津交易大厦（36 层、107m 高）[62]和天津国际大厦（38 层、132m 高）[63]等均采用该工艺施工。但是滑框倒模施工机械化程度显著下降，模板装拆工作量大，也在一定程度上限制了该工艺推广应用。

8.2.3　系统组成

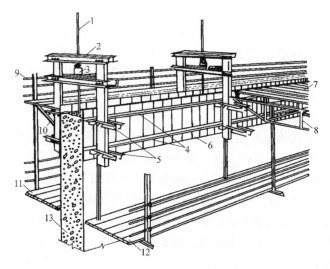

图 8-1　液压滑升模板系统组成

1—支承杆；2—提升架；3—液压千斤顶；4—围圈；5—围圈支托；6—模板；7—操作平台；8—承重桁架；
9—防护栏杆；10—外挑三角架；11—外吊脚手架；12—内吊脚手架；13—混凝土剪力墙

　　液压滑升模板系统主要由模板系统、提升承重系统、操作平台系统和液压动力系统等组成（图 8-1）。

　　（1）模板系统

　　模板系统由模板和围圈组成：

　　1）模板。其主要作用是承受混凝土的侧压力、冲击力和滑升时的摩阻力，并使混凝土按设计要求的截面形状成型。根据工程的需要模板种类分为内模板、外模板、圆柱模板、插板。内模高度多为 900mm、外模高度多为 1200mm。为方便施工，保证施工安全，外墙外模板的上端比内模板高出 150～200mm。模板按其材料不同有钢模板、木模板、钢木组合模板等，一般以钢模板为主。钢模板可采用 2～2.5mm 厚的钢板冷压成型，或用 2～2.5mm 厚的钢板与角钢肋条制成。为了减少滑升时模板与混凝土之间的摩阻力以便脱模，模板在安装时应形成上口小、下口大的倾斜度，一般单面倾斜度为 0.2%～0.5%。模板二分之一高度处的净间距为结构截面的厚度。

　　2）围圈。围圈又称围檩，其主要作用是使模板保持组装的平面形状并将模板与提升架连为一体。围圈沿水平方向布置在模板背面，一般上、下各一道，形成闭合框，用于固定模板并带动模板滑升。围圈主要承受模板传来的侧压力、冲击力、摩阻力及模板与围圈自重。若操作平台支承在围圈上时，还承受平台自重及其上的施工荷载。为保证模板的几何形状不变，围圈要有一定的强度和刚度，其截面应根据荷载大小由计算确定，一般可采用 L70 ～L80，[8～[10 或 I10 型钢制作。

（2）提升承重系统

提升承重系统包括提升架和支承杆两部分：

1）提升架。又称千斤顶架、提升框架，它是安装千斤顶并与围圈、模板连接成整体的主要构件，用于控制模板、围圈由于混凝土的侧压力和冲击力而产生的向外变形，同时承受作用于整个模板上的竖向荷载，并将荷载传递给千斤顶和支承杆。当液压动力系统工作时，通过它带动围圈、模板及操作平台等一起向上滑升。

2）支承杆。支承杆又称爬杆，它既是液压千斤顶爬升的轨道，又是液压滑升模板系统的承重支柱，承受施工过程中的全部荷载。支承杆的直径要与所选的千斤顶相配备，以前使用的额定起重量为 30kN 的滚珠式卡具千斤顶，其支承杆一般采用 $\phi25$ 圆钢。近年来，随着一批起重量为 60～100kN 的大吨位千斤顶的研制成功，与之配套的支承杆可采用 $\phi48\times3.5$ 的钢管，即常用脚手架钢管。由于允许脱空长度较大，且可采用脚手架扣件进行连接，因此能够作为工具式支承杆布置在混凝土墙体外，实现回收利用，降低施工成本。

（3）操作平台系统

操作平台系统由操作平台及吊挂脚手架组成（图 8-2）：

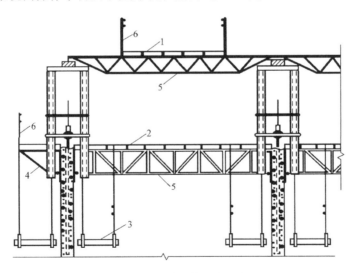

图 8-2 操作平台系统组成

1—辅助平台；2—主操作平台；3—吊脚手架；4—三角挑架；5—承重桁架；6—防护栏杆

1）操作平台。操作平台既是施工人员绑扎钢筋、浇筑混凝土、提升模板的操作场所，又是材料、工具和液压控制设备等的堆放场所，有时还依托它安装垂直运输设备。因此，操作平台应有足够的强度和刚度，以便能控制平台水平上升。操作平台分为内操作平台和外操作平台。内操作平台一般由承重钢桁架（或梁）、楞木和铺板组成。承重钢桁架支承在提升架的立柱上，也可通过托架支承在桁架式围圈上。外操作平台一般由外挑三角架、楞木和铺板组成。三角挑架固定在提升架的立柱上或固定在围圈上。

2）吊挂脚手架。吊脚手架用于滑升过程中进行混凝土质量的检查、混凝土构件表面的修整和养护、模板的调整和拆卸等。吊脚手架的主要组成部分：吊杆、横梁、脚手板、防护栏杆等。吊挂脚手架的吊杆可用 $\phi16\sim\phi18$ 的圆钢制成，也可采用柔性链条。其铺板宽度一般为 $500\sim800$mm，每层高度 2m 左右。吊脚手架外侧必须设置防护栏杆，并张挂安全网到底部。内吊脚手架挂在提升架立柱和操作平台的钢桁架上，外吊脚手架挂在提升架立柱和外挑三角架上。

（4）液压动力系统

液压动力系统的作用是为液压滑升模板系统滑升提供动力，主要由三大部分组成：液压泵站、液压千斤顶、油路及控制装置（换向阀、截止阀、溢流阀、分油器等）。为了保证各千斤顶供油均匀，控制千斤顶的升差，油路布置一般采取并联方式，液压动力油通过分油器平均分配到各个千斤顶（图 8-3）。

液压滑升模板系统采用的千斤顶比较特别，为穿心式液压千斤顶，支承杆从其中心穿过。按千斤顶卡具形式的不同，千斤顶可分为滚珠卡具式和楔块卡具式。按额定起重量来分有 30kN、60kN、75kN、90kN 和 100kN 等，但以 30kN 应用较广。液压动力系统设计时，应严格控制千斤顶的负荷，设计荷载一般不应超过其额定起重量的二分之一。

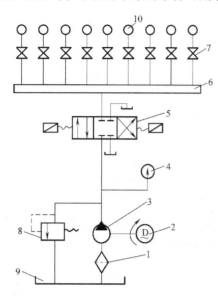

图 8-3　液压动力系统原理图
1—滤油器；2—电动机；3—油泵；4—压力表；
5　换向阀；6—分油器；7—截止阀；
8—溢流阀；9—油箱；10—千斤顶

8.2.4　关键技术

（1）混凝土技术

1）混凝土的配制

在液压滑升模板工程中，混凝土除应满足设计所规定的强度、抗渗性、耐久性等要求外，还必须满足滑模施工的特殊要求。混凝土早期强度的增长速度，必须与模板滑升速度相适应。根据液压滑升模板工程实践经验和滑模施工技术规范要求，混凝土的出模强度宜控制在 $0.2\sim0.4$MPa 之间。同时，混凝土的凝结时间应能保证浇筑上层混凝土时，下层混凝土仍处于塑性状态，以避免出现施工冷缝。故混凝土的初凝时间宜控制在 2h 左右，终凝时间可视工程对象而定，一般宜控制在 $4\sim6$h 之间。

2）混凝土的浇筑

滑模施工的混凝土浇筑量一般都比较大，为保证滑升速度，须合理划分混凝土浇筑施工流水段、安排操作人员，以使各流水段的浇筑工作量和时间大致相等。混凝土浇筑应遵循连续分层交圈、均匀浇筑的原则。分层浇筑的厚度以 $200\sim300$mm 为宜，每一浇筑层的混凝土表面应在一个水平面上。各层浇筑的间隔时间应小于混凝土的初凝时间，即浇筑上一层混凝土时下一层混凝土应处于塑性状态。

（2）垂直度控制技术

在滑模施工中，影响结构垂直度的因素很多，如：①操作平台上的荷载分布不均匀，造成支承杆的负荷不一，致使滑升模板系统向荷载大的一方倾斜；②千斤顶产生升差后未及时调整，操作平台不能水平上升；③操作平台的结构刚度差，操作平台的水平度难以控制；④浇筑混凝土时不均匀对称，致使液压滑升模板系统承受不均匀侧向荷载而发生偏移；⑤支承杆布置不均匀或不垂直；⑥滑升模板受风力、日照的影响等。因此施工过程中应加强观测，及时发现垂直偏移，以便采取针对性措施予以纠正。

1）垂向测量

液压滑升模板工程采用小流水、快节拍的方式施工，对竖向测量方法要求比较高：简便易行、高效可靠。超高层建筑采用液压滑升模板工程技术施工时，主要采用内控法进行竖向测量。内控法又分吊线坠法和垂准仪法。吊线坠法具有操作简便、成本低廉的优点，因此早期液压滑升模板施工多采用吊线坠法进行竖向测量，如加拿大多伦多电视塔[56]。但是，随着超高层建筑高度的不断增加，吊线坠法自动化程度低的缺陷凸现，导电线锤法应运而生。导电线锤是一个重约20kg的钢线锤，线锤的尖端有一根导电触针，用ϕ2.5的细钢丝悬挂在平台下部，其上装有自动放长吊挂装置。通过线锤上的触针与设在地面上的方位触点相碰，可以从液压控制台上用电线与之相连的信号灯光，及时得知垂直偏差方向及大小。垂准仪法具有测量精度高、传递高度大的优点，因此在现代液压滑升模板施工中得到广泛应用，如中央广播电视塔即采用垂准仪法进行竖向测量。垂准仪法同样存在工效低的缺陷。因此近年来工程技术人员将工业电视、激光技术和计算机技术相结合，开发出能够实时测量垂直偏差的测量系统，成功应用于武汉国际贸易中心建设[61]。在一些特别高的超高结构施工中，也有将吊线坠法与垂准仪法结合使用进行液压滑升模板施工竖向测量的。如中央广播电视塔混凝土桅杆施工时就先利用垂准仪法将竖向测量基准点传递到距液压滑升模板较近的高程，然后再采用吊线坠法进行液压滑升模板施工的竖向测量，既保证了测量精度，又提高了竖向测量工效[64,65]。

2）竖向纠偏

液压滑升模板工程垂直度偏差纠正主要采用平台倾斜法和顶轮纠偏法。平台倾斜法又称调整高差法，其原理是：当结构出现向某侧位移的垂直偏差时，操作平台的同一侧一般会出现负水平偏差。因此通过千斤顶使该侧操作平台高于其他部位可以在平台中产生较大的纠偏力，在液压滑升模板系统向上滑升过程中，逐步使操作平台复位。当结构垂直度偏差得到完全纠正以后，再将操作平台调平。顶轮纠偏法又称撑杆纠偏法。顶轮纠偏装置由撑杆、顶轮和吊杆组成，撑杆的一端与平台或提升架铰接，另一端

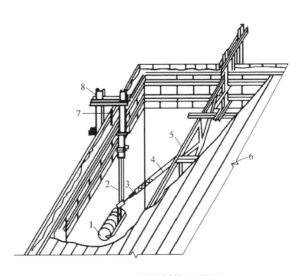

图 8-4 撑杆纠偏法原理

1—顶轮；2—顶轮吊杆；3—调节螺杆；4—撑杆；5—操作平台
承重桁架；6—操作平台铺板；7—支承杆；8—提升架

用倒链挂在相邻提升架的下部，其滚轮顶在混凝土墙上。顶轮纠偏法原理是：当结构出现向某侧位移的垂直偏差时，提拉顶轮吊杆，撑杆的水平投影距离增加，撑杆以具有一定强度的混凝土墙面为依靠，产生作用于平台的纠偏力，在液压滑升模板系统向上滑升过程中，逐步使操作平台复位。当结构垂直度偏差得到完全纠正以后，再将吊杆放松。深圳国际贸易中心大厦采用该方法进行竖向纠偏取得良好效果[66]。

8.2.5　工程应用

（1）武汉国际贸易中心[58]

1）工程概况

武汉国际贸易中心主楼地下 2 层，地上 55 层，高 205m，总建筑面积 125000m²。主楼结构平面呈纺锤形，长 64.60m，中部宽 38.60m，两端宽为 32.40m，标准层建筑面积为 2300m²。主楼采用钢筋混凝土框—筒结构体系，水平结构为无粘结预应力密肋梁楼板。核心筒剪力墙厚从 650mm 分四次收分至 300mm，框架梁柱宽从 1350mm 分四次收分至 550mm（图 8-5）。

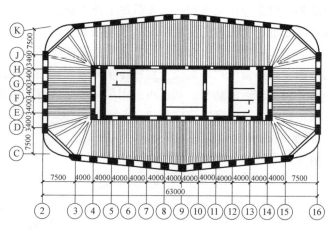

图 8-5　武汉国际贸易中心

2）施工工艺

武汉国际贸易中心工程规模大，工期紧，合同工期仅 26 个月。作为超高层建筑，武汉国际贸易中心主体结构工作量大，占用施工周期长，是整个工程施工的关键环节，它的施工进度快慢，直接关系到整个工程能否按期竣工。因此有必要创新施工工艺，加快主体结构施工速度。根据本工程标准层多、结构平面变化少的特点，决定采用液压滑升模板工艺施工主楼竖向结构。施工工艺原理为：首先利用液压滑升模板施工工艺施工主楼剪力墙、柱和梁，然后在液压滑升模板系统通过以后再支模施工楼板。主体结构施工分三条流水线呈阶梯状推进：第一条流水线为剪力墙、柱和梁的液压滑升模板施工；第二条流水线为楼板施工；第三条流水线为密肋梁的无粘结预应力张拉，其中滑模作业线成为控制工期的主导作业线，每一标准层的施工工期为 4~5 天。施工工艺流程如图 8-6 所示。

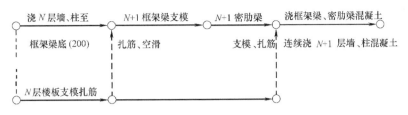

图 8-6 液压滑升模板施工工艺流程

3）系统设计

① 模板系统

武汉国际贸易中心主体结构工程采用的模板系统比较常规，采用钢材制作，模板主要分为四种：（a）内模板：用于内墙、内柱、密肋梁及框架梁内侧；（b）外模板：用于外墙、框架梁外侧、电梯井内侧；（c）圆/方柱模板：本工程中有直径 2400mm 的圆柱，同样采取滑模施工，滑升范围从 ±0.00 至 15.50m，在第四层将圆柱模拆除，改装为方柱模，进入正常滑升；（d）插板：用于密肋梁与内墙、框架梁相交处及框架梁与柱相交处，在框架梁、密肋梁同时与柱相交处设"丁"字形插板。模板的主要技术参数为：（a）模板厚度：84mm（插板53mm）；（b）模板高度：内模 900mm，外模 1200mm；（c）模板的长度模数：300mm；（d）模板允许最大跨度：2400mm；（e）模板允许承受混凝土侧压力：50kPa。

② 提升承重系统

（A）提升架

提升架分为四种：（a）固定提升架：布置在内筒剪力墙、内筒部位的大梁、内外筒之间的斜梁、四角的弧形墙及弦形墙等部位。（b）升降提升架：布置在斜梁与内筒剪力墙的相交处，即内筒的四个大角部位，每个大角布置 2 个，中心间距 500mm，立柱的升降由人工利用 2 个手动捯链完成。（c）收分提升架：布置在建筑物四周的框架柱、梁部位，柱子位置为 2 榀，框架梁位置为 3 榀，其中中间榀的提升架设 2 个千斤顶，另两榀提升架不设千斤顶。（d）单柱提升架：布置在密肋梁部位，即在相邻两根密肋梁之间设置一根单柱提升架；每隔一根单立柱，设置一个千斤顶和支承杆。

（B）支承杆

支承杆采用 φ48×3.5 钢管。埋入式支承杆的加工长度为 3m，首层按 6.0m、5.2m、4.4m、3.6m 配置，接头位置按总数的 1/4 错开，减少每次接头数量。埋入式支承杆采用塞焊连接；工具式支承杆配备数量按 5 层高度计算，螺纹连接，层层回收。试验表明：支承杆的自由长度大于 2.6m 时，应予加固。为确保支承杆的稳定，每层楼面以上每间隔 1.8~2.0m 时，用钢筋纵横向水平加固，非标准层加 4 道，标准层加 2~3 道。

③ 操作平台系统

（a）内筒及四角设固定平台和活动平台。固定平台用 50mm×100mm 木方及 18mm 厚板或 50mm 厚木板铺设，活动平台用 φ48×3.5 钢管作搁栅，18mm 厚板铺设。活动平台在墙、柱滑模时封闭，在楼板施工时开启。

（b）密肋梁部位设固定平台和活动平台。在相邻密肋梁间用 40mm×60mm 木方及

18mm 厚板铺设固定平台。为了防止施工中混凝土从密肋梁内散落及保障施工人员的安全，密肋梁用 40mm×60mm 木方及 18mm 厚板铺设活动平台，活动平台在密肋梁施工中开启。

(c) 建筑物外围设外平台及吊平台。在建筑物外围提升架的立柱外侧利用夹板槽钢安装外挑架，并用通长钢管和扣件将外挑架固定。

④ 液压动力系统

(a) 千斤顶。根据本工程在结构体内、体外同时滑升的需要，选用楔块卡具式 6t 千斤顶，共用 832 个，其中在内外剪力墙及框架柱结构体内布置的千斤顶采用埋入式支承杆；在框架梁的结构体内布置的千斤顶采用工具式支承杆；在密肋梁、斜梁及内筒一部分梁的结构体外布置的千斤顶采用工具式支承杆。

(b) 油路及控制装置。本工程滑模平台面积大，考虑到施工中平台的平稳和同步上升、可能出现的异常情况、主体结构收分等因素，采取分区、分组并联油路布置，即设 4 台 72 型液压控制台，共分 10 个区，形成同步液压系统，作滑模提升动力。

4) 垂直度控制

① 竖向测量

竖向测量采用了集工业电视、激光技术和计算机技术于一体的 SH－DJS 微机定位系统，以提高竖向测量的自动化程度。SH－DJS 微机定位系统主要由激光铅直仪、CCD 光电传感器和微机等组成。四台激光铅直仪布置在结构四角圆弧墙处，通过 CCD 光电传感器采集铅直仪激光信号，并将其传输给微机，微机处理后将液压滑升平台偏差情况以图像显示，以便及时采取措施进行纠偏。

② 垂直度控制

本工程垂直度控制以防偏为主，纠偏为辅。

(A) 防偏措施：(a) 严格控制支承杆标高、限位卡底部标高和千斤顶顶面标高，使操作平台同步滑升，始终水平。(b) 保持支承杆的稳定和垂直度，注意混凝土的浇筑顺序，均匀布料和分层浇捣。(c) 确保设备、材料及施工人员等荷载在操作平台上均匀分布。

(B) 纠偏措施：采用钢丝绳和手拉捯链纠偏，将钢丝绳和手拉捯链一端固定在已施工混凝土结构上，另一端固定在液压滑升模板系统上，纠偏时以混凝土结构为依靠，通过手拉捯链收紧钢丝绳产生纠偏力，达到调整液压滑升模板系统平面位置的目的。

5) 实施效果

1995 年 1 月 18 日开始试滑，一举取得成功。在有效的工作日里，创造了（水平加竖向）四天一层楼的滑模速度，结构施工质量达到优良，主楼最大垂直度偏差控制在万分之五以内 (25mm)。与一般支模现浇混凝土施工方法比较，采用本方案可以减少脚手架的搭设工作量，缩短主体结构施工周期 113 天，提高工效 40.60%，节约人工 5 万工日，折合人工工资约 12.85 万元，节约木材 1200m³，钢管 250t，降低施工费用 30 万元。

(2) 中央广播电视塔[57,64,65,67]

1) 工程概况

中央广播电视塔总高度为 386.5m，加避雷针总高 405m，自下而上分为塔基、塔座、塔身、塔楼、桅杆等 5 部分，其中塔身和部分桅杆采用预应力钢筋混凝土结构，混凝土强度为 C40。塔身从横剖面分为内筒、中筒和外塔身三部分。外塔身壁厚有 2 种：0～30m

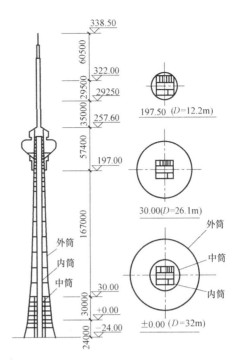

图 8-7　中央广播电视塔

及 200～257.5m，壁厚为 600mm；30～200m 壁厚为 500mm。外塔身直径在 ±0m 时为 32m，＋200m 以上为 12m，筒壁坡度有 4.0%、4.5%、7.5%、10%4 种。中筒：从 −22.5m 到＋30m，直径 13m，壁厚 200mm。内筒：从 −22.5m 到 245.3m，外包尺寸为 8.12m×8.42m，中间有 2 道纵墙和 3 道横墙，壁厚均为 180mm。钢筋混凝土桅杆高 64.5m，分为两个断面，底部从 257.5～292.5m，外围 5 m×5m，壁厚 600mm；上部从 292.5m 到 322m，外围 3.8 m×3.8m，壁厚 550mm（图 8-7）。

2）施工工艺

塔形高耸构筑物通常都采用液压滑升模板工程技术施工，液压滑升模板工程技术非常适合以竖向结构为主，且结构平面随高度变化不大的塔形高耸构筑物工程，施工具有机械化程度高、工序少、速度快的优点。但是与其他高耸构筑物不同，中央广播电视塔对外塔身的施工质量要求非常高，必须达到清水混凝土标准，这样传统的液压滑升模板施工工艺存在的结构表面质量难以保证的缺陷就非常突出；同时中央广播电视塔外筒混凝土量大，钢筋绑扎工作量大，预应力管布设时间长，液压滑升模板系统实现连续作业困难很大。因此传统的液压滑升模板施工工艺难以适应中央广播电视塔结构施工需要。为此工程技术人员开发应用了液压滑框倒模施工新工艺。施工工艺流程如图 8-8（以外筒为例）。

外筒塔身采用液压滑框倒模工艺施工，标准施工工艺流程如图 8-8 所示。在施工工艺流程中，关键工序是滑框（即顶升）→支模板→浇混凝土→绑钢筋。为加快工程进度，在混凝土浇筑完成后立即开始钢筋绑扎，钢筋绑扎力争在混凝土养护期间完成，不占用绝对工时。

3）系统设计（以外筒为例）

中央广播电视塔塔身包括内筒、中筒、外筒，均采用液压滑框倒模工艺施工。由于工

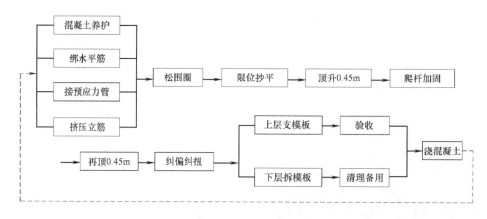

图 8-8　外筒施工工艺流程

程量大，为方便施工组织，加快施工进度，塔身竖向结构施工划分为三条流水线依次进行，先施工内筒，再施工中筒，最后施工外筒，竖向结构施工沿高度方向呈阶梯状推进。这样整个液压滑框倒模系统由三个相对独立、自成体系的子系统组成，如图 8-9 所示。

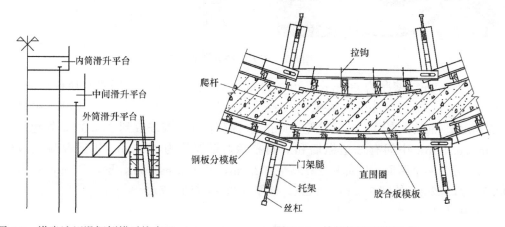

图 8-9　塔身液压滑框倒模系统布置　　　图 8-10　外筒模板系统组成

① 模板系统

为适应外塔身的变化和简化施工程序，内外模板均分为两种类型：一类为钢收分模板，从底到顶尺寸不变，位置不变（模板尺寸：高×宽×厚＝900mm×400mm×3mm）；另一类为 12mm 厚胶合板模板，从底到顶分 5 种规格：0～20m 为 900mm×1800mm，20～56m 为 900mm×1500mm，56～114m 为 900mm×1200mm，114～171m 为 900mm×900mm，171～200m 以上为 900mm×1200mm。内模宽度比外模窄 400mm，其他尺寸相同。为保证收分模板脱模后痕迹规律美观，每榀提升架所在的轴线对应一对收分模板（即150m 高度以下 7.5°圆心角对应一对收分模板，150m 高度以上 15°圆心角对应一对收分模板），覆膜胶合板与收分模板相间布置。

围圈采用 L80×8 角钢作支承模板的横向主龙骨，模板背面用 5mm×10mm 木方作次龙骨，主次龙骨之间通过勾环连接；围圈为直线形，两榀提升架之间设置上、下各一个围圈。混凝土结构弧度通过调整主、次龙骨的规格（厚度）使模板成弧来实现。围圈一端固定，另一端可伸缩，用 M20 螺栓连接在托架上。收分时螺栓在围圈活动端的长孔内滑动，这样 48 根直围圈构成封闭的 48 边形,与模板成弧一道来确保塔身的圆度。

② 提升承重系统

提升架共 48 榀,由型钢焊接成"开"形架,高×宽＝4.5m×2.2m。提升架下横梁焊有可调角度的千斤顶座,每个千斤顶座设置 4 台爬升千斤顶。另外,提升架腿上设有 3 层围圈托架,托架通过可调丝杠与提升架连接,便于整个围圈的径向移动,如图 8-11 所示。

正常滑升施工流水段高度为 0.9m。为确保施工安全,一个滑升流水段分两次进行:(a) 钢筋绑扎完成后,先滑升 0.45m;(b) 然后待用电焊将一组支承杆(4 根一组)和结构主筋点焊上拉接筋后,再滑升剩余的 0.45m。用此方法加固爬杆效果较好。在 112m 标高预应力张拉端的混凝土牛腿施工中,曾将整个系统空滑 3.7m 高,采取的支撑杆加固方法是用 L50×5 角钢和爬杆组焊成格构柱,取得了良好效果,支撑杆的承载力和稳定性大大提高,保障了施工安全。

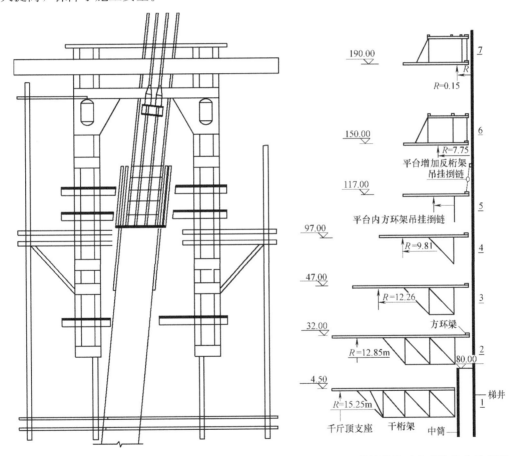

图 8-11 外塔身液压滑框系统　　　图 8-12 外筒操作平台系统收分示意图

③ 操作平台系统

外筒收分剧烈,筒体外径从±0.00m 的 32m,缩小到 200m 高度处的 12m。因此操作平台系统必须能够适应外筒结构收分的施工需要,方便提升架在滑升过程中沿外筒径向移动。为此将液压滑框倒模系统的操作平台设计成环形平板网架结构,如图 8-12 所示。该操作平台系统具有以下特点：(a) 环外周边简支，内环无支座，为大直径空间结构；(b) 平面内限定了 48 榀提升架的几何关系，轴线均为过圆心的放射线，以便模板安装的找正及整体纠偏；(c) 平台能适应提升架的径向收分，150m 以下随收随拆网架杆件，非常简便。施工过程中操作平台系统经历了两次较大的改造：(a) 中筒 30m 施工结束后，平台接长 24 根放射梁至内筒外壁，并焊接方形环梁，框住内筒（每边和内筒留有 17cm 的间隙，便于调整平台的偏扭）；(b) 在平台到达 150m 高度后，拆除一半放射梁，然后再增加 24 榀反桁架，并设 3 圈环梁，组成新的空间结构。

　　④ 液压动力系统

　　采用 192 台 YKD—35 型液压千斤顶、一个 YZKT—56 型控制台控制全部油路。

　　4）垂直度控制

　　中央广播电视塔结构超高，结构垂直度除受施工影响外，还受日照、风力等自然因素影响，因此控制难度比较大。

　　① 垂直度测量

　　塔身中心偏离，表现为操作平台系统中心偏离。塔身垂直度测量是通过测量操作平台系统中心是否偏离目标来实现的。中央广播电视塔垂直度测量综合运用了外控法和内控法，既充分发挥了现代测量仪器经纬仪、激光铅直仪精度高的优势，又发挥了传统吊线坠测量方法操作简便的长处。

　　(A) 0.00m 以下（基础部分）垂直度测量

　　基础部分施工采用大开挖，外筒采用常规搭架子、支钢模板浇筑混凝土施工方法，采用经纬仪外控法进行塔身垂直度测量。中筒和内筒采用滑框倒模工艺施工，采用滑升平台大角吊线坠法进行塔身垂直度测量。

　　(B) 0.00～50m 塔身垂直度测量

　　从 0.00m 开始，外筒采用滑框倒模工艺施工，采用经纬仪外控法与激光铅直仪内控法相结合的方法进行垂直度测量。

　　(a) 经纬仪外控法测量垂直度

　　由于 0.00～50m 外筒高度较低，垂直度测量属垂直静态测量，以经纬仪测量为主，即在塔东、西、北 3 个方向轴线上建立 3 个混凝土基准测量站，将经纬仪固定于测量站上，然后对准外筒底部的基准目标，向上挑铅垂线，观测 3 个方向轴线上的操作平台标记，用以控制操作平台轴线偏移和扭转，如图 8-13 所示。

　　(b) 激光铅直仪内控法测量垂直度

　　在 ±0.00m 楼板的东、西、北 3 个方向轴线上 $R=12m$ 处建 3 个激光铅直测站，并在操作平台相应平面位置安装带有坐标的激光接收靶，如图 8-14 所示。测量时，将铅垂激光束射到操作平台接收靶上，根据接收靶上所得激光轨迹中心与靶中心偏移值来掌握和控制操作平台中心偏离和平台扭转。

　　(C) 50～257m 垂直度测量

　　随着塔身施工高度增加，垂直度测量从静态转入动态，同时 3 个经纬仪测站观测仰角逐渐加大，测站距塔中心半径由 100m 增加至 300m，经纬仪观测受大气变化影响越来越显著。风、雨、雪、雾、强光、高温都影响测量精度，经纬仪外控法测量难以满足施工需要。因此完全采取激光铅直仪内控法进行垂直度测量。将位于 ±0.00m 楼板的三台激光铅直仪移到 30m 混凝土楼板 $R=5.0$m 的轴线上，如图 8-14 所示。在塔身增加到 200m 左右时进行的日照变形动态观测表明，塔身刚度很好，日照变形值在 1cm 左右，因此在该高度范围使用激光铅直仪进行垂直度测量是可靠的。

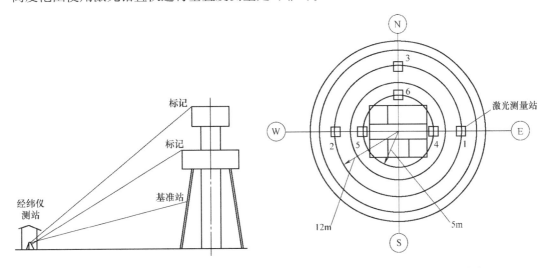

图 8-13　经纬仪外控法进行垂直度测量示意图　　　　图 8-14　激光铅直仪内控法测站布置

（D）257～322m 钢筋混凝土桅杆垂直度测量

两段方形混凝土桅杆截面分别为 5m×5m 和 3.8m×3.8m，桅杆逐渐升高，断面减小。从标高 257m 进行全天候 24 小时变形观测发现，塔身垂直度在每天 24 小时中绝大部分时间受日照、风力和地球自转等自然因素影响很大，塔身摆动值超过结构设计允许 5cm 的偏差值。白天激光铅直测量误差很大，难以满足混凝土桅杆施工测量需要。只有凌晨 2 点至 6 点，塔身垂直度不受日照影响，激光铅直测量才是准确的。因此采用激光铅直测量法与吊线坠法相结合的方法进行 257～322m 钢筋混凝土桅杆垂直度测量。在凌晨 2 点至 6 点利用激光铅直测量法将平面控制网传递到已施工的结构上，作为白天施工测量的基准。白天施工时则利用吊线坠法进行垂直度测量，这样既规避了日照影响，又保证了正常施工。

② 垂直度控制

在中央广播电视塔主体结构施工期间，国家规范还没有对电视塔的允许偏差作出明确规定。根据设计图纸对塔身垂直偏差要求，确定外筒垂直度偏差控制在 50mm 以内。在滑框倒模施工时，如发现有倾向性的垂直偏差或外筒垂直偏差达 40mm 时，立即进行纠偏。调整塔身垂直度是通过调整操作平台中心来实现的。由于操作平台面积很大，且与整个塔的混凝土和钢筋连为一体，因此纠偏比较困难。工程技术人员综合采用了以下方法进行纠偏：（a）倒链强制牵引纠偏；（b）千斤顶反向升差纠偏；（c）调整混凝土浇灌方向纠偏。

5）实施效果

中央广播电视塔采用液压滑框倒模工艺施工塔身（内筒、中筒和外筒）以及钢筋混凝土塔桅，取得良好效果。塔身施工速度达到 0.9m/d，在约 14 个月的时间内完成了总高 200m 的钢筋混凝土塔身施工。由于钢筋混凝土桅杆规模比较小，因此施工速度更快，在正常施工条件下，液压滑框倒模施工速度可以达到 1.35m/d。创新的施工工艺对优质、高效建成中央广播电视塔发挥了非常积极的作用。

8.3　液压自动爬升模板工程技术

8.3.1　发展简介

早期的高层建筑钢筋混凝土结构施工采用的模板和脚手架相互分离、自成体系，模板和脚手架安装依次进行，塔吊配合吊装工作量大，作业效率低，施工安全隐患多。随着建筑高度的不断增加，模板与脚手架相互分离、自成体系的缺陷越来越明显，为此德国 PERI 公司在 20 世纪 70 年代初开发了塔升模板脚手架系统（Crane Lifted Formwork Scaffold），将安全作业平台（脚手架）和模板系统合而为一，方便塔吊一次将模板和作业平台安装到位，塔吊吊装工作量减少，作业效率明显提高。工人在作业平台上安装爬升模板系统，安全性大大提高（图 8-15）。

图 8-15　PERI KGF 240 塔升模板脚手架系统

但是塔升爬升模板系统仍然存在塔吊作业工作量比较大，模板拆除、安装次数多，安全隐患比较大的缺陷，因此 PERI 公司于 1978 年又开发了自动爬升模板系统（Self-climbing Formwork System），经过不断改进完善发展成为液压自动爬升模板系统（Automatic Climbing System）（图 8-16）。液压自动爬升模板系统一经推出，即受到工程技术人员的广泛欢迎，许多大型模板公司，如奥地利 DOKA、德国 HüNNEBECK、英国 RMD 和 SGB 等都相继开发了液压自动爬升模板系统。PERI 公司已经形成系列产品，拥有 ACS-R、ACS-P、ACS-S、ACS-G 和 ACS-V 等五种液压自动爬升模板系统产品。世界许多著名的超高层建筑如马来西亚吉隆坡石油大厦[67]、阿联酋迪拜哈利法塔[68]都采用了液压自动爬升模板系统施工钢筋混凝土结构。

我国工程技术人员长期致力于发展爬升模板工程技术，但是由于各种原因进展比较缓慢。在 20 世纪 80 年代人力爬升模板工程技术得到广泛应用，爬升工艺有模板与爬架互爬、模板与模板互爬、爬架与爬架互爬及整体升等多种形式。尽管工程技术人员也尝试采用液压动力、电动捯链和卷扬机等提高爬升模板工程系统的机械化程度，但是效果不明显[70]，我国爬升模板工程技术与国际先进水平相比一直存在较大差距。改革开放以后，我国开始引进、消化和吸收国外先进的液压自动爬升模板工程技术，取得一定成绩。1994 年深圳地王商业大厦（81 层，高 325m）采用了瑞士 VSL 液压自动爬升模板工艺施工，平均施工速度达到了 3.5 天一层，创造了最快时 2 天半一层的施工速度记录[71]。但是由于国外液压自动爬升模板系统价格非常高，在经济性方面与我国传统模板系统的比较优势

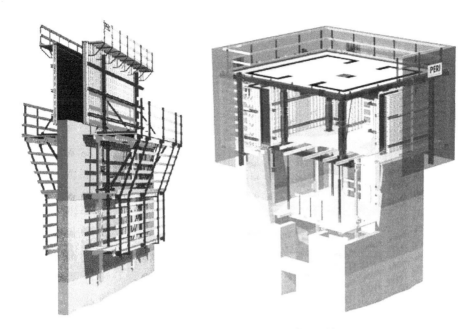

图 8-16　PERI 液压自动爬升模板系统

不明显，因此推广应用极为缓慢。2004 年上海环球金融中心采用 DOKA 液压自动爬升模板系统施工巨型柱，解决了巨型柱收分、倾斜等施工难题[72]。近年来，为了实现我国超高层建筑模板工程技术跨越，北京市建筑工程研究院和上海建工（集团）总公司技术中心等单位都研制了具有自主知识产权的液压自动爬升模板系统[73,74]，并成功应用于超高层建筑工程实践，大大缩小了我国与发达国家在超高层建筑模板工程技术方面的差距。

8.3.2　工艺原理及特点

（1）工艺原理

液压自动爬升模板工程技术是现代液压工程技术、自动控制技术与爬升模板工艺相结合的产物。液压自动爬升模板系统与传统爬升模板系统的工艺原理基本相似，都是利用构件之间的相对运动，即通过构件交替爬升来实现系统整体爬升的。液压自动爬升模板工程技术是在同步爬升控制系统作用下，以液压为动力实现模板系统由一个楼层上升到更高一个楼层位置的。传统的液压自动爬升模板系统的施工总体工艺流程（图 8-17）如下：

1）按照设计图纸中的位置预埋爬升附墙固定件，浇捣混凝土。

2）待混凝土达到强度要求后，拆除模板，安装附墙及导向装置。

3）系统自动爬升到位后，绑扎钢筋、安装模板→混凝土浇捣，进入下一个作业循环。

在上述工艺流程中，钢筋绑扎需待混凝土养护达到系统爬升要求及系统爬升完成后才能进行，混凝土养护和模板拆除占绝对工期，施工流水段时间比较长，施工节奏缓慢。为此近年来发展了以下施工总体工艺流程（图 8-18）：

1）按照设计图纸中的位置预埋爬升附墙固定件，浇捣混凝土。

2）绑扎钢筋，同时待混凝土养护达到强度要求后，拆除模板，安装附墙及导向装置。

3）钢筋绑扎完成后，系统自动爬升。

4）系统自动爬升到位后，安装模板→混凝土浇捣，进入下一个作业循环。

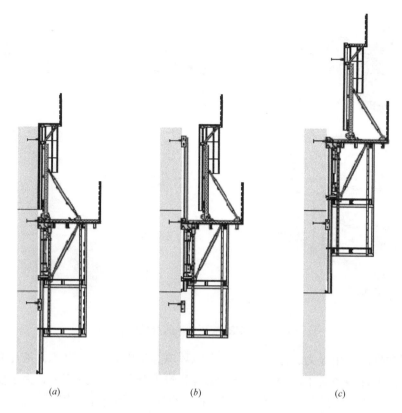

(a) 　　　　　　　　(b) 　　　　　　　　(c)

图 8-17　液压自动爬升模板施工总体工艺流程（一）

(a) 步骤一：混凝土浇捣及养护；(b) 步骤二：拆模，安装附墙及导轨；

(c) 步骤三：系统爬升，绑扎钢筋，进入下一个作业循环

与人力爬升模板工程技术不同，液压自动爬升模板工程技术利用液压系统循环往复的小步距爬升实现整个系统的大步距（一个施工流水段）爬升。棘爪、千斤顶组件为联系件，与导轨和架体组成一种具有导向功能的互爬机构。这种互爬机构以附墙装置为依托，利用导轨与架体相互运动功能，通过液压千斤顶对导轨和爬架交替顶升来实现模板系统爬升。液压自动爬升模板系统一个行程的爬升分两步实现：①空行程。爬升机械系统上提升机构通过棘爪附着在导轨上，液压千斤顶缩缸，带动下提升机构上升一个行程。②工作行程。爬升机械系统下提升机构通过棘爪附着在导轨上，液压千斤顶伸缸，顶升上提升机构以及整个系统上升一个行程，如图 8-19 所示。

（2）工艺特点

液压自动爬升模板系统是传统爬升模板系统的重大发展，工作效率和施工安全性都显著提高。与其他模板工程技术相比，液压自动爬升模板工程技术具有显著优点：

1）自动化程度高。在自动控制系统作用下，以液压为动力不但可以实现整个系统同步自动爬升，而且可以自动提升爬升导轨。平台式液压自动爬升模板系统还具有较高的承载力，可以作为建筑材料和施工机械的堆放场地。经过特殊设计，液压自动爬升模板系统甚至可以携带混凝土布料机一起爬升。钢筋混凝土施工中塔吊配合时间大大减少，提高了工效，降低了设备投入。

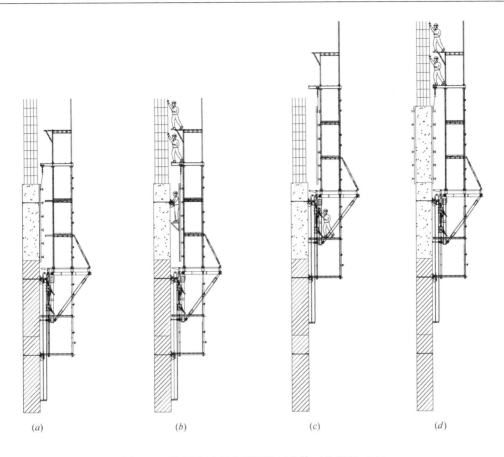

图 8-18 液压自动爬升模板施工总体工艺流程（二）

(*a*) 步骤一：混凝土浇捣及养护；(*b*) 步骤二：绑扎钢筋，混凝土养护等强后拆模，安装附墙及导向装置；
(*c*) 步骤三：系统爬升；(*d*) 步骤四：安装模板，浇捣混凝土，绑扎钢筋，进入下一个作业循环

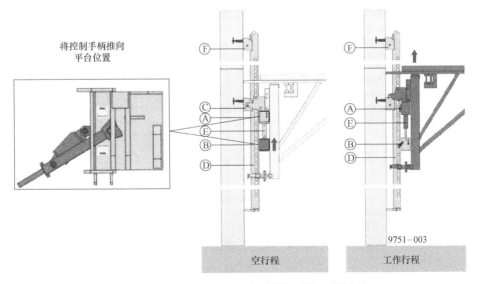

图 8-19 DOKA 液压自动爬升模板系统工艺原理

Ⓐ—上提升机构；Ⓑ—下提升机构；Ⓒ—悬挂插销；Ⓓ—爬升导轨；Ⓔ—液压千斤顶；Ⓕ—悬挂靴

119

　　2）施工安全性好。液压自动爬升模板系统始终附着在结构墙体上，工作状态能够抵御速度达 100km/h 的风力作用，非工作状态能够抵御速度达 200km/h 的风力作用；提升和附墙点始终在系统重心以上，倾覆问题得以避免。爬升作业完全自动化，作业面上施工人员极少，安全风险大大降低。

　　3）施工组织简单。与液压滑升模板施工工艺相比，液压自动爬升模板施工工艺的工序关系清晰，衔接要求比较低，因此施工组织相对简单。特别是采用单元模块化设计，可以任意组合，以利于小流水施工，有利于材料、人员均衡组织。

　　4）结构质量容易保证。它与大模板一样，是逐层分块安装，故其垂直度和平整度易于调整和控制，可避免施工误差的积累。同时混凝土养护达到一定强度后再拆除模板，避免了液压滑升模板工艺极易出现的结构表面拉裂现象。

　　5）标准化程度高。液压自动爬升模板系统许多组成部分，如爬升机械系统、液压动力系统、自动控制系统都是标准化定型产品，甚至操作平台系统的许多构件都可以标准化，通用性强，周转利用率高，因此具有良好的经济性。

　　但是液压自动爬升模板工程技术也存在一定缺陷：

　　1）整体性比较差，承载力比较低。模板系统多为模块式，模块之间采用柔性连接，整体性比较差。模板系统外附在剪力墙上，承载力比较低，材料堆放控制严格。

　　2）系统比较复杂，一次投入比较大。液压自动爬升模板系统采用了先进的液压、机械和自动控制技术，系统比较复杂，造价比较高，一次投入比较大，因此必须探索合理承包模式，降低项目成本压力，才能顺利推广。

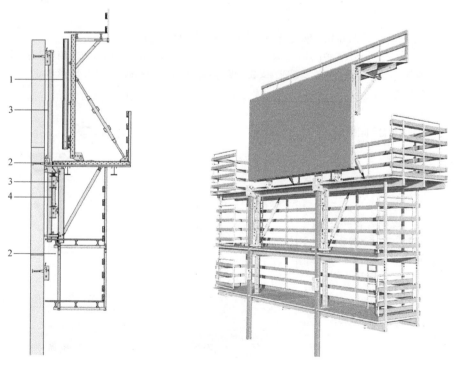

图 8-20　液压自动爬升模板系统组成

1—模板系统；2—操作平台系统；3—爬升机械系统；4—液压动力系统

8.3.3 系统组成

液压自动爬升模板系统是一个复杂的系统，集机械、液压、自动控制等技术于一体，主要由模板系统、操作平台系统、爬升机械系统、液压动力系统和自动控制系统五大部分构成，如图 8-20 所示。

（1）模板系统

模板系统由模板和模板移动装置组成。模板多采用大模板，根据材料不同，分为钢模板和木模板。钢模板经久耐用，回收价值高，我国应用比较广泛。但是钢模板重量大，达到 120kg/m² 左右，装拆不方便。木模板重量轻，一般在 35kg/m² 左右，不但方便模板装拆，而且减轻了液压动力系统的负荷，国外多采用木模板。针对常规木模板耐用性差、承载力低的缺陷，许多厂商发展了先进的加工技术，如 DOKA 木工字梁经脱水，固化处理，使用寿命长，且耐高温，防腐蚀，H20 型木梁的断面抗弯能力达到 5kN·m，抗剪承载能力达到 11KN；DOKAPLEX 21mm 面板光滑、平整、坚硬，板面厚度为 21mm，每平方米重量仅为 14.7kg，单面可重复周转次数为 50～60 次，能够满足大多数超高层建筑结构施工需要。

模板移动装置主要是方便模板装拆，降低工人劳动强度，减少塔吊配合工作量。模板移动装置有两种类型。应用比较多的是在模板工作平台上设置移动导轨，利用专用工具移动模板，机械化程度比较高，但所需操作空间比较大，因此多应用在结构外模工程中，如图 8-21（a）所示；另一种是在混凝土工程作业平台下部设置导轨，模板通过滑轮悬挂在导轨上，机械化程度相对较低，但是结构比较简单，所需操作空间小，因此多应用于结构内模工程中，如图 8-21（b）所示。

(a)　　　　　　　　　　　　(b)

图 8-21　模板移动装置

（2）操作平台系统

操作平台系统为结构施工和系统爬升提供作业空间，自上而下一般包括如图 8-22 所示的三个平台：A——混凝土工程作业平台。为混凝土浇捣作业服务，位于系统顶部；B——钢筋、模板工程作业平台。为钢筋绑扎和模板装拆作业服务，位于承重架主梁上；C——系统爬升作业平台。为液压自动爬升模板系统爬升作业服务，悬挂在承重架主梁下，一般有两层。

大多数液压自动爬升模板系统采用以上结构形式，结构非常紧凑，高度比较低。但是该结构形式也存在一定缺陷，就是作业空间比较狭小，钢筋工程和模板工程作业不能同步进行，只能依次进行，钢筋绑扎必须待混凝土养护达到要求，模板拆除及系统爬升完成后才能进行，施工速度比较慢。为加快施工速度，近年来许多液压自动爬升模板系统将钢筋工程与模板工程作业平台相互独立，采用如图 8-23 所示的四平台结构形式：A——钢筋工程作业平台；B——混凝土工程作业平台；C——模板工程作业平台；D——系统爬升作业平台。

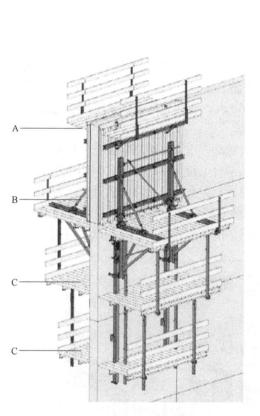

图 8-22　操作平台系统布置（一）

A—混凝土工程作业平台；B—钢筋、模板工程作业平台；C—系统爬升作业平台

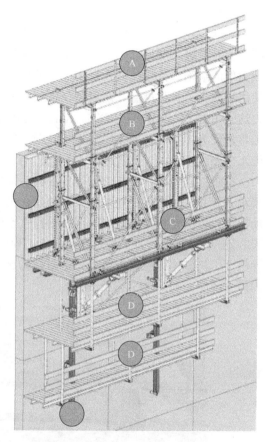

图 8-23　操作平台系统布置（二）

A—钢筋工程作业平台；B—混凝土工程作业平台；C—模板工程作业平台；D—系统爬升作业平台

（3）爬升机械系统

爬升机械系统是整个液压自动爬升模板系统的核心子系统之一，由附墙机构、爬升机构及承重架三部分组成。

1）附墙机构

附墙机构的主要功能是将爬模荷载传递给结构，使爬模始终附着在结构上，实现持久安全，主要包括锚固装置和附墙靴两部分构成。锚固装置由锚锥、锚板、锚靴、爬头组成。锚锥是整个爬模系统在已浇结构中的承力点，由锚筋、锥形螺母及外包塑料套、高强螺栓等组成。锚板、锚靴、爬头是整个爬模系统的传力装置，将整个爬模系统的荷载通过锚锥传递到结构。

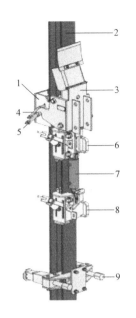

图 8-24　爬升机械系统组成

1—附墙靴；2—爬升导轨；3—承重架；4—安全插销；5—悬挂插销；
6—上提升机构；7—液压千斤顶；8—下提升机构；9—支撑架

2）爬升机构

爬升机构由轨道和步进装置组成。轨道为焊接箱形截面构件，上面开有矩形定位孔，作为系统爬升时的承力点。轨道下设撑脚，系统沿轨道爬升时支撑在结构墙体上，以改善轨道受力。步进装置由上、下提升机构及液压系统组成。在控制系统作用下，以液压为动力，上、下提升机构带动爬架或轨道上升。

3）承重架

承重架为系统的承力构件。其上部支撑模板、模板支架及外上爬架等构成的工作平台，下部悬挂作业平台。承重架斜撑的长度可调节，以保持承重梁始终处于水平状态，方便施工作业。承重架下设撑脚，爬架爬升到位后，将撑脚伸出撑在已施工结构上，以便导轨自由爬升。

（4）液压动力系统

液压动力系统主要功能是实现电能——→液压能——→机械能的转换，驱动爬模上升，一般由电动泵站、液压千斤顶、磁控阀、液控单向阀、节流阀、溢流阀、油管及快速接头与其他配件组成，其中关键是千斤顶和电动泵站必须耐用、小巧，特别是要具有双作用功能（千斤顶伸、缩缸时均能带载）。液压动力系统可以采用模块式配置，即两个液压千斤顶、一台电动泵站及相关配件（油管、电磁阀等）有机联系形成一个液压动力模块，为一个模块单元的爬模提供动力。在一个液压动力模块中，两个液压缸并联设置。液压系统模块之间通过自动控制系统联系，形成协同作业的整体。

（5）自动控制系统

自动控制系统具有以下功能：1）控制液压千斤顶进行同步爬升作业；2）控制爬升过

程中各爬升点与基准点的高度偏差不超过设定值；3）供操作人员对爬升作业进行监视，包括信号显示和图形显示；4）供操作人员设定或调整控制参数。自动控制系统采用总控、分控、单控等多种爬升控制方式：1）总控：在总控箱上控制所有爬升单元，爬升时对各点高度偏差进行控制；2）分控：在总控箱上控制部分爬升单元，其他单元不动作。爬升时对各点高度偏差不做控制；3）单控：用单控箱控制一个爬升单元，该单元独立于系统其他单元。

　　自动控制系统能够实现连续爬升、单周（行程）爬升、定距爬升等多种爬升作业：1）连续爬升：操作人员按下启动按钮后，爬升系统连续作业，直至全程爬完，或停止按钮或暂停按钮被按下；2）单周爬升：操作人员按下启动按钮后，爬升系统爬升一个行程就自动停止；3）定距爬升：操作人员按下启动按钮后，爬升系统爬升规定距离（规定的行程个数）后自动停止。自动控制系统由传感检测、运算控制、液压驱动三部分组成核心回路，以操作台控制进行人机交互，以安全联锁提供安全保障，从而形成一个完整的控制闭环。

8.3.4　关键技术

（1）倾斜爬升技术

　　液压自动爬升模板系统结构立面适用性强，能够实现俯爬、仰爬和曲线爬升，满足倾斜、弧形结构施工需要，爬升过程中能够自如地调整系统倾角，最大倾角可达 25°。液压自动爬升模板系统能够具备倾斜爬升功能，关键是拥有轨道导向，系统始终是沿着轨道爬升的，因此只要调节轨道安装倾角，即可保证液压自动爬升模板系统按照施工需要的姿态爬升（图 8-25）。

（2）截面收分技术

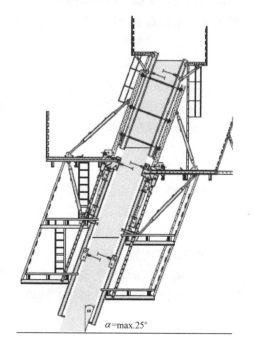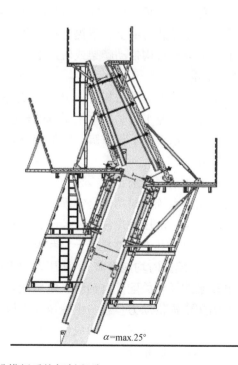

图 8-25　液压自动爬升模板系统倾斜爬升

超高层建筑结构收分是模板工程中经常遇到的技术问题,液压自动爬升模板系统利用轨道导向功能可以比较容易解决,即反复调整轨道的安装倾角,实现系统整体由外向内移位,一般通过两个流水段的施工即可完成一次结构收分(图 8-26)。

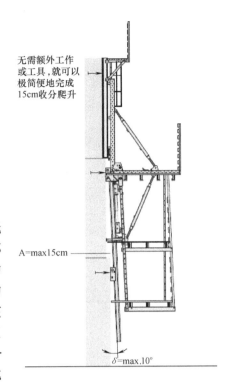

无需额外工作或工具,就可以极简便地完成15cm收分爬升

A=max15cm

δ=max.10°

图 8-26 液压自动爬升模板
工程系统的收分装置

8.3.5 工程应用

(1) 上海环球金融中心[72]

1) 工程概况

上海环球金融中心地下 3 层,地上 101 层,总高度达 492m,总建筑面积约 3800000m²。为抵抗来自风和地震的侧向荷载,大楼采用以下三部分构成的抗侧力结构体系:①由巨型柱(主要的结构柱),巨型斜撑(主要的斜撑)和带状桁架构成的巨型结构;②钢筋混凝土核心筒;③构成核心筒和巨型结构柱之间相互作用的伸臂桁架。巨型柱为劲性钢筋混凝土结构,位于外围四角,分为 A 型柱和 B 型柱两类。A 型柱位于主楼的东北角和西南角,平面为梭子形,对角线长达 12.2 m,宽 5.6m,沿高度方向保持垂直不变,其平面随高度的增加而不断变化。A 型柱从基础底板延

伸至 101FL,总高度达 492m。B 型柱位于主楼的东南角和西北角,5.25m×5.25m,自 1FL~19FL 保持垂直,从 19FL 开始向内侧倾斜,并在 43FL 开始分叉为 2 根巨型柱,分别沿平行于建筑的外围轴线向所对应的 A 型柱靠拢,并一直延伸到 91FL,总高度达 398m。巨型柱模板系统必须具有很强的结构立面适用性,能够满足巨型柱倾斜、分叉等立面变化需要(图 8-27 和图 8-28)。

2) 施工工艺

根据本工程巨型柱的特点和难点,采用了液压自动爬升模板工艺结合常规散模工艺施工。本工程巨型柱结构与楼盖水平结构采用一次浇捣的施工方案,由于楼盖水平结构阻挡,巨型柱内侧模板不能采用液压自动爬升模板工艺施工,所以采用了常规散模拼装工艺施工。外侧模板则采用液压自动爬升模板系统。同时根据外侧模板所设计的对拉螺栓间距,确定内侧模板木方竖向内肋及围檩间距,内侧模板共配置二套,翻转使用。液压自动爬升模板标准施工工艺流程如下:

① 预埋锚固装置后浇捣混凝土,待混凝土达到 C10 强度时拆模,模板后退约 70cm 准备安装爬升靴。

② 将爬升靴固定在锚固装置上,通过人工操作控制面板,液压驱动进行导轨爬升,使其上部与爬升靴连接固定,进行受力转换,形成爬升导向装置。

③ 利用液压装置驱动,使爬架通过爬升导向装置爬升至上部预定位置,完成爬架爬升,将爬架固定在爬升靴上,进行受力转换。

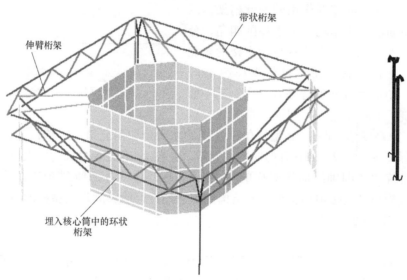

图 8-27　上海环球金融中心结构体系

④ 在爬架主操作平台上，绑扎钢筋，预埋锚固装置，通过导向装置前移模板，进行支模施工。模板工程完成后，浇捣混凝土，进入下一个流水段施工。

3）系统设计

液压自动爬升模板系统采用德国技术进口组装，其自动爬架采用 DOKA SKE50 体系，大模板采用 DOKATOP50 体系。DOKA TOP50 体系由 DOKA H20 eco 木工字梁、WS10 钢围檩、21mm 厚双面覆膜芬兰胶合板及 $\phi15$ 对拉钢筋组成。DOKA SKE50 体系由悬挂爬升靴、爬升导轨、爬升挂架、多个操作脚手平台、液压油缸等组成。

① 设计参数

（a）浇捣标准高度 420cm；

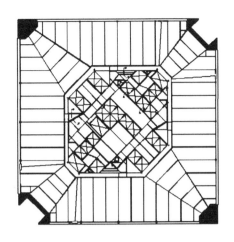

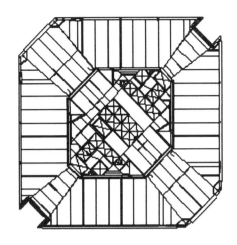

二十层平面   五十六层平面

图 8-28　上海环球金融中心结构平面

(b) 最大允许侧压力 50kN/m²；

(c) 设计风荷载 250kn/h；

(d) 设计荷载：模板及爬架结构自重、工作平台活荷载；

(e) 验算工况：模板系统爬升工况和模板系统非爬升工况。

② 技术参数

(a) 提升能力：50kN；

(b) 浇捣高度：2.0～5.5m；

(c) 爬升速度：5min/m；

(d) 爬架影响宽度：大约 4m；

(e) 倾斜度：＋/－15°；

(f) 动力：液压；

(g) 适合模板系统：大面积模板 TOP50。

4）施工方案

① A 型柱

A 型柱 8FL～43FL 外侧脚手模板分为三个独立区域，每个独立区域作为一个爬升单元。A1 和 A2 区域各由三套 SKE50 爬架组成，A3 区域由四套 SKE50 爬架组成，如图 8-29 所示。A 型柱 43FL～95FL 柱断面发生变化，遂将 A1 和 A2 区域 SKE50 爬架改由二套组成，如图 8-30 所示，操作平台作相应调整。A 型柱 95FL～99FL 因

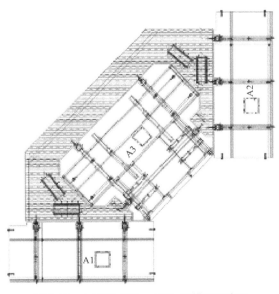

图 8-29　A 型柱 8FL～43FL 爬模平面布置

127

体形变化，A3 区域 SKE50 爬架拆除后调整安装至 A4 区域，A1 和 A2 区域操作平台边角作相应调整，如图 8-31 所示。

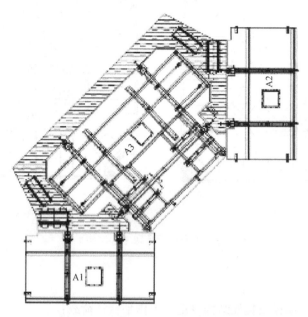

图 8-30　A 型柱 43FL～95FL 爬模平面布置

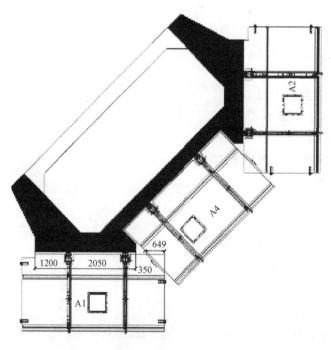

图 8-31　A 型柱 95FL～99FL 爬模平面布置

②B 型柱

B 型柱从 19FL 开始倾斜，在 43FL 处开始分叉，立面变化频繁，液压自动爬升模板系统平面布置需要不断调整。

（a）B 型柱 8FL～19FL 外侧脚手模板分为两个独立区域，每个独立区域作为一个爬升单元，B1 和 B2 区域各布置两套 SKE50 爬架，如图 8-32 所示。

（b）B 型柱外角在 19FL～30FL 区段，开始向内倾斜，断面也发生相应的变化，此时 B 型柱外侧由两个面变为三个面，其中两个面仍保持垂直状态，新增面为倾斜面。随着高度增加，B1、B2 区域交界处间隙逐渐增大，此时采用铺设过渡板的方法，以形成新的操作平台，来满足倾斜面模板施工需要，如图 8-33 所示。

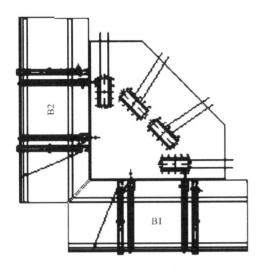

图 8-32 B 型柱 8FL～19FL 爬模平面布置

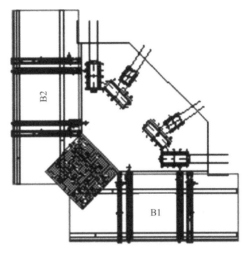

图 8-33 B 型柱 19FL～30FL 爬模平面布置

（c）B 型柱施工至 30FL 时，在倾斜面增加两套 SKE50 爬架，形成 B3 区域，对 B1、B2 区域边角则作相应调整。在 31FL～38FL 区段，随着高度增加，倾斜面不断变大，B 型柱两端各自向所对应的 A 型柱倾斜。B3 区域两端与 B1、B2 区域交界处间隙逐渐增大，也采用铺设过渡板的方法，形成新的操作平台，来满足倾斜面增大后模板施工需要，如图 8-34 所示。

（d）B 型柱施工至 38FL 时，将 B3 区域原两套 SKE50 爬架拆除，重新安装三套 SKE50 爬架，形成 B4 区域。B 型柱在 39FL～43FL 区段，随着高度增加，倾斜面继续增大，巨型柱

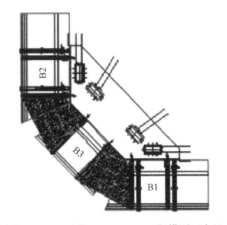

图 8-34 B 型柱 31FL～38FL 爬模平面布置

两端各自向所对应的 A 型柱继续倾斜。B4 区域两端与 B1、B2 区域交界处间隙逐渐增大，仍采用铺设过渡板的方法，形成新的操作平台，来满足倾斜面增大后模板施工需要，如图 8-35 所示。

（e）B 型柱施工至 43FL 时，开始分叉，由一根变为两根，其倾斜面也变为两个相互独立的倾斜面，逐拆除原 B4 区域的三套 SKE50 爬架，在两个独立的倾斜面上，各重新安装两套 SKE50 爬架，形成 B5、B6 区域，如图 8-36 所示。

5）关键技术

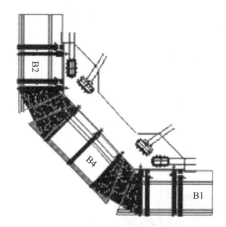

图 8-35　B 型柱 39FL～43FL 爬模平面布置　　　　图 8-36　B 型柱 43FL 爬模平面布置

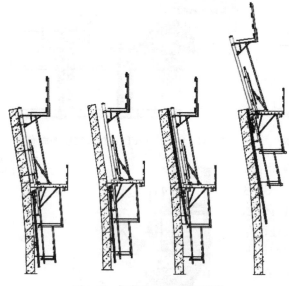

图 8-37　倾斜爬升工艺原理图

液压自动爬升模板系统在 B 型柱倾斜爬升有两种情况：一是垂直外立面上的倾斜爬升，二是倾斜立面上的倾斜爬升。在两种爬升工况下都是通过调整导轨姿态来实现倾斜爬升的。B 型柱外侧模板体系在垂直立面上倾斜爬升时，导轨与操作平台形成倾角。随巨型柱高度增加，分阶段利用特制爬升靴变化爬升角度，从而调整倾角。通过不断调整调节撑杆，使液压爬升模板体系的操作平台始终保持水平。B 型柱外侧模板体系在倾斜立面上倾斜爬升时，爬升轨道倾角必须逐步变化，以满足斜面变化的需要（图 8-37）。在倾斜立面上爬升的工艺流程如下：①预埋锚固装置，完成混凝土浇捣；②松开对拉螺杆，后退大模板；③安装爬升靴，利用爬升靴改变爬升轨道的角度；④利用液压动力提升轨道，将其悬挂于上一层爬升靴；⑤利用液压装置，使液压爬升模板脚手系统沿变轨后的爬升轨道爬升；⑥爬升到位后，整个系统固定在爬升靴上；⑦利用斜撑调节杆，调节各操作平台角度，使之水平，然后绑扎钢筋，安装模板，进入下一个流水段施工。

　　6）实施效果

　　上海环球金融中心采用 DOKA 液压自动爬升模板系统，成功解决了复杂体形竖向结构截面及位置不断变化的难题，不仅保证了工程质量，还加快了施工速度，其施工速度一般达到了 4 天一层，最快时达到了 3 天施工一层（图 8-38 和图 8-39）。

　　（2）上海外滩中信城[71,72]

　　1）工程概况

图 8-38 A 型柱施工实景

图 8-39 B 型柱施工实景

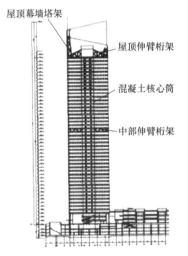

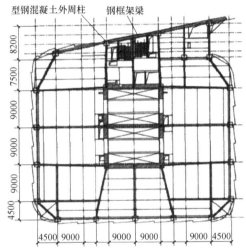

图 8-40 上海外滩中信城结构体系

上海外滩中信城工程地下 3 层，地上 47 层，总高度 228m，总建筑面积 143195m²。主楼采用钢筋混凝土框—筒结构体系。核心筒平面呈日字形，平面尺寸为 13m×20m。为提高结构抗震性能，在日字形筒体的墙体各角内又设置了 SRC 柱以提高墙体延性。外框架柱采用劲性钢筋混凝土，框架柱与核心筒之间设置钢梁。

2）施工工艺

根据本工程施工工期紧张的特点，采用了钢筋绑扎与混凝土养护同步进行的液压自动爬升模板工艺施工，标准施工工艺流程如图 8-41 所示

① 按照设计图纸中的位置预埋爬升附墙固定件，浇捣混凝土。

② 绑扎钢筋，同时待混凝土养护达到强度要求后，拆除模板，安装附墙及导向装置。

③ 在自动控制系统作用下，爬升模板系统自动爬升到位。

④ 安装模板→混凝土浇捣，进入下一个作业循环。

3）系统设计

131

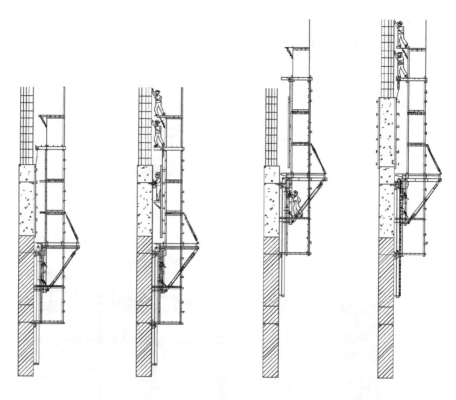

图 8-41　液压爬模施工总体工艺流程

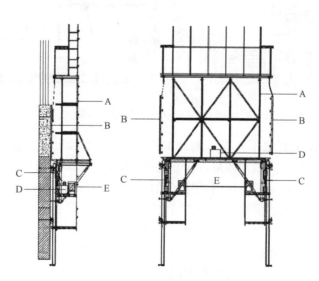

图 8-42　片架式和平台式液压自动爬升模板系统构成
A—操作平台系统；B—模板系统；C—爬升机械系统；D—液压动力系统；E—自动控制系统

　　核心筒钢筋混凝土结构采用上海建工（集团）总公司技术中心开发的 YAZJ-15 液压自动爬升模板系统施工。YAZJ-15 液压自动爬升模板系统集机械、液压、自动控制等技术于一体，主要由以下五大部分构成：操作平台系统（A）、模板系统（B）、爬升机械系统（C）、液压动力系统（D）以及自动控制系统（E），有片架式和平台式两种形式，如图

8-42 所示。

① 设计参数

（a）堆载控制：片架式液压爬模主要提供操作平台作用，因此可提供堆载小于 1 吨；整体式液压爬模可提供堆载 10 吨。

（b）风荷载控制：液压爬模在爬升状态时，控制风荷载在 6 级（包括 6 级）风范围内；在施工工作状态中，控制风荷载在 8 级（包括 8 级）风范围内；如遇到大于 10 级风状况时，应采用临时拉杆将爬模同建筑物结构进行拉结。

（c）两机位片架式液压爬模可完成 10m 范围内的结构施工，两机位距离控制在 6m 以内。

（d）四机位整体式液压爬模可提供施工平台 50m²。

② 技术参数

（a）爬模正常爬升速度设定为不大于 150mm/min，爬升最大速度不大于 200mm/min。

（b）导轨正常爬升速度设定为不大于 150mm/min，爬升最大速度不大于 200mm/min。

（c）单只油缸最大行程 250mm，工作行程 150mm，设计承载能力为 100kN，极限顶升能力为 150kN，油泵系统设定工作压力为 21MPa，系统额定极限压力可设定达 32MPa，泵的最大工作压力可达 30MPa。

（d）液压爬模可实现单个节段 5m 以内的混凝土结构施工。

4）施工方案

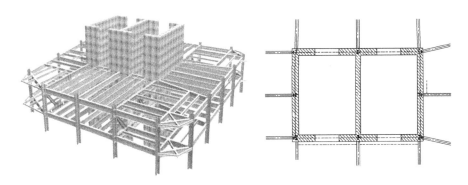

图 8-43　上海外滩中信城核心筒外伸钢梁

与一般超高层建筑结构施工不同，本工程结构施工采用了先钢结构框架，后钢筋混凝土核心筒的施工总体流程。由于钢结构外框架与核心筒剪力墙内置型钢柱以钢梁连接，因此液压自动爬升模板系统施工时要避让大量楼层钢梁。为此，将核心筒外模划分为八个部分，分别布置一个两机位的片架式液压自动爬升模板系统。在核心筒内部，布置 4 个平台式液压自动爬升模板系统。为避让核心筒内 M440D 塔吊，其中一个平台由片架式液压自动爬升模板系统组合而成，如图 8-43～图 8-45 所示。

5）关键技术

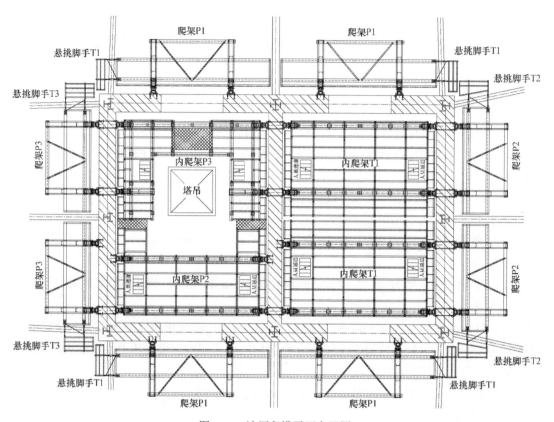

图 8-44 液压爬模平面布置图

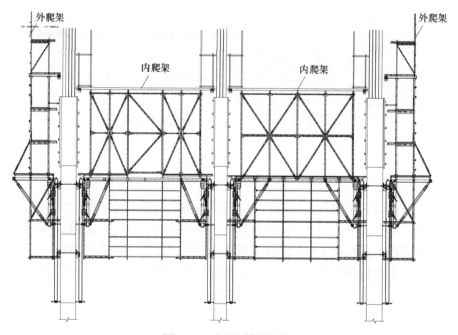

图 8-45 液压爬模剖面图

　　尽管通过采用单元式模板系统解决了核心筒外伸钢梁的避让问题，但是如果采用传统液压自动爬升模板系统在核心筒外围四个角部还是存在作业盲区。为此，工程技术人员通过在液压爬模端部设置悬挂操作架，解决了作业盲区问题，并发明了带有悬挂操作架的液压爬模跨越钢梁爬升的方法，既确保了作业安全，又提高了施工工效（图 8-46）。

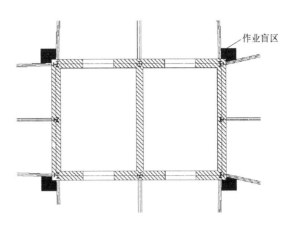

图 8-46　传统液压自动爬升模板系统作业盲区

　　跨越钢梁爬升技术是在外伸钢梁处设计了可即拆即装的连接键，在爬升过程中，爬模通过连接键的周转拆卸穿越钢梁，实现操作架交替附着在爬模上。爬升过程中连接键遇到外伸钢梁则拆除，越过钢梁后则重新安装好，同时保证在部分连接键拆除后的任何工况下，都有足够的剩余连接键确保悬挂操作架稳定附着。工艺流程（图 8-48）如下：

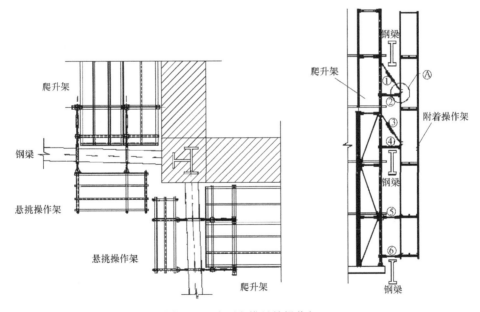

图 8-47　液压爬模悬挂操作架

　　步骤一：n 施工段施工完毕后，爬模做好提升准备，进入 $N+1$ 段的施工流程中 [图 8-48（a）]；

　　步骤二：拆除同附着操作架连接的①、②、⑤号支撑杆件 [图 8-48（b）]；

　　步骤三：爬模爬升 2.1m 停止，然后安装连接杆①、②，拆除连接杆③、④ [图 8-48（c）]；

　　步骤四：爬模继续爬升 0.9m 后停止，然后安装连接杆⑤，拆除连接杆⑥ [图 8-48（d）]；

步骤五：爬模继续爬升 1.2m 后停止，然后安装连接杆③、④、⑥ [图 8-48（e）]。

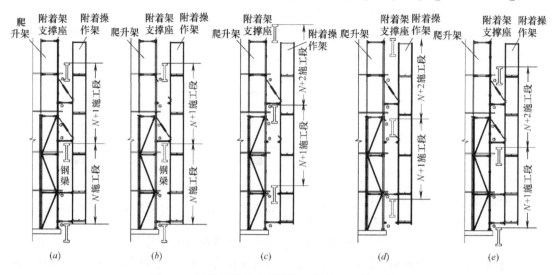

图 8-48　爬模悬挂操作架跨越钢梁施工工艺流程
（a）步骤一；（b）步骤二；（c）步骤三；（d）步骤四；（e）步骤五

6）实施效果

上海外滩中信城采用上海建工（集团）总公司技术中心开发的 YAZJ-15 液压自动爬升模板系统，成功解决了钢结构框架先安装，钢筋混凝土核心筒后施工带来的钢梁跨越难题，实现安全、高效施工，施工速度一般为 4 天一层，最快时达到了 3 天一层，大大拓展了液压自动爬升模板系统的应用范围（图 8-49）。

图 8-49　上海外滩中信城液压爬模悬挂操作架实景

（3）深圳地王大厦[71,76,77]

1）工程概况

深圳地王商业大厦地下 3 层，地上 81 层，高 384m，总建筑面积为 269700m²。主楼采用框—筒结构体系。核心筒采用劲性钢筋混凝土结构，地上 68 层，高达 298.34m，平面尺寸为 12m×43.5m（轴线尺寸），如图 8-50 所示。

2）施工工艺

根据本工程核心筒高度大、但截面简单的特点，采用了瑞士 VSL 公司的液压自动爬升模板系统施工核心筒钢筋混凝土结构。VSL 液压自动爬升模板系统施工总体工艺流程

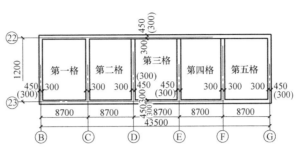

图 8-50 深圳地王商业大厦

（图 8-51）如下：

① 拆除模板，进行爬升准备；

② 利用液压动力提升外模；

③ 绑扎钢筋和预埋件，安装门洞口模板；

④ 提升内模，安装模板穿墙螺栓，混凝土浇捣；

⑤ 混凝土养护到位后拆除模板，进入下一个流水段施工。

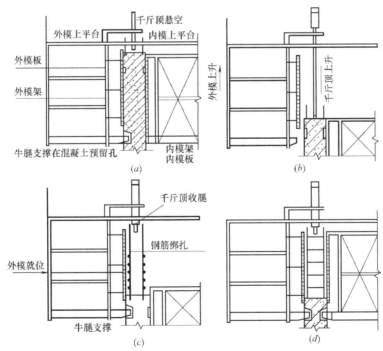

图 8-51 VSL 液压自动爬升外模板施工总体工艺流程

(a) 爬升前；(b) 外模爬升；(c) 外模就位，钢筋绑扎；(d) 内模到位

具体而言，外模爬升时，靠支立在混凝土墙面上的八台千斤顶（承载能力为 50～

100t）向上爬升。爬升时模板离开混凝土墙面 200～300mm，没有摩擦阻力。爬升到标高后，外模架的牛腿伸进剪力墙预留洞内，承受全部外模重量，同时千斤顶回油离开混凝土面，外模推向墙面，校正垂直度并开始绑扎钢筋，支预留洞口模。钢筋完成，再分别提升内模（各成体系，互不联系）。内模到位后，推向墙体，校正垂直度，安装穿墙螺杆，紧固，再浇注混凝土。养护至混凝土强度达 8MPa 即可进入下一个流水段施工。

3）系统设计

整个核心筒采用了一套外模、五套内模，其中外模除两头联系外，中间第 3 格有横梁联系两边纵向模板，以确保爬升安全。

① 外模板系统

外模板系统由钢桁架、三层工作平台、外模板、支撑牛腿及千斤顶等组成。钢桁架竖立柱由方钢组成，水平梁由工字钢组成。桁架与桁架之间横向联系采用槽钢、角钢，用插销固定。模板为 18mm 厚木模。竖檩为铝合金制作的槽形架 [15×7.5。模板与竖檩用螺钉连接。横凛用 [10（图 8-52）。

② 内模板系统

由桁架、内模板、二层工作台、千斤顶、牛腿等组成。内模板构造与外模板相同，只是在四大角处另有四块角模（图 8-53）。

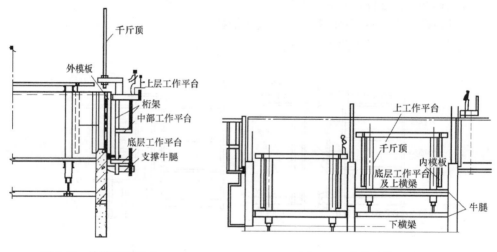

图 8-52　外模系统组成　　　　　　　　图 8-53　内模系统组成

③ 液压提升系统

液压提升系统由提升操作台、油路、千斤顶等组成。外模提升使用 8 台千斤顶，布置在外墙上。每台顶升力为 50～100t，最大行程 4.0m。内模提升用千斤顶每格 4 台，布置在内格钢梁上。每台顶升力为 10～20t，最大行程 4.0m。油路系统：外模 8 台千斤顶分东西分别组成独立的两个系统，内模第 1、2、4、5 格各自 4 台千斤顶自成系统，分别独立提升。第 3 格内模随外模钢桁架一同上升，不设千斤顶。操作台内有高压油泵、开关、调平水杯等装置。

4）施工方案

① 外模爬升

混凝土强度达到爬升规定强度 8MPa 后，拆除模板穿墙螺栓，并将模板向钢桁架收拢，脱离混凝土墙面 200～300mm。调平外模 8 台千斤顶，使其支承在混凝土墙体上，下垫钢板。进油，调正其垂直度，使其受力。千斤顶受力后，外模支承在墙体预留洞内的钢牛腿回收离开墙体。8 只牛腿全部脱离孔洞，并无其他障碍后，即可给油，外架提升。由于千斤顶是自由的，偏心受力，荷载不均，在爬升过程中，随时注意观察 8 台千斤顶是否同步。若有快的，可停止给油，慢慢赶上后，再同步提升。

② 内模爬升

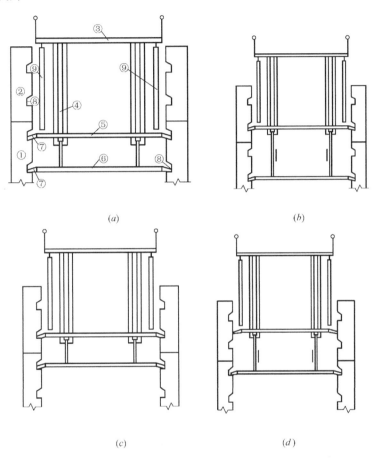

图 8-54 液压自动爬升内平台爬升工艺流程
(a) 爬升前；(b) 第一次爬升；(c) 第一次爬升完成；(d) 第二次爬升

液压泵站启动，千斤顶伸缸，下横梁不动，上横梁牛腿拉出孔洞外，千斤顶继续伸缸使平台、上横梁上升，直至上横梁升到上个牛腿预留洞位置后即半层结构高度，将牛腿伸进预留洞内。然后千斤顶缩缸，使上横梁受力，下横梁牛腿从预留洞缩回后千斤顶继续缩缸，直至下横梁上升到上一层牛腿预留洞位置，将牛腿伸进预留洞内。千斤顶伸缸，使下横梁受力，重复上述动作，完成后半个行程爬升，一个流水段爬升结束（图 8-54）。

5）实施效果

深圳地王大厦采用瑞士 VSL 液压自动爬升模板系统，成功解决了超高钢筋混凝土核心筒快速施工难题。施工早期钢筋绑扎在作业面进行，仅这一个工序长达 72 小时，完成一层结构要 5～6 天。为加快施工速度，在 +31.55m 标准层后钢筋改在地面预制，内格墙采用钢筋笼,外墙采用钢筋网片,解决了钢筋绑扎时间过长的问题,大大加快了施工速度。计划施工速度为 4 天半一层,经过不断努力逐步加快到 3 天半一层,并创造了 2 天半一层的施工速度纪录。

8.4 整体提升钢平台模板工程技术

8.4.1 发展简介

整体提升钢平台模板工程技术是具有我国自主知识产权的超高层建筑结构施工模板工程技术,是由钢筋混凝土结构升板法技术发展而来的。20 世纪 80 年代末由上海市第五建筑有限公司首创,并成功应用于上海联合大厦(36 层,高 130m,)和上海物资贸易大厦(33 层,114m 高)两幢超高层建筑施工,结构施工最快达到 5 天 1 层[78,79]。与此同时上海市纺织建筑公司也进行了这方面的成功探索[80]。1992 年上海东方明珠广播电视塔采用整体提升钢平台模板工程技术施工塔身筒体,取得成功,结构垂直度达到万分之一[81]。1996 年在金茂大厦核心筒结构施工中,整体提升钢平台模板工程技术得到进一步发展,开发的分体组合技术解决了外伸桁架穿越难题[82]。之后整体提升钢平台模板工程技术进入推广应用和完善阶段。上海万都中心和东海广场等工程都应用整体提升模板工程技术施工核心筒[83,84]。针对近年来超高层建筑造型奇特,结构立面变化剧烈的新情况,增加了悬挂脚手架空中滑移和钢平台带悬挂脚手架空中滑移功能,提高了整体提升钢平台模板工程技术的结构立面适应性,并成功应用于上海世茂国际广场和环球金融中心核心筒施工[85,86]。2005 年在南京紫峰大厦核心筒结构施工中,通过改进支撑系统解决了外伸桁架层利用整体提升钢平台模板系统施工核心筒钢筋混凝土结构的难题[87]。2006 年在广州新电视塔核心筒结构施工中,探索利用劲性钢结构柱作为支撑系统立柱取得成功,极大地降低了整体提升钢平台模板工程技术的成本[85]。2007 年在广州国际金融中心核心筒结构施工中,将大吨位液压千斤顶技术与整体提升钢平台模板工程技术相结合,简化了施工工序,提高了机械化程度,节约了支撑系统投入[89-91]。

8.4.2 工艺原理及特点

(1) 工艺原理

整体提升钢平台模板工程技术属于提升模板工程技术,其基本原理是运用提升动力系统将悬挂在整体钢平台下的模板系统和操作脚手架系统反复提升:提升动力系统以固定于永久结构上的支撑系统为依托,悬吊整体钢平台系统并通过整体钢平台系统悬吊模板系统和脚手架系统,施工中利用提升动力系统提升钢平台,实现模板系统和脚手架系统随结构施工而逐层上升,如此逐层提升浇筑混凝土直至设计高程。整体提升钢平台模板工程技术的工艺流程见图 8-55。

① 模板组装完成后,浇筑墙、梁、柱混凝土 [图 8-55 (a)];

② 安装支撑系统立柱 [图 8-55 (b)];

③ 提升动力系统依靠自身动力提升到新的楼层高度 [图 8-55 (c)];

④ 利用提升动力系统提升钢平台系统及脚手架系统 [图 8-55 (d)];

⑤ 绑扎钢筋完成后利用手拉捯链提升模板系统 [图 8-55 (e)];

⑥ 模板组装完成后,浇筑墙、梁、柱混凝土,进入下一个流水作业 [图 8-55 (f)]。

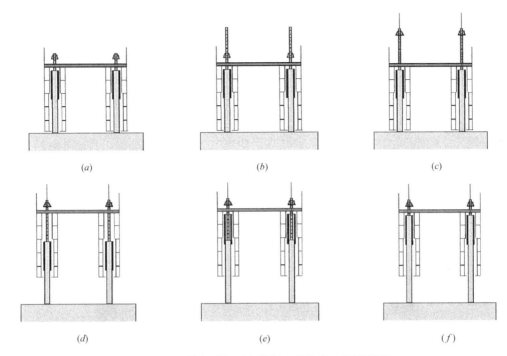

图 8-55 整体提升钢平台模板工程技术工艺原理图

(*a*) 步骤一：浇筑混凝土；(*b*) 步骤二：安装支撑立柱；(*c*) 步骤三：提升动力系统升高；(*d*) 步骤四：提升
钢平台及脚手架；(*e*) 步骤五：钢筋绑扎完成后升模；(*f*) 步骤六：浇筑混凝土，进入新的流水

（2）工艺特点

整体提升钢平台模板工程技术是一项特色极为鲜明的模板工程技术，与其他模板工程技术相比，具有显著优点：

① 作业条件好。材料堆放场地开阔，为施工作业提供了良好条件，在我国建筑施工企业机械装备落后的情况下，这一优势更显宝贵。下挂脚手架通畅性和安全性好，施工作业安全感强。

② 施工速度快。提升准备可与钢筋工程、混凝土浇捣平行进行。由于整个系统的垂直运输由升板机承担，从而可减少塔吊的运输量，且大模板原位进行拆卸、提升和组装，大模板可以不落地，模板施工简化，极大地提高了工效。

③ 施工安全性好。整体提升钢平台模板系统始终附着在结构墙体上，能够抵御较大风力作用。提升点始终在系统重心以上，倾覆问题得以避免。提升作业自动化程度比较高，作业面上施工人员极少，安全风险大大降低。

④ 结构质量容易保证。它与大模板一样，是逐层分块安装，故其垂直度和平整度易于调整和控制，可避免施工误差的积累。同时混凝土养护达到一定强度后再拆除模板，避免了液压滑升模板工艺极易出现的结构表面拉裂现象。系统整体性强，刚度大，结构垂直度容易控制。

但是整体提升钢平台模板工程技术也存在一定缺陷，主要是：

① 材料消耗量比较大。大量的支撑系统钢立柱被浇入混凝土中而无法回收，平台重复利用率也不高，除提升动力系统外，其他系统标准化、模数化程度低，难以重复利用，

因此材料消耗量大，成本比较高。

② 对结构的断面和立面适应性比较差，特别不适合倾斜立面。结构断面和立面变化剧烈将引起平台反复修改，不利于工期保障和安全控制。

③ 工人劳动强度比较大。受操作空间和提升高度等工艺技术所限，整体提升钢平台模板工程技术中，模板系统不能随钢平台系统和脚手架系统一起由提升动力系统提升，只能由工人利用手拉捯链提升，劳动强度比较大。

因此，其优势在工期紧、高度大的超高层建筑施工中才比较明显，目前其应用也局限于特别高大和工期非常紧张的工程。

8.4.3　系统组成

整体提升钢平台模板系统由六部分组成：①模板系统；②脚手架系统；③钢平台系统；④支撑系统；⑤提升动力系统；⑥自动控制系统（图 8-56）。

图 8-56　整体提升钢平台模板系统组成

（1）模板系统

模板系统主要包括模板和模板提升装置。模板多为大模板，以提高施工工效，按材料分有钢模和木模两种，目前多采用钢模，主要是钢模具有原材料来源广，周转次数多，不易变形，损耗小，且具有较高的回收价值。但是钢模重量大，装拆极为不便，今后应当借鉴国外经验，推广使用木模。模板提升采用手拉捯链，结构简单，成本低廉，但是施工工效低，工人劳动强度比较大。

图 8-57　悬挂脚手架

（2）脚手架系统

脚手架系统主要为钢筋绑扎、模板装拆等提供操作空间。悬挂脚手架作为施工操作脚手架，由吊架、走道板、底板、防坠闸板、侧向挡板组成。根据使用位置的不同悬挂脚手架系统分为用于内外长墙面施工的悬挂脚手架系统和用于井道墙面施工的悬挂脚手架系统（图 8-57）。脚手架系统既要满足功能要求，又要保障施工安全。按照整体提升钢平台模板工程施工工艺要求，钢筋绑扎的时候，钢大模还需要停留在下一个楼层。同时考虑到模板安装需要的搭接高度和钢平台下部混凝土浇捣需要的操作空间，脚手架系统设计高度一般需要两个半楼层高度。为了创造安全的作业环境，脚手架系统必须营造一个全封闭的、通畅的操作空间，在脚手架外围安装安全钢网板、底部用花纹钢板进行封闭，并用楼梯进行竖向联络。

（3）钢平台系统

在整体提升钢平台模板系统中，钢平台系统发挥承上启下的作用，它既作为大量施工材料、施工机械等的堆放场所和施工人员的施工作业场地，又是模板系统和脚手架系统悬挂的载体。因此，钢平台系统必须表面平坦、结构稳固和安全可靠。钢平台系统由承重钢骨架、走道板和围护栏杆及挡网等组成，其中承重钢骨架是关键部分。承重钢骨架一般包括主梁、次梁及连系梁，多采用型钢梁制作，跨度特别大的情况下，主梁也可采用钢桁架。考虑到钢平台下部要安装悬挂脚手架，钢平台

图 8-58　钢平台承重钢骨架（据刘伟）

上部要安装走道板，因此主梁、次梁及连系梁都选用同一种规格的型钢，保证型钢钢平台的底面及顶面平整。根据悬挂脚手架的设置，一般型钢钢平台系统的主梁设置为与混凝土墙面平行。主梁之间设置次梁，混凝土两侧的主梁之间设置连系梁（图 8-58）。

（4）支撑系统

支撑系统包括立柱和提升架，其中立柱为关键构件。支撑系统立柱有三种基本类型：工具式钢柱、临时钢柱、劲性钢柱。1）工具式钢柱。工具式钢柱可以是格构柱、钢管柱，避开结构墙、梁和柱布置。采用工具式钢柱作为支撑系统节约了材料，但是工具式钢柱提升增加了施工工序，施工工效有所下降。2）临时钢柱。为最大限度地降低钢材的使用量，从而降低施工成本，临时钢柱多采用格构柱，布置在剪力墙中。临时钢柱布置既要考虑钢平台受力需要，还要考虑钢筋绑扎和模板组装方便，尽量避免布置在结构暗柱和门、窗洞口位置。3）劲性钢柱。为提高结构抗侧向荷载性能，现在超高层建筑越来越多地采用劲性结构，核心筒剪力墙中常布置劲性钢柱。为了降低成本，在广州新电视塔工程中探索采用劲性钢柱作为支撑系统立柱，节约了材料，提高了整体提升钢平台模板系统的经济性。

（5）提升动力系统

提升动力系统是整体提升钢平台模板系统的关键设备，主要由提升机和提升螺杆组成。提升机主要有电动提升机和液压提升机两大类。目前，我国使用最广的是自升式电动螺旋千斤顶提升机，简称电动升板机或升板机，主要因为电动升板机具有构造简单、制作方便、操作灵活、传动可靠、提升同步性比较好、成本低廉等优点。但是电动升板机也存在一定缺陷：一是传动效率较低，提升速度仅为 30mm/min，通常一个标准层高度的提升需要 3～4 小时才能完成；二是螺杆与螺母磨损较大，需要定期更换，使用过程中设备维修保养工作量大。提升动力系统安装位置因支撑方式而异。工具式钢柱作支撑时，升板机始终位于支撑系统顶端。临时钢柱和劲性钢柱作支撑时，升板机则随支撑系统不断接长而

图 8-59　升板机及提升螺杆[85]

升高。升板机布置多采用"一柱二机位"的方式，即一个支撑柱上设置二个升板机作为一组提升单元。升板机通过钢螺杆提升钢平台，提升螺杆规格为 TM50mm × 8mm × 3900mm，最大提升高度约为 2.8m，因此通常情况下一个楼层施工，钢平台系统需要二次提升才能到位（图 8-59）。

（6）自动控制系统

整体提升钢平台模板系统采用多点提升，提升同步性和荷载均衡性要求高，必须运用自动控制技术才能确保提升作业安全。自动控制系统由监控器、荷载传感器、变送器和信号传输网络组成，采用荷载控制法进行自动控制。自动控制系统基本原理为：钢平台整体提升过程中，利用荷载传感器实时监测升板机荷载，然后通过变送器将监测结果转换成数字信号，并经信号传输网络传送至监控器，最后监控器根据预先设定的荷载允许值，分析钢平台整体提升安全状态，发出控制指令：继续提升、报警或终止提升。

8.4.4　关键技术

（1）截面收分技术

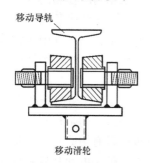

移动导轨

移动滑轮

图 8-60　悬挂脚手架空中
滑移法原理图[86]

超高层建筑结构设计受水平荷载控制，结构内力由下而上逐步变小。为降低材料消耗，竖向结构（剪力墙和柱）的几何尺寸也由下而上逐步变小，结构收分显著，多达 1.0m 以上，个别甚至接近 2.0m。因此超高层建筑模板系统必须具备较强的收分能力。整体提升钢平台模板系统采用两种方法应对结构收分：悬挂脚手架空中滑移法和钢平台带悬挂脚手架空中滑移法。

1）悬挂脚手架空中滑移法

悬挂脚手架空中滑移法原理是：依托钢平台钢梁设置滑移轨道，脚手架通过滑动滚轮悬挂在滑移轨道上，当结构立面收分时，利用手拉捯链牵引脚手架进行空中滑移，以满足结构安全施工需要。悬挂脚手架空中滑移法操作简单，安全可靠，因此应用比较广泛，但是受各种条件制约，允许收分幅度比较小，适应墙体收分尺寸不大的情况（图 8-60）。

2）钢平台带悬挂脚手架空中滑移法

钢平台带悬挂脚手架空中滑移法原理是：以钢平台主梁作为滑移轨道，悬挂脚手架与钢平台次梁作为一个整体通过滑动滚轮悬挂在主梁下翼缘上，同时主梁上翼缘作为滑移时的限位，防止次梁滑移过程中倾覆，当结构立面收分时，利用手拉捯链牵引钢平台次梁及悬挂脚手架进行空中滑移，以满足结构安全施工需要。钢平台带悬挂脚手架空中滑移法整体性强、安全性好，能够适应墙体结构收分幅度比较大的情况（图8-61）。

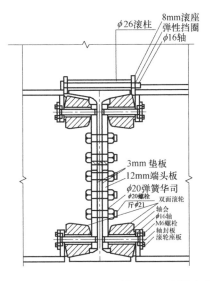

图8-61　钢平台带悬挂脚手架空中滑移法原理图[82]

（2）穿越外伸桁架技术

为了提高结构抗侧向荷载效率，超高层建筑越来越多地采用外伸桁架结构，实现核心筒与外框架共同作用。外伸桁架多通过环状桁架锚固在核心筒剪力墙中，如何安全顺利穿越外伸桁架是整体提升钢平台模板系统推广应用必须解决的重要技术难题。在金茂大厦核心筒结构施工中开发了整体提升钢平台模板系统空中分体组合技术，较好地解决了三道外伸桁架穿越的难题。

整体提升钢平台模板系统空中分体组合技术工艺原理为：1）整体提升钢平台模板系统施工至外伸桁架下方时解体，通过钢牛腿搁置在核心筒剪力墙上，拆除升板机，将高于钢平台部分的格构柱割除；2）在钢平台上搭设落地脚手，应用传统模板工艺向上施工带有环状钢桁架的混凝土墙体；3）在混凝土墙体顶部设置提升支架及升板机；在提升机下设置吊杆，用数节吊杆接长并与钢平台连接；4）采用接力提升的办法将解体的钢平台模板系统逐块提升到位，使钢平台钢梁越过外伸桁架钢梁；5）安装连系钢梁，将钢平台重新组装为整体后，将整体提升钢平台模板系统搁置在支撑系统立柱上，整体提升钢平台模板系统恢复为空中解体前状态，进入常规施工工艺流程（图8-62）。

8.4.5　工程应用

（1）上海东方明珠广播电视塔[81]

1）工程概况

上海东方明珠广播电视塔高达468m，主塔体钢筋混凝土结构总高度362m（含地下12m），自下而上包括三个直筒体、三组斜筒体、七组环梁和一个单筒体。下部三个直筒体

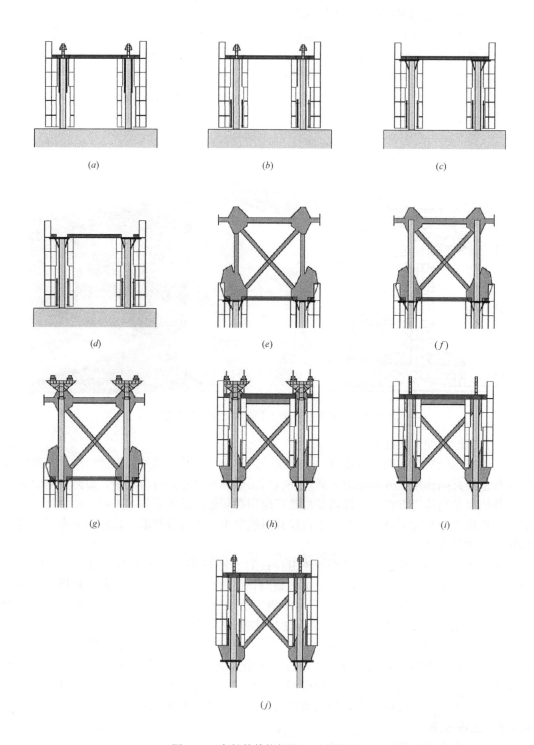

图 8-62　穿越外伸桁架施工工艺流程

(a) 步骤 0：钢平台解体前；(b) 步骤一：拆除模板；(c) 步骤二：拆除提升设备及支撑系统；(d) 步骤三：钢平台解体；
(e) 步骤四：安装外伸桁架；(f) 步骤五：钢筋混凝土剪力墙施工；(g) 步骤六：安装支撑系统及提升设备；
(h) 步骤七：提升钢平台；(i) 步骤八：重新组装钢平台；(j) 步骤九：钢平台模板系统恢复解体前状态

直径为9m，分布在-12.0~285.0m标高之间，三个筒体以七组环梁相连，并在标高68~123m与标高250.0~283m范围内设置了内接圆筒。上部单筒体分布在285~350m标高之间，为一钢筋混凝土锥形筒体，底部直径为10m，顶部直径为7m（图8-63）。

2）施工工艺

上海东方明珠广播电视塔主塔体结构超高，体系复杂，模板系统设计面临许多技术难题：①结构质量要求高：（a）为提高结构整体性，筒体、连梁及内接圆筒必须同步施工。（b）为确保机电设备正常运行，主塔体垂直偏差必须控制在≤5cm以内。（c）为创造良好的建筑效果，降低使用阶段维护成本，结构设计采用了C60，C50，C40高强度清水混凝土。②施工工期紧张：主塔体总高度达到362m，按照工程建设总体安排，必须在300天内完成，施工工期极为紧张，模板系统的施工工效要求非常高。

图 8-63　上海东方明珠广播电视塔

与当时国内已有滑升模板、爬升模板工艺相比，整体提升模板工艺具有明显优势：一是钢筋、模板、混凝土工序关系明晰，施工组织比较简单；二是混凝土养护到位后再拆除模板，且采用提升而非滑升的方法使模板上升，避免了滑升过程中难以控制的混凝土拉裂现象；三是机械化程度高，对大型吊装机械的依赖性弱，施工所有设施依靠系统自身动力提升，且能够为钢筋堆放提供良好场所。四是垂直度控制比较简单，它与大模板一样，是逐层分块安装，故其垂直度和平整度易于调整和控制，可避免施工误差的积累。基于以上分析最终决定采用工具式钢柱作支撑系统立柱的整体提升钢平台模板工艺施工主塔体下部三个钢筋混凝土结构筒体，临时钢柱作支撑系统立柱的整体提升钢平台模板工艺施工主塔体上部一个钢筋混凝土结构筒体。施工工艺流程如图8-64所示（以下部三个筒体为例）。

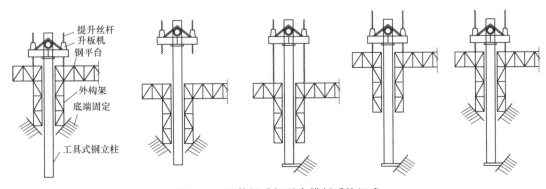

图 8-64　整体提升钢平台模板系统组成

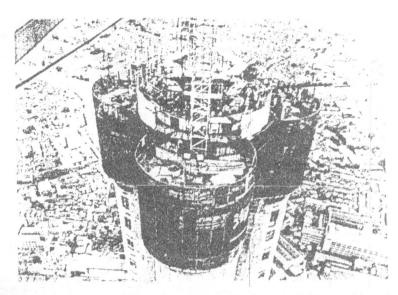

图 8-65　整体提升钢平台模板系统实景

3）系统设计

上海东方明珠广播电视塔主塔体施工采用的整体提升钢平台模板系统由模板系统、脚手架系统、钢平台系统、支撑系统和提升动力系统组成（图 8-65）。

① 模板系统

为了保证主塔体外形精确，按筒体的外圆弧、内圆弧和筒内井道隔墙分别设计大模板。大模板以型钢为骨架，6mm 厚钢板为面板。圆弧模板用 [12 槽钢双拼作围檩，[8 槽钢作排骨挡，外环采用 φ48×3.5 钢管和 φ12 钢筋制成的环状桁架进行加固，以保证模板刚度。平面模板用 [8 槽钢双拼作围檩，[8 槽钢作排骨挡。

② 脚手架系统

平台周围设计了悬挂式全封闭吊脚手架，悬挂吊脚手架总高度为 8.1m。吊脚手架用 φ48×3.5 脚手钢管及轻型型钢制作，外围用钢丝网片封闭。上面高出平台 2m，作平台安全围栏。脚手最下方用 4mm 花纹钢板做成伸缩闸板，平台提升时拉开，平台固定时能与筒体接触，进行封闭，使吊脚手架更稳固、更安全。

③ 钢平台系统

三个直筒体呈三角形平面布置，相应将施工平台设计成三角形圆弧状整体平台。上面铺钢板，设安全围栏，下挂全封闭悬吊脚手架。施工平台采用 2 [22 和 2 [18 作上下弦，φ50×5 和 φ50×10 钢管作斜杆制成 80cm 高的主桁架大梁。每个筒体上布置二榀，三个筒体上共布置六榀，中心区域构成封闭式三角形主桁架梁。桁架之间采用 [20 作搁栅，上铺 4mm 花纹钢板（图 8-66）。

④ 支撑系统

整个平台采用下承式支承受力。在三个筒体的井道隔墙内设置工具式钢管柱作为支撑系统立柱，每个筒体设 4 根，三个筒体共设 12 根。钢构架下端设钢伸缩挑梁，搁置于墙体预留孔中，上端支承整个钢平台。井道由钢管组成，外框尺寸按井道孔径而定。整个构架起支承、稳定和交替提升钢平台的作用。在支承构架中心设置 φ299×20 无缝

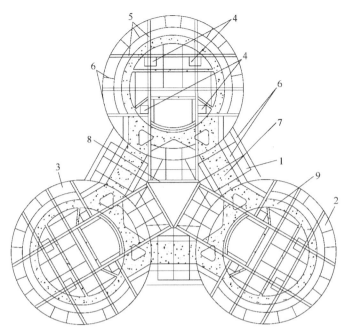

图 8-66 钢平台系统组成

1—分平台；2—分平台；3—整体钢平台；4—外构架；5—主桁架梁；

6—次梁；7—连梁；8—三角形桁架梁；9—直筒体

钢管为提升支承杆，通过支承杆与外架的交替承力与相互提升而实现整个平台提升。工具式支撑系统可以周转使用，成本比较低，但是由于工具式支撑系统的外架与支承杆需要交互作用才能安装到位，因此施工效率受到较大影响。

⑤ 提升动力系统

提升机械选用电动升板机。整个平台配备 12 套升板机，用控制台统一启动。

4）实施效果

上海东方明珠广播电视塔采用整体提升钢平台模板施工工艺施工塔身，达到了预期目标，垂直偏差不大于 1.5cm，垂直度完全超过垂直偏差控制在 5cm 以内的设计要求。塔身施工速度达到 1.0m/d，提前 50 天完成施工任务，为整个电视塔如期竣工创造了良好条件。

（2）广州国际金融中心[89-91]

1）工程概况

广州国际金融中心主塔楼地下 4 层，地上 103 层，总高度达 432m，采用筒中筒结构体系，其中内筒为钢筋混凝土核心筒，外筒为钢管混凝土斜交网格筒，如图 8-67 所示。广州国际金融中心核心筒具有体量巨大、平面变化明显和结构收分显著等特点。核心筒平面面积达 770m²，剪力墙密布，竖向模板面积达 2000m²，模板工程量大，模板系统必须突出竖向模板施工效率；核心筒在 67～73 层发生转换，内部剪力墙全部取消，增设三个小型电梯井筒，模板系统必须具有较强的体形适应性，以降低成本；核

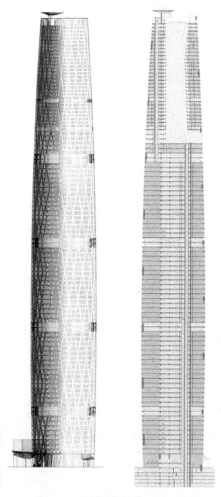

图 8-67 广州国际金融中心

心筒剪力墙沿高度方向收分显著，厚度由下而上从 2200mm 变为 500mm，模板系统必须具有较强的收分能力（图 8-68）。

2）施工工艺

针对该工程核心筒的结构特点，采用低位三支点长行程整体顶升钢平台可变模架体系进行施工，施工工艺流程（图 8-69）如下：

① 初始状态：下层浇捣混凝土完成后，钢平台下留有一层钢筋绑扎净空［图 8-69（a）］。

② 绑扎钢筋，同时待混凝土达到设计强度后拆除模板［图 8-69（b）］。

③ 利用动力系统顶升钢平台系统、模板系统及脚手架系统［图 8-69（c）］。

④ 利用设置在钢平台下的导轨进行模板支设作业［图 8-69（d）］。

⑤ 浇筑混凝土，进入下一个流水作业循环。

需要特别指出的是，该工艺较以前的整体提升钢平台模板系统有重大改进：动力系统安装在支撑系统下部，能够将支撑系统与钢平台系统、模板系统及脚手架系统一起顶升到位。与以前的整体提升钢平台模板系统相比，该系统具有鲜明特点：一是模板与钢筋工程作业层分离，可以交叉流水进行，工期可以明显缩短；二是支撑系统与液压动力系统合二为一，实现了支撑系统周转重复利用和支撑系统与动力系统的自动爬升，成本下降，机械化程度明显提高。

3）系统设计

广州国际金融中心主塔楼施工采用的整体提升钢平台模板系统由模板系统、脚手架系统、钢平台系统、支撑系统和提升动力系统组成（图 8-70）。

① 动力及支撑系统

动力系统采用长行程、大吨位双作用液压千斤顶（行程 5m，顶升能力 300t，提升能力 30t）。为便于同步控制，本工程选用三个支撑点（平面最少支撑点数量），近似等边三角形布置。同步控制系统自动补偿不同步高差，确保三点同步，高差控制在 10mm 以内。支撑系统共三套，由 $\phi 900 \times 20$ 钢管柱与格构式双箱梁上下支撑组成，如图 8-71 所示。

② 钢平台系统

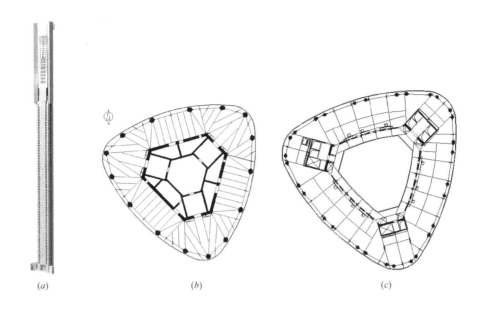

图 8-68 广州国际金融中心结构概况

(a) 核心筒模型；(b) 67 层以下平面；(c) 73 层以上平面

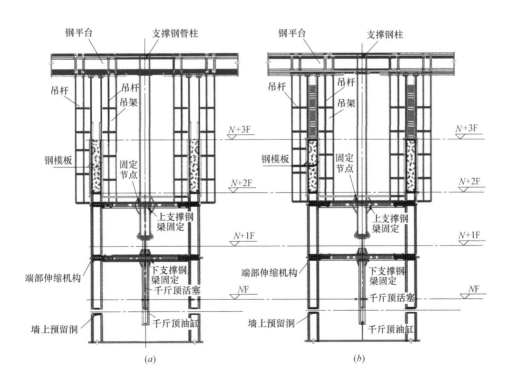

图 8-69 低位三支点长行程整体顶升钢平台可变模架体系施工工艺流程（一）

(a) 初始状态；(b) 钢体绑扎；

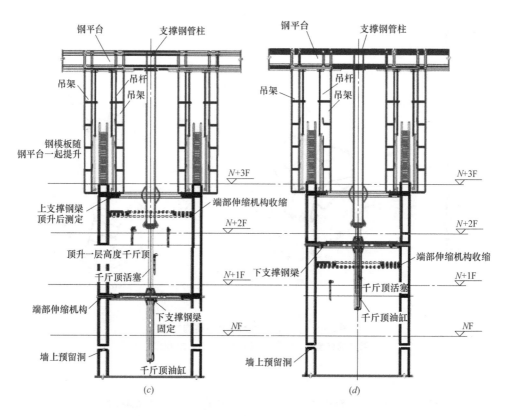

图 8-69　低位三支点长行程整体顶升钢平台可变模架体系施工工艺流程（二）

(c) 顶升状态；(d) 提升状态

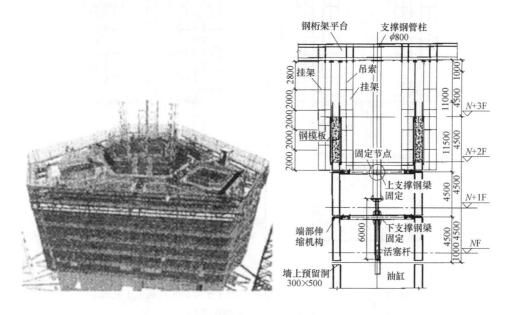

图 8-70　整体提升钢平台模板系统组成

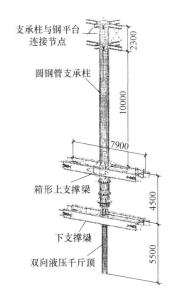

图 8-71 支撑系统与动力
系统工作原理

图 8-72 钢平台系统

对应三个支撑钢柱为三个支撑点，设置桁架式钢平台（图 8-72）。平台结构形式结合核心筒墙体施工特点设置，以三角形为基准扩展成六角星形主骨架，进而扩展成六边形，钢平台面积约 1000m²。在钢平台与混凝土浇筑面之间设计有 5.5m 的操作空间，方便剪力墙混凝土浇筑完毕后立即进行钢筋绑扎。

③ 脚手架系统

考虑到外墙壁厚较大，脚手架分内外两种设置。内脚手架设置五步，两层高度。外脚手架增加两步，三层高度。脚手架立杆顶部设置导轮，挂设在钢平台下弦的吊架梁上，随着 67 层以下墙体厚度的变化和 70 层以上墙体倾斜的变化可以滑动调整。横杆连接均为铰接接头，且留设 100mm 长孔，方便脚手架形状由直线滑动成折线，满足 70 层以上直墙变弧墙的要求（图 7-73）。

④ 模板系统

模板主要为大钢模板，墙体厚度变化部位设置补偿模板区域。补偿模板采用木模板。内墙大模板采用四块小模板组成，用于上部层高变化及直墙变弧墙时分解使用。大钢模全部通过拉杆悬挂在钢平台上，随着钢平台整体一次性提升。

4）实施效果

广州国际金融中心主楼核心筒面积为 820m²，标准层高 4.5m，每层混凝土方量约 700m³，钢筋约 250t，工作量比较大。采用低位三支点长行程顶升钢平台可变模架体系施工，一般施工速度为 3 天一层，最快达到 2 天一层，施工工效高的优势得到充分体现。

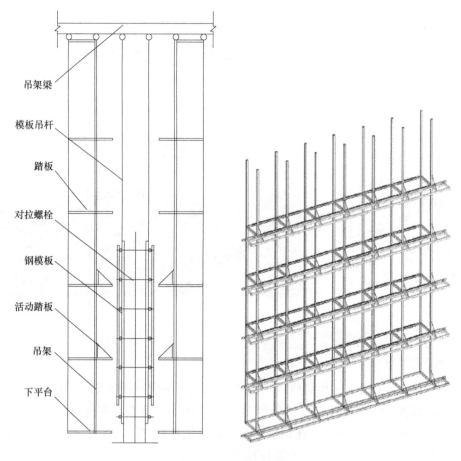

吊架梁

模板吊杆

踏板

对拉螺栓

钢模板

活动踏板

吊架

下平台

图 8-73　脚手架系统

8.5　电动整体提升脚手架模板工程技术

8.5.1　发展简介

　　液压滑升模板、液压爬升模板和整体提升钢平台模板三种工艺技术上是先进的，但是材料设备一次投入大，施工成本比较高，在我国这样经济发展水平还不高，劳动力成本比较低的国家，这三种模板工艺的市场竞争力不强，仅在少数标志性超高层建筑工程中得到应用，因此长期以来我国量大面广的普通超高层建筑结构施工多以落地脚手架或挑脚手架为操作空间，采用散拼散装模板工艺施工，脚手架搭设工作量大，材料消耗多，安全风险高。为此 1992 年广西壮族自治区第一建筑工程公司曾焕荣、何金章和刘干生等研制了"整体提升脚手架"，并于 1994 年获得国家专利授权（电动升降整体脚手架：专利号：93222658.2），成为具有我国自主知识产权的超高层建筑结构施工模板工程技术。经过多年的不断改进，防坠落、防倾覆和防超载等技术难题都得到成功解决，电动整体提升脚手架模板工程技术日臻完善，已经成为我国应用最为广泛的超高层建筑模板工程技术，许多著名的超高层建筑采用该技术施工，如上海恒隆广场（288m）[92]，上海明天广场（282m）[93]，广州中信（中天）广场（390m）[94]和南京紫峰大厦（452m）[95]等。

8.5.2 工艺原理及特点

（1）工艺原理

电动整体提升脚手架模板工程技术是现代机械工程技术、自动控制技术与传统脚手架模板施工工艺相结合的产物。电动整体提升脚手架模板系统与传统爬升模板系统的工艺原理基本相似，也是利用构件之间的相对运动，即通过构件交替爬升来实现系统整体爬升的，主要区别在于电动整体提升脚手架模板系统中模板不随系统提升，而是依靠塔吊提升。电动整体提升脚手架模板工程技术是在提升自动控制系统作用下，以电动捯链为动力实现脚手架系统由一个楼层上升到更高一个楼层位置的。施工总体工艺流程（图8-74）如下：

1）按照设计图纸中的位置预埋提升附墙固定件，浇捣混凝土。

2）待有关楼层混凝土达到强度要求后，拆除模板，安装承重三角架、电动捯链、防倾覆和防坠落装置。

3）在自动控制系统作用下，电动捯链将整个脚手架提升到新的楼层高度；

4）脚手架提升到位后，绑扎钢筋、安装模板→混凝土浇捣，进入下一个流水作业循环。

（2）工艺特点

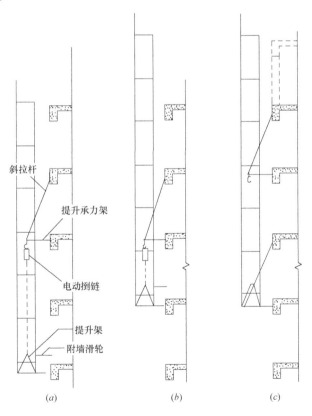

斜拉杆
提升承力架
电动捯链
提升架
附墙滑轮

（a）　　　　　（b）　　　　　（c）

图8-74　电动整体提升脚手架模板工程技术工艺原理图

（a）提升前；（b）提升；（c）提升后

155

电动整体提升脚手架模板工程技术是传统落地脚手架、散拼散装模板工程技术的重要发展，工作效率显著提高、材料消耗和高空作业明显减少，施工安全风险降低。与其他模板工程技术相比，电动整体提升脚手架模板工程技术具有显著优点：

1）标准化程度高。电动整体提升脚手架模板系统的几乎所有组成部分，如脚手架、承重系统、电动捯链和自动控制系统都是标准化定型产品，通用性强，周转利用率高，因此具有良好的经济性。

2）自动化程度高。在自动控制系统作用下，以电动捯链为动力可以实现整个系统同步自动提升。结构施工中塔吊配合时间大大减少，提高了工效，降低了设备投入。

3）施工技术简单。除脚手架整体提升技术含量比较高以外，其他工作都属于传统工艺，技术比较简单，适应了我国建筑工人劳动技能状况。

4）建筑体形适应性强。整体提升脚手架能够像传统脚手架一样，根据建筑体形灵活布置，满足体形复杂的建筑工程如住宅的施工需要，应用面非常广。

5）材料消耗少，成本低。采用挑架附墙，仅需少量预留洞，不需要任何钢材埋入混凝土结构中，因此成本比较低。

正是由于电动整体提升脚手架模板工程技术具有以上显著优点，它才得以在短短几年里得到较快发展，成为我国超高层建筑施工中应用最为广泛的模板工程技术。

当然电动整体提升脚手架模板工程技术也有一定缺陷：

1）安全性比较差。提升下吊点在架体重心以下，存在高重心提升问题，倾覆风险比较高，推广应用阶段发生过多起安全事故。

2）作业面狭窄。施工条件比较差，适合于钢筋混凝土结构，楼板与竖向结构同时施工，以解决材料堆放场地不足。

3）施工工效低。整体提升脚手架系统承载力比较小，模板必须依赖塔吊提升，因此施工多采用中小模板散拼散装工艺，施工工效不高。

8.5.3　系统组成

电动整体提升脚手架模板系统主要由模板、脚手架、承重系统（承重三角架、承重托架、承重桁架、承重框架）、电动捯链、提升自动控制系统以及防倾覆和防坠落装置等组成。其中模板多为散拼散装木模板，脚手架为钢管扣件式脚手架。承重系统、电动捯链、自动控制系统以及防倾覆和防坠落装置属关键系统和装置（图 8-75）。

1）承重三角架：是整个电动整体提升脚手架依附构架，是电动捯链悬挂点，所有荷载通过承重三角架传递到结构墙体，是保障安全的关键环节，由横梁、斜拉杆、花篮螺栓和穿墙螺栓组成；

2）承重托架：承担脚手架自重、施工荷载，为电动捯链提升吊点和承重桁架搁置点。承重托架呈正方形，一般用角钢焊接而成。承重托架间距受承重桁架最大跨度所控制，一般不超过 6.8m。

3）承重桁架：布置在两个托架之间的组装承载桁架，主要承受脚手架自重及施工荷载，多采用 $\phi48\times3.5$ 钢管焊接或螺栓连接而成。

4）竖向主框架：多采用焊接或螺栓连接的片状框架或格构式结构，起到提高脚手架整体性的作用。

5）捯链：为超低速环链捯链，提升速度不超过 0.086m/min，起重量为 10t。

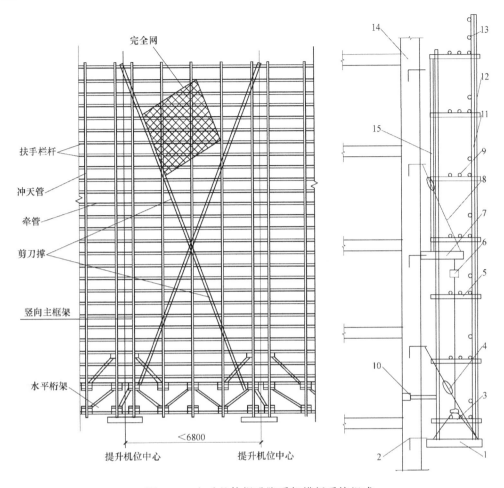

图 8-75　电动整体提升脚手架模板系统组成

1—承重托架；2—穿墙螺栓；3—承重桁架；4—花篮螺栓；5—大横杆；6—电动捯链；7—承重三角架；
8—拉杆；9—小横杆；10—导向轮；11—立杆；12—安全网；13—栏杆；14—结构墙；15—导管

6）自动控制系统：具有升降差和荷载控制功能，实现提升同步，防止超载发生。

8.5.4　关键技术

（1）防倾覆和防坠落技术

电动整体提升脚手架的吊点设在底部承重托架上，架体重心高于吊点，因此必须采取技术措施防止脚手架倾覆。经过十多年的发展，电动整体提升脚手架的防倾覆技术已经成熟。尽管电动整体提升脚手架的防倾覆技术形式多样，但是技术原理基本相同，即依托上部已施工结构设置滑动支座，同时在脚手架上设置滑动轨道，既保证电动整体提升脚手架升、降自如，又提供了可靠的侧向约束，有效防止脚手架倾覆。如图 8-76 所示的防倾覆装置就以固定于结构上的滑轮组作滑动支座，以槽钢作滑动轨道，结构简单、安全可靠。作为高空作业设施，电动整体提升脚手架必须设置安全装置防止坠落事故发生，保障作业人员的绝对安全。防坠落装置多采用夹钳式防坠落器，布置在每个提升机位处，如图 8-76 所示。在电动整体提升脚手架使用过程中，当捯链起重链断裂时，防坠落装置能够立即制动，将脚手架荷载转移到承重三角架上，防止坠落

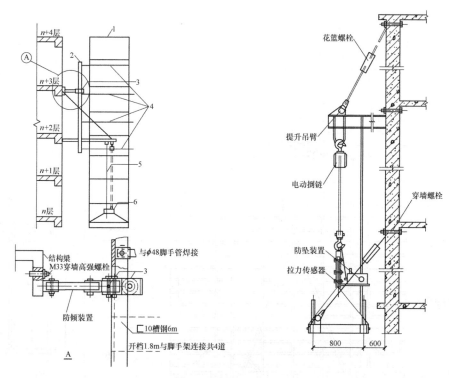

图 8-76　防倾覆和防坠落装置[96]

1—爬架脚手；2—防倾导杆（$\Box$10 槽钢）；3—防倾滑轮组；4—防倾导杆固定槽钢；5—制动吊杆；6—防坠器

事故发生。

（2）同步提升控制技术

电动整体提升脚手架升降采用了群吊工艺，各吊点的动作同步事关脚手架合理受力和使用安全，为此必须配备同步控制系统。同步控制系统一方面要保证所有电动捯链

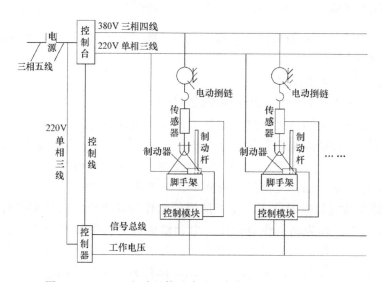

图 8-77　DMCL 电动整体升降脚手架控制系统原理图[97]

起止动作同步，同时要确保脚手架升降过程中位移同步。起止同步控制问题比较简单，通过电气控制即可解决。过程同步控制问题则比较复杂，必须采用自动控制技术才能解决。由于直接采用吊点位移进行同步控制系统复杂，成本比较高，因此目前多采用荷载控制来间接实现升降同步控制，如图 8-77 所示。同步控制系统实时监测提升荷载，一旦荷载发生显著变化（超载或失载），控制系统立即报警，防坠落装置制动，并自动切断电动捯链电源，停止脚手架升降。

8.6 超高层建筑模板工程技术选择

超高层建筑施工中，模板工程技术选择是施工技术研究的重要内容，科学合理地选择模板工程技术，不但事关超高层建筑施工质量、安全和进度，而且对工程造价也有一定影响，因此必须在深入了解各种模板工程技术特点的基础上，密切结合超高层建筑工程实际慎重进行。

8.6.1 超高层建筑模板工程技术特点分析

作为超高层建筑施工主流模板工程技术，液压滑升模板工程技术、液压自动爬升模板工程技术、整体提升钢平台模板工程技术和电动整体提升脚手架模板工程技术各具特色，拥有自身独特的应用范围。

液压滑升模板工程技术的特点是模板一经组装完成即可连续施工，因此适用于体形规则且变化不大，收分不显著的钢筋混凝土剪力墙及筒体结构。由于目前超高层建筑高度不断增加，结构收分幅度大，因此液压滑升模板工程技术应用受到很大制约，应用范围越来越小。

液压自动爬升模板工程技术的特点是模块化配置，外附于剪力墙，收分方便，因此体形和立面适应性强，特别是材料设备周转利用率高，不像液压滑升模板工程技术和整体提升钢平台模板工程技术需要大量的支撑结构埋入剪力墙中，在特别高大的超高层建筑中优势非常明显。目前液压自动爬升模板工程技术已经成为世界上应用最广泛的模板工程技术，我国也开始推广应用，如表 8-1 所示。

整体提升钢平台模板工程技术的特点是系统整体性强，荷载由支撑系统承担，因此施工作业条件好，提升不受混凝土强度控制，施工速度快，特别适合工期要求非常高的超高层建筑施工，在我国许多标志性超高层建筑施工中发挥了重要作用，如表 8-1 所示。但是整体提升钢平台模板系统灵活性稍差，适应结构收分和体形变化的能力比较弱，当剪力墙结构中有劲性钢梁时，整体提升钢平台模板系统需要解体与组合，施工效率显著下降。

电动整体提升脚手架模板工程技术的特点是灵活性强，标准化程度高，体形和立面适应性强，成本低廉，因此成为我国应用最广的超高层建筑模板工程技术。但是由于电动整体提升脚手架模板系统承载力低，因此结构施工多采用散拼散装模板工艺，施工工效比较低，施工速度受到制约，一般多应用于施工速度要求不高的超高层建筑工程或超高层建筑部位（如外框架）。

高度 400m 以上已建和在建超高层建筑结构施工模板体系　　　　　　表 8-1

序号	工程名称	层数及高度	结构形式	模板体系	施工状态
1	阿联酋迪拜哈利法塔	167 层,705m	钢筋混凝土框架—筒体结构+钢结构塔尖	液压自动爬模	建成
2	广州新电视塔	610m	钢筋混凝土筒体—钢框架结构+钢结构塔尖	整体提升平台	建成
3	沙特阿拉伯麦加 Abraj Al Bait Towers	76 层 595m	钢筋混凝土筒体—框架结构+钢结构塔尖	液压自动爬模	在建
4	美国纽约自由塔	108 层 541m	钢筋混凝土筒体—钢框架结构+钢结构塔尖	液压自动爬模	在建
5	俄罗斯莫斯科联邦大厦	93 层 506m	钢筋混凝土筒体—框架结构+钢结构塔尖	液压自动爬模	在建
6	中国上海环球金融中心	101 层 492m	钢筋混凝土筒体—钢框架结构	整体提升平台 液压自动爬模	建成
7	中国香港世界贸易广场	118 层 484m	钢筋混凝土筒体—钢框架结构	液压自动爬模	在建
8	马来西亚石油大厦	88 层 450m	钢筋混凝土筒体—钢结构框架	液压自动爬模	建成
9	中国南京紫峰大厦	69 层 450m	钢筋混凝土筒体—钢框架结构+钢结构塔尖	整体提升平台	建成
10	卡塔尔多哈迪拜塔	88 层 437m	钢筋混凝土筒体—框架结构+钢结构塔尖	液压自动爬模	在建
11	中国广州国际金融中心	103 层 432m	钢筋混凝土筒体—钢框架结构+钢结构塔尖	整体提升平台	建成
12	中国金茂大厦	88 层 420.5m	钢筋混凝土筒体—钢结构框架	整体提升平台	建成
13	中国香港国际金融中心二期	88 层 415m	钢筋混凝土筒体—钢结构框架	液压自动爬模	建成
14	美国芝加哥 Trump International Hotel & Tower	92 层 415m	钢筋混凝土筒体—框架结构+钢结构塔尖	液压自动爬模	建成
15	阿联酋迪拜公主大厦	101 层 414m	钢筋混凝土筒体—框架结构+钢结构塔尖	液压自动爬模	在建
16	科威特 Al Hamra 塔	77 层 412m	钢筋混凝土筒体—框架结构	液压自动爬模	在建
17	阿联酋迪拜玛丽娜 101	101 层 412m	钢筋混凝土筒体—框架结构+钢结构塔尖	液压自动爬模	在建

8.6.2　超高层建筑模板工程技术选择

超高层建筑模板工程技术选择是一项技术经济要求很高的工作，必须遵循技术可行、经济合理的原则。超高层建筑模板工程技术选择必须首先保证技术可行，应在深入分析超高层建筑特点的基础上，重点从质量、安全和进度等方面进行评价，确保模板工程技术能够满足超高层建筑施工能力、效率和作业安全要求。在技术可行的基础上，进行经济可行性分析，兼顾模板系统本身造价和人工成本，力争效益最大化。具体而言，超高层建筑模板工程技术选择必须综合考虑超高层建筑结构特点、施工进度要求和工程所在地的经济社会发展水平对各种模板工程施工工艺的技术可行性和经济可行性的影响。

（1）超高层建筑结构特点的影响

超高层建筑结构类型对模板工程技术影响显著。超高层建筑住宅结构体形比较复杂，且水平结构面积大，因此一般多采用电动整体提升脚手架模板工程技术施工。超高层建筑外框架模板面积比较小，多采用电动整体提升脚手架模板工程技术施工。超高层建筑核心筒是以剪力墙为主体的结构，因此必须采用高效的模板工程技术施工，如液压滑升模板工程技术、液压自动爬升模板工程技术和整体提升钢平台模板工程技术。但是当超高层建筑核心筒采用劲性结构时，液压滑升模板工程技术和整体提升钢平台模板工程技术的施工效率就显著下降，液压自动爬升模板工程技术的优势就比较明显。

（2）施工进度的影响

液压滑升模板工程技术、液压自动爬升模板工程技术、整体提升钢平台模板工程技术和电动整体提升脚手架模板工程技术的工效有很大差异，电动整体提升脚手架模板工程技术的施工工效比较低，一般需要5～7天才能施工一层结构。当超高层建筑施工进度要求比较高时，液压滑升模板工程技术、液压自动爬升模板工程技术和整体提升钢平台模板工程技术的优势就非常明显。因此一些资金投入大，工期成本高的超高层建筑施工多采用工效比较高的液压自动爬升模板工程技术和整体提升钢平台模板工程技术，而资金投入小，工期成本低的超高层建筑如住宅施工则多采用工效比较低但价格低廉的电动整体提升脚手架模板工程技术。

（3）经济社会发展水平的影响

超高层建筑模板工程的成本既包括系统本身的造价，也包括系统使用过程中消耗的人工成本，因此选择模板工程技术时应当综合考虑工程所在地经济社会发展水平的影响。经济社会发展水平高时，人工价格也就高，超高层建筑施工应当选择自动化程度高，人工消耗量小的模板工程技术，如液压自动爬升模板工程技术、整体提升钢平台模板工程技术和液压滑升模板工程技术。而在经济社会发展水平低的地区，人工价格也就低，超高层建筑施工就可以选择人工消耗量比较大的但造价低廉的模板工程技术，如电动整体提升脚手架模板工程技术。

第9章 超高层建筑混凝土工程施工

9.1 混凝土工程施工特点

9.1.1 工程特点

作为建筑材料，混凝土具有优良的特性：1）性价比高。混凝土原材料来源广，价格低廉，抗压性能卓越。2）成型性好。混凝土能够依据模板浇筑成各种复杂形状的结构构件，易于实现设计意图。3）防火性能优异。混凝土属天然的防火材料，无需采取附加措施即可满足建筑防火要求。4）结构稳定性强。混凝土结构重量大、刚度大，抵抗侧向荷载能力强。5）施工技术简单。相对钢结构而言，混凝土生产、施工技术比较简单，设备投入少，特别适合发展中国家的经济发展水平。因此混凝土在超高层建筑中得到广泛应用，已经成为超高层建筑两种主要的结构材料之一，而且随着混凝土技术的不断进步，混凝土在超高层建筑中的应用范围还将日益扩大。当前超高层建筑混凝土工程具有以下特点：

（1）混凝土应用高度不断突破

自1903年在美国俄亥俄州辛辛那提市16层、高65m的殷盖茨大厦（Ingalls Building）使用以来，混凝土在超高层建筑的应用高度不断突破。到20世纪末，伴随1998年上海金茂大厦（混凝土结构高382.5m）和吉隆坡石油大厦（混凝土结构高380m）建成，超高层建筑混凝土应用高度接近400m。进入21世纪，得益于超高层建筑的快速发展，混凝土应用高度一路攀升，2003年香港国际金融中心建设使混凝土应用高度突破了400m大关，达到408m[98]。2007年上海环球金融中心工程中混凝土应用高度达到492m，逼近500m[99]。2008年迪拜哈利法塔实现了混凝土应用高度的新跨越，达到创纪录的601m[50]。

（2）混凝土设计强度不断增加

随着高度的不断增加，超高层建筑结构承受的荷载越来越大，对混凝土性能特别是强度性能提出了更高要求。提高混凝土强度一方面可以减少材料消耗，另一方面可以缩小结构断面，扩大建筑使用空间，提高经济效益，因此工程技术人员一直致力于实现超高层建筑混凝土高强化。美国和日本同行在超高层建筑混凝土高强化方面做了积极探索，取得丰硕成果。美国早在1980年就实现了C80级混凝土工程化的应用。在西雅图双联广场工程（56层，226m高）中，钢管混凝土强度达到了C131[10]。正在建设中纽约世贸中心1号楼应用了强度为14000psi（96.53MPa）的混凝土。日本建设省早在1988～1993年即开展了"钢筋混凝土结构建筑物的超轻质、超高层化技术的开发"，攻克了设计标准强度为60～120MPa的混凝土设计和施工关键技术难题，获得大量的科研成果，并在工程中获得了试验验证与工程应用[100]。2008年大成建设在施工KOSUGI大厦时实现了150MPa混凝土工程化的应用[101]。日本大林组等企业已经掌握了200MPa混凝土制备技术。相对而言，我国在高强混凝土研究和应用方面与国际先进水平还有很大差距，我国工程应用的混凝土强度还在 100MPa 以下[102]。

超高层建筑混凝土工程应用一览   表 9-1

项 目 名 称	建筑层数	建筑高度(m)	泵送混凝土高度(m)	混凝土最高强度	竣工时间
上海金茂大厦	88	420.5	382.5	C60	1998
吉隆坡石油大厦	88	452	380	C80	1998
香港国际金融中心二期	88	415	408	C60	2003
台北 101 大厦	101	508	445.2	C70	2004
上海环球金融中心	101	492	492	C60	2008
阿联酋迪拜哈利法塔	168	828	601	C80	2009
纽约世贸中心 1 号楼	108	541		14000psi (96.53MPa)	在建
香港环球贸易广场	118	485	419.5	C90	在建
南京紫峰大厦	69	450	381	C70	2009
广州国际金融中心	103	432	437.45	C80	在建

9.1.2 施工特点

（1）材料性能要求高

超高层建筑设计和施工对混凝土材料性能提出了很高的要求。首先为了满足设计需要，混凝土必须具有良好的力学性能以及良好的体积稳定性。同时为满足施工需要，混凝土还必须具有良好的工作性能。因此超高层建筑混凝土属于高性能混凝土。具体而言，混凝土材料性能必须满足以下要求：

1）良好的力学性能。一方面混凝土要有很高的强度和弹性模量，以满足超高层建筑承载需要。另一方面混凝土还要有良好的体积稳定性，以满足超高层建筑耐久性需要。

2）良好的工作性能。混凝土拌合物必须具有优异的流动性、黏聚性和保水性，才能实现混凝土超高程泵送。另外随着商品混凝土的发展，新拌混凝土的运输距离显著增加，混凝土拌合物还必须具有良好的工作性保持能力。

3）实现多种性能统一。混凝土生产中兼顾力学性能和工作性能具有相当大的技术难度。因为这两种性能对混凝土配合比设计提出的要求是矛盾的。比如要提高混凝土强度，就必须降低混凝土水灰（胶）比，而要改善混凝土的工作性能，就必须尽可能将混凝土水灰（胶）比保持在较高的水平。超高层建筑混凝土需要将工作性能与力学性能协调统一（图 9-1）。

（2）施工设备要求高

超高层建筑混凝土强度和应用高

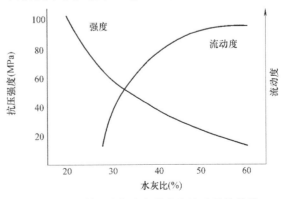

图 9-1 混凝土水灰比与强度和流动度的关系

度的不断增加，对混凝土泵送设备的要求越来越高。混凝土强度增加以后，黏度明显增大，流动性下降，泵送阻力增加。同时泵送高度增加也会显著增大混凝土泵送阻力。因此随着超高层建筑的发展，混凝土泵送出口压力也由 20 世纪 70 年代的 2.94MPa 增加到目前的 22.0MPa，而且还有继续增加的趋势。另外超高层建筑体量显著增加，而业主为了降低投资成本，对施工速度要求更高了，因此对混凝土泵送速度也提出了更高要求。混凝土泵排量由过去的 $60 \sim 80 \text{m}^3/\text{h}$ 为主提高到现在的 $80 \sim 120 \text{m}^3/\text{h}$ 为主。

（3）施工技术要求高

混凝土超高程泵送的顺利进行既有赖于工作性能卓越的混凝土材料和泵送设备，也需要先进的施工技术作保障，如泵送工艺选择和泵送管路系统设计。有效的施工组织和熟练的人工操作对混凝土超高程泵送顺利进行也具有重要作用。

9.2　混凝土生产

9.2.1　原材料选择

超高层建筑混凝土性能的持续改进对原材料的要求越来越高，混凝土生产应当重点从改善混凝土力学性能和工作性能两个方面选择原材料。

（1）骨料

骨料是混凝土的骨架，其性能对混凝土的力学性能和工作性能影响显著。超高层建筑混凝土的生产和施工对骨料性能提出了很高要求。

1）良好的力学性能。超高层建筑混凝土的力学性能优异，要求骨料质地坚硬，具有较高的强度和弹性模量。因此必须严格控制粗骨料的岩石成分，优先使用强度和弹性模量比较高的石灰岩、花岗岩、硅质砂岩和石英岩等碎石作粗骨料。粗骨料母体岩石的立方体抗压强度应比所配制的混凝土强度高 20% 以上。要严格控制骨料含泥量，配制 C70 及以上等级混凝土时，细骨料含泥量不应大于 1.0%，配制 C80 及以上等级混凝土时，粗骨料含泥量不应大于 0.5%。

2）优良的几何特性。在高强度混凝土中应优先使用碎石，只有在强度要求不严格时才可以使用卵石作粗骨料，以改善混凝土流动性。要严格控制粗骨料最大粒径与输送管径之比：泵送高度在 50m 以下时，碎石不宜大于 1:3，卵石不宜大于 1:2.5；泵送高度在 $50 \sim 100$m 时，宜在 $1:3 \sim 1:4$；泵送高度在 100m 以上时，宜在 $1:4 \sim 1:5$。粗骨料应采用连续级配，针片状颗粒含量不宜大于 10%。在高强混凝土的粗骨料中，针片状颗粒含量不宜大于 5%。细集料宜采用中砂，细度模数不宜小于 2.6，通过 0.315mm 筛孔的砂不应少于 15%。

（2）水泥

水泥在混凝土中发挥胶结作用。水泥和水形成水泥浆，包裹在骨料表面并填充骨料间的空隙。水泥浆体在硬化前起润滑作用，使混凝土拌合物具有良好的工作性能，硬化后将骨料胶结在一起，形成坚强的整体。超高层建筑混凝土多使用硅酸盐水泥、普通硅酸盐水泥或矿渣水泥。水泥选择应遵循以下原则：1）强度等级相同时，选择富余系数大的水泥，因为水泥是混凝土获得强度的基础；2）强度等级相同时，选择需水量小的水泥，以降低用水量；3）合理使用不同强度等级的水泥。配制 C40 以下的流态混凝土时应用 32.5 强度等级的水泥；配制 C40 以上的高性能混凝土应用 42.5 及以上强度等级的水泥，特别要优先使用 52.5 及以上强度等级的水泥，以降低水泥用量。但是为保证混凝土的流动性，水泥用量不宜低于 $300kg/m^3$。

（3）掺合料

活性掺合料对改善混凝土的性能有意想不到的效果。一是显著改善混凝土的施工性能，尤其是提高它的可泵性；二是可以大大地提高混凝土的强度和密实性，一些掺合料掺入混凝土后可以修复水泥浆体内部和它与粗骨料界面过渡区的毛细孔和微观缺陷；三是一些掺合料能与水泥水化生成的氢氧化钙结合，能显著地提高混凝土的强度和耐久性。我国目前已经开发使用的活性掺合料主要有粉煤灰、矿渣微粉以及硅灰等。优质粉煤灰具有物理减水作用，高细度矿渣微粉具有增强作用。硅灰的改性效果最好，硅灰能大幅度提高混凝土的早期强度和后期强度。掺加硅粉和优质粉煤灰或高细度矿渣微粉，可以配制高强度和高耐久性的混凝土。两种或两种以上掺合料复合使用，能够取得更好的效果。为控制混凝土成本，应合理使用不同品种的掺合料，配制强度在 C60 以下的混凝土时可采用 II 级粉煤灰，C60～C80 混凝土宜采用 I 级粉煤灰或矿渣微粉，C100 以上的高性能混凝土则应采用硅灰。

（4）外加剂

超高层建筑混凝土使用的外加剂主要有减水剂、引气剂、缓凝剂以及泵送剂，其中减水剂是最重要的外加剂。根据减水效果，减水剂分为普通减水剂（减水率在 10% 以内）和高效减水剂（减水率在 10% 以上）。自 1962 年日本花王石碱公司研制成功萘系高效减水剂以来，先后发展了密胺系高效减水剂、氨基磺酸盐系高效减水剂、脂肪族高效减水剂、聚羧酸系高效减水剂等品种。其中萘系和密胺系高效减水剂是目前世界上使用最广泛的高效减水剂，聚羧酸系减水剂则是目前世界上推广应用最快速的高效减水剂。萘系高效减水剂的减水率一般在 15%～25% 之间，引气量小于 2%，基本上不影响混凝土的凝结时间，能够显著提高混凝土强度，可用于配制高强、高性能混凝土，性价比高，但存在混凝土坍落度经时损失较大的缺点。密胺系高效减水剂的减水率可达 25%，与萘系高效减水剂相当，混凝土增强效果明显，但也存在混凝土坍落度经时损失较大的缺点。聚羧酸类高效减水剂的减水率可超过 30%，甚至 40%，保持性好，90min 内坍落度基本无损失，但是价格比较高，适用于工作性能要求特别高的混凝土生产。

9.2.2 配合比设计

（1）设计原则

混凝土配合比设计必须遵循技术可行、经济合理的原则。技术可行就是要保证混凝土的性能满足设计与施工需要，比如和易性满足施工要求，强度满足结构设计要求，耐久性满足工程环境要求。经济合理就是要保证混凝土的价格具有市场竞争力。混凝土的经济性表现在两个方面：一方面通过节约水泥用量，降低混凝土的成本（包括材料、劳动力、能源的节约），产生直接的经济效益；另一方面通过改善使用性能如提高耐久性、降低维护费用；提高强度、减少结构断面、增加使用空间等，产生间接的经济效益。具体而言，混凝土配合比设计应当遵循以下原则。

1）强度富余原则：为满足强度要求，混凝土的试配强度必须高于设计强度。超出值取决于试验的标准方差和变异系数。当无可靠的强度统计数据和标准差数值时，混凝土的配制强度应不低于设计强度的 1.15 倍。

2）低用水量原则。在满足混凝土工作性的条件下，应尽量减少用水量，以抑制混凝土的干缩，增加骨料与水泥石界面粘结力及钢筋与混凝土之间的握裹力。

3）适宜水胶比原则。较高的水泥用量和较低的用水量是制备高性能混凝土的前提条件。但是水泥用量超过临界值后增强效果不明显，相反，有时还会导致强度降低。高性能混凝土的水胶比决定于设计强度、外加剂减水效果等因素，应控制在 0.25～0.40 之间。

4）适宜砂率原则。砂率主要影响混凝土的工作性。适宜砂率决定于混凝土拌合物的坍落度、黏聚性及保水性等工作性能，一般应通过试验确定。对泵送高强混凝土，砂率的选用要考虑可泵性要求，一般为 34%～44%。在满足施工工艺和施工和易性要求的前提下，砂率宜尽量选小些，以减少水泥用量。

5）掺合料优化原则。掺合料既能改善混凝土的性能，又能节约水泥，降低混凝土成本，应尽可能使用掺合料。但是掺合料品种和数量对混凝土性能和成本影响显著，因此必须通过试验确定掺合料最优组合和最佳掺量。

（2）设计指标

混凝土的性能主要表现在工作性能、力学性能和物理性能等方面。超高层建筑施工中工程技术人员特别关心的是混凝土的工作性能和力学性能，其中力学性能指标由设计人员根据工程需要给定，施工技术人员只要努力满足即可，工作性能指标则需要施工技术人员根据超高层建筑混凝土工程施工实际情况确定。

为保证超高程泵送施工顺利进行，超高层建筑混凝土必须具有良好的工作性能。混凝土的工作性能是指新拌混凝土在搅拌、输送、浇灌、捣实以及抹平时的难易程度，即混凝土的流动性、黏聚性和保水性等。流动性、黏聚性和保水性既有联系，又相矛盾，当流动性大时，黏聚性和保水性的保证就比较困难，反之亦然。因此所谓工作性能良好，就是通过优化配合比设计实现了流动性、黏聚性和保水性的高度统一。混凝土拌合物的工作性能准确测定比较困难，目前一般采用坍落度法，评价指标为坍落度 S 或扩展度 D。对不同泵送高度，入泵时混凝土的坍落度应满足表 9-2 要求[103]。另外压力泌水试验也是评定混凝土可泵性的有效方法，一般 10s 时的相对压力泌水率 S_{10} 不宜超过 40%。目前施工中多采用商品混凝土，混凝土生产与泵送施工之间存在较大的时间差，因此混凝土的工作性能还必须具备经时稳定性。混凝土坍落度经时损失可根据施工经验确定，当缺乏施工经验时，应该通过试验确定。

不同泵送高度入泵时混凝土坍落度选用值　　　　　　　表 9-2

泵送高度（m）	30 以下	30～60	60～100	100 以上
坍落度（mm）	100～140	140～160	160～180	180～200

（3）设计方法

混凝土配合比设计中，四个基本变量即水泥、水、细骨料和粗骨料，可分别用 C、W、S 和 G 表示每立方米混凝土中的用量（kg/m³）。配合比设计实质上就是确定水泥、水、砂与石子这四项基本组成材料用量之间的比例关系，即：水灰比（W/C）、砂率（S_p）和单位用水量（W_0）。为了达到混凝土配合设计指标要求，关键是要控制好水灰比（W/C）、单位用水量（W_0）和砂率（S_p）三个比例参数。这三个参数的确定应遵循以下原则：

1) 水灰比（W/C）

水灰比根据设计要求的混凝土强度和耐久性确定。确定原则为：在满足混凝土设计强度和耐久性的基础上，选用较大水灰比，以节约水泥，降低混凝土成本。

2) 单位用水量（W_0）

单位用水量主要根据坍落度要求和粗骨料品种、最大粒径确定。确定原则为：在满足施工和易性的基础上，尽量选用较小的单位用水量，以节约水泥。因为当 W/C 一定时，用水量越大，所需水泥用量也越大。

3) 砂率（S_p）

合理砂率的确定原则为：砂子能够填满石子的空隙并略有富余。砂率对混凝土和易性、强度和耐久性影响很大，也直接影响水泥用量，故应尽可能选用最优砂率。

进行混凝土配合比设计时首先要正确选定原材料品种、检验原材料质量，然后按照混凝土技术要求进行初步计算，得出"试配配合比"；经试验室试拌调整，得出"基准配合比"；经强度复核（如有其他性能要求，则须作相应的检验项目）定出"试验室配合比"；最后根据现场原材料（如砂、石含水等）修正"试验室配合比"从而得出"施工配合比"。

传统的混凝土配合比设计方法（即假定容重法和绝对体积法）是以强度为基础的，即根据"水灰比定则"设计配合比，难以适应目前混凝土性能要求越来越高的新形势。近年来，国内外学者对高性能混凝土的配合比设计技术进行了深入研究，发展了许多新方法，如美国 Mehta 和 Aitcin 方法、法国路桥中心方法、日本阿部道彦方法等[104]。大部分高性能混凝土配合比设计方法基本上都是以经验为基础的半定量设计方法，其中两个核心参数单位用水量和砂率仍多为经验取值，需要通过大量的配合比试验来确定，工作量大、周期长、成本高。究其根源在于没有掌握和揭示混凝土材料内在组分之间的关系。有鉴于此，我国学者陈建奎和王栋民以强度、工作性和耐久性为基础构建了体积相关数学模型，经科学推导求得了高性能混凝土用水量计算公式和砂率计算公式，结合传统的水灰（胶）比定则，计算出混凝土各组分的用量，建立了高性能混凝土配合比设计的全计算法[105]。全计算法使高性能混凝土配合比设计从半定量走向了定量、从经验走向了科学，大大减少了试验工作量，缩短了试验周期，节约了试验成本。

9.2.3 混凝土生产

高性能混凝土的生产需要更加严格的质量控制，才能保证性能满足设计和施工需要。一要控制原材料质量。骨料须级配良好，并且严格控制含泥量。粗骨料含泥量一般不超过1%，配制 C80 及以上强度等级的混凝土时，含泥量不应大于 0.5%。细骨料含泥量一般不超过 1.5%，配制 C70 及以上强度等级的混凝土时，含泥量不应大于 1.0%。二要提高配料精度。对于高性能混凝土，水灰（胶）比的微小变化都会引起强度的较大波动，因此必须严格控制水灰（胶）比，要特别注意骨料含水量的变化。骨料必须充分饱和，防止在泵送压力作用下，未饱和骨料吸收水分后降低混凝土坍落度，造成泵送困难或堵管。三要优化投料顺序。外加剂、硅粉等必须在混凝土中充分分散，才能发挥应有的作用。应重视投料顺序对搅拌效率的影响。混凝土搅拌时其投料次序，除应符合有关规定外，粉煤灰宜与水泥同步，外加剂的添加应符合配合比设计要求，且宜滞后于水和水泥。四要适当延长搅拌时间。由于高强混凝土含有较多的胶凝材料，不易拌合，适当延长搅拌时间往往是必要的。当采用粉剂外加剂时，搅拌时间延长不少于 30s。

9.3　混凝土超高程泵送

混凝土作为建筑材料已有 100 多年的历史，但是大规模应用于高层、超高层建筑则还是在 20 世纪 60 年代以后得益于混凝土输送工艺与设备的快速发展。目前超高层建筑施工中运用比较多的混凝土垂直运输主要有混凝土泵送和塔式起重机吊运，其中混凝土泵送运用最为广泛。泵送混凝土技术 1907 年首创于德国，它以混凝土泵为动力，以管道为通道进行混凝土水平和垂直输送，具有机械化程度高、输送能力大、快速高效和连续作业等优点，现已成为超高层建筑混凝土施工中最重要的一种方法。

9.3.1　泵送工艺

超高层建筑混凝土泵送工艺有一泵到顶工艺和接力泵送工艺，目前应用最广泛的是一泵到顶工艺。

（1）接力泵送工艺

接力泵送工艺是利用两台或两台以上混凝土泵接力将混凝土泵送到超过单台混凝土泵送能力的高度。接力泵送工艺具有设备要求比较低的优点，能够解决混凝土泵送设备泵送能力不能满足混凝土实际泵送高度的难题，因此在混凝土泵送设备发展不能完全适应超高层建筑发展需要的早期应用比较多。我国在 20 世纪 80 年代刚开始大规模兴建超高层建筑时，就较多地采用了接力泵送工艺泵送混凝土，如 1985 年上海市第四建筑有限公司在上海电信大楼工程施工中，采用两台中压泵接力泵送混凝土，垂直高度达 130m[106]。日本间组（Hazama）建筑公司在施工马来西亚吉隆坡石油大厦时也采用了接力泵送工艺泵送混凝土。但是接力泵送工艺存在施工效率低、混凝土工作性能要求高、施工组织难度大等缺点，因此应用范围越来越小。

（2）一泵到顶工艺

一泵到顶工艺是利用一台混凝土泵将混凝土直接泵送到施工所需高度。一泵到顶工艺具有工效高、施工组织比较简单等优点，因此成为应用最广泛的超高层建筑混凝土泵送工艺。一泵到顶工艺已经成为超高层建筑混凝土泵送工艺发展的主流，近期已建和在建的超高层建筑混凝土泵送都采用了一泵到顶工艺，如上海环球金融中心、香港世界贸易广场、台北 101 大厦和迪拜哈利法塔等。

近年来混凝土泵送设备的发展极为迅速，能够满足超高层建筑混凝土一泵到顶的需要，不断攀登施工新高度，因此在超高层建筑混凝土泵送工艺制定时应当优先选择一泵到顶工艺。

9.3.2　泵送设备

（1）混凝土泵选型与布置

1）混凝土泵选型

应根据混凝土工程特点和混凝土施工计划，在全面分析施工所需的最大输送距离和最大输出量的基础上确定混凝土泵的型号。首先要确保混凝土泵的输送能力满足工程最大输送距离要求。混凝土泵送管道系统设计完成后，混凝土最大输送距离一般可以按表 9-3 计算确定[103]。当工程条件比较特殊时，比如高温、干燥气候条件下施工，混凝土最大输送距离应通过试验确定。其次要确保混凝土泵的输出能力满足工程最大输出量要求。应根据工程特点和混凝土施工计划确定混凝土供应强度，然后在综合考虑设备配置情况的基础上确定混凝土最大输出量。

混凝土输送管的水平换算长度　　　　　　　　　　　　　　　　表 9-3

类　别	单　位	规　格	水平换算长度(m)
向上垂直管	每米	100mm	3
		125mm	4
		150mm	5
锥形管	每根	175→150mm	4
		150→125mm	8
		125→100mm	16
弯管	每根	90° $R=0.5\text{m}$	12
		$r=1.0\text{m}$	9
软管	每5~8m 长的 1 根		20

2) 混凝土泵配置

混凝土泵的配置数量应根据混凝土浇筑数量、单机的实际平均输出量和施工作业时间按下式计算确定：

$$N_2 = Q/(Q_0 \times T_0) \tag{9-1}$$

式中　N_2——混凝土泵数量（台）；

　　　Q——混凝土浇筑数量（m³）；

　　　Q_0——每台混凝土泵的实际平均输出量（m³/h）；

　　　T_0——混凝土泵送施工作业时间（h）。

当工程特别重要时，混凝土泵的配置应在计算数量基础上留有余地，配置 1~2 台备用泵，以防混凝土泵发生故障产生质量事故。

3) 混凝土泵布置

混凝土泵应布置在场地平整坚实、道路畅通、配管方便，且距离浇筑地点比较近的地方。当采用接力泵送工艺时，接力泵应布置在上、下泵的输送能力都能够充分发挥的地方。设置接力泵的楼面应坚固结实，必要时应采取措施加固，确保施工安全。

（2）输送管道系统

混凝土输送管道系统应根据工程特点、施工场地条件和混凝土浇筑方案设计。应按输送距离最短原则设计输送管道系统，尽量缩短管线长度，减少弯管和软管的使用。混凝土输送管应根据粗骨料最大粒径、混凝土泵型号、混凝土输出量和输送距离以及输送难易程度等进行选择。输送管具有与泵送条件相适应的强度。输送管的接头应严密，有足够强度，并能快速装拆。在同一条管线中，应采用相同管径的混凝土输送管道；同时采用新、旧管道时，应将新管道布置在泵送压力较大处；管线宜布置得横平竖直。输送管道应铺设在施工安全、清洗和维修便利的地方。垂直向上配管时，地面水平管道长度不宜小于垂直管道长度的四分之一，且不宜小于 15m。当采用接力泵送工艺，接力泵出料的水平管道长

度不宜小于其上垂直管道长度的四分之一，且不宜小于 15m。在混凝土泵 V 形管出料口 3
～6m 处的输送管道根部应设置截止阀，以防混凝土反流。混凝土输送管道应可靠固定，
不得直接支承在钢筋、模板及预埋件上。水平管宜每隔一定距离用支架、台垫、吊具等固
定。垂直管宜用预埋件固定在墙和柱或楼板顶留孔处。在墙及柱上每节管不得少于 1 个固
定点。在每层楼板预留孔处均应固定，不应把垂直管道下端的弯管作为上部管道的支撑
点，应设钢支撑承受垂直管道重量。

9.3.3　施工技术

为确保超高层建筑混凝土泵送施工顺利进行，必须采取针对性技术措施。

（1）充分准备

泵送前应用水湿润泵的料斗、泵室、输送管道等与混凝土接触的部分，检查管路无异
常后采用水泥砂浆润滑管道系统。

（2）连续供给

混凝土泵送过程中，宜保持混凝土连续供应，尽量避免送料中断。若遇混凝土供应不
及时，应放慢泵送速度。泵送过程中料斗内应充满混凝土，以防止吸入空气。若吸入空
气，应立即反转泵，使混凝土吸回料斗内，去除空气后再转为正常泵送。混凝土正常泵送
过程中，输送管内的混凝土拌合物处于均匀分布的运动状态。

（3）谨慎操作

开始泵送时泵机应处于低速运转状态，注意观察泵的压力和各部分工作情况，待泵送
顺利后方可提高到正常输送速度。当混凝土泵送困难、泵的压力突然升高时，可用槌敲击
管路、找出堵塞的管段，采用正反泵点动处理或拆卸清理，经检查确认无堵塞后继续泵
送，以免损坏混凝土泵。

9.4　混凝土成熟度无线实时监控

与其他建筑材料不同，混凝土具有鲜明的个性。在超高层建筑施工中，其他建筑材料
都是成品，可以遵循"先检测，后使用"的原则控制材料质量，施工时选用即可。但是混
凝土需要根据工程实际进行配制，施工时并未成型，材料性能指标不能在施工前确定，而
要在施工 28d 后才能确定，不能遵循"先检测，后使用"的材料质量控制原则，质量控制
比较困难。这往往给超高层建筑工程带来质量隐患。由于施工时人们无法及时知道混凝土
质量是否满足设计要求，28d 检验一旦发现不合格，这些混凝土早已硬化，并且在其上施
工了近 10 层混凝土结构，处理非常困难，造成的损失也很大。因此，工程技术人员一直
致力于发展混凝土性能快速评定技术，希望在浇灌前就能比较准确地预测混凝土 28d 强
度，以有效地避免混凝土工程质量事故。

目前国内试行的混凝土强度快速测定法控制混凝土质量的手段比较多，如沸水法、水
灰比分析法、成熟度法等等，能在 28h、8h 甚至 1h 内预测混凝土 28d 强度的试验方法。
但是这些方法的精度和效率还难以满足施工需要，特别是不能反映施工与养护情况对混凝
土性能的影响，工程应用价值不高。近年来，工程技术人员探索将先进的测试技术与传统
的成熟度法相结合，开发了混凝土成熟度监控系统，提高了混凝土质量监控的及时性和真
实性，具有较高的工程应用价值[107]。

9.4.1 工艺原理

混凝土拌合物经振捣成型以后，在充分的保温养护之下逐渐硬化，其强度的增长既取决于它的内在因素又决定于外部条件。组成原材料的种类、配合比是它的内在因素，而养护温度与硬化时间，则是它的外部条件。早在1951年，英国学者绍耳（A. Saul）就发现，当某一种混凝土的原材料、配合比为已知时，其强度的增长主要由温度与时间决定，他把二者的乘积称为成熟度（度时积）。原材料及配合比给定时，不管混凝土的养护温度与时间如何变化，只要成熟度相等，其强度都大致相同。因此，对于一种已知的混凝土而言，可以根据它的养护历程——养护温度与硬化时间来估算混凝土已达到的强度。这就是混凝土成熟度法的基本原理。工程技术人员发现成熟度法较破损法测试混凝土强度有许多优点。然而，由于采用传感器和导线获取混凝土原位温度存在许多固有（内在）缺陷，比如不能及时准确获取混凝土内部养护温度，成熟度法还难以用于施工现场评估混凝土强度，工程应用价值不高。

近年来，测试技术得到飞速发展，无线射频（RFID：Radio Frequency Identification）技术就是测试技术发展的重要成果。无线射频技术的发展使混凝土成熟度实时监控成为可能，美国维克（WAKE，INC）公司利用无线射频技术开发了混凝土成熟度实时监控系统。其工艺原理为：首先通过试验建立混凝土成熟度曲线，反映混凝土强度与成熟度发展的关系，然后利用预埋在混凝土中射频识别标签采集混凝土养护温度，并通过无线传输给阅读器，最后利用混凝土成熟度软件进行处理，获得混凝土养护过程中成熟度发展情况，以此监控混凝土强度。

混凝土成熟度实时监控系统具有以下特点：一是简便快速，系统自动化程度高，能够实时获得混凝土成熟度发展情况。二是可靠准确，随着近年来技术进步，测试准确度有了较大提高，完全能够满足工程实践需要。三是经济高效，由于采用无线传输技术，材料消耗量小，成本低。

9.4.2 系统组成

混凝土成熟度实时监控系统由无线射频系统与成熟度分析系统两部分组成。

（1）无线射频系统

无线射频也叫电子标签，是一种非接触式的自动识别技术，主要通过射频信号自动识别目标对象并获取相关数据，识别工作无须人工干预，可工作于各种恶劣环境。无线射频识别技术与条形码识别技术原理基本相似：电子标签进入磁场后，接收解读器发出的射频信号，凭借感应电流所获得的能量发送出存储在芯片中的产品信息（Passive Tag，无源标签或被动标签），或者主动发送某一频率的信号（Active Tag，有源标签或主动标签）；解读器读取信息并解码后，送至中央信息系统进行有关数据处理。

在混凝土成熟度实时监控系统中，无线射频系统主要功能是实时采集混凝土养护温度，获得混凝土成熟度历程，为混凝土强度实时监控提供基础数据。无线射频系统由电子标签、天线和阅读器三部分构成。电子标签（Tag）：由耦合元件及芯片组成，每个标签具有唯一的电子编码，附着在物体上标识目标对象；阅读器（Reader）：读取（有时还可以写入）电子标签信息的设备，可设计为手持式或固定式；天线（Antenna）：在标签和读取器间传递射频信号。

（2）成熟度分析系统

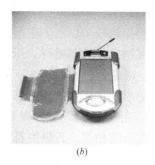

(a)　　　　　　　　　　　　(b)

图 9-2　无线射频系统关键部件

(a) 电子标签；(b) 手持式阅读器

　　成熟度分析系统主要由计算机和分析软件两部分构成，主要功能是根据养护温度信息计算混凝土成熟度及强度。成熟度分析系统能够与上述无线射频系统共同工作。它能够允许必要的信息输入，如样品配合比设计以便建立成熟度曲线。一旦你从电子标签收集到相关信息，就可以立即显示混凝土强度。成熟度分析系统所需计算机要求不高，普通掌上电脑即可。

9.4.3　工程应用——美国纽约世界贸易中心 1 号楼

　　美国纽约世界贸易中心 1 号楼为"9.11"恐怖袭击倒塌的世界贸易中心重建工程中最高的建筑，高达 541m，总建筑面积约 241000m²，采用劲性钢筋混凝土核心筒与钢框架结构体系。重建工程设计吸取了原世界贸易中心倒塌的教训，除了加大逃生设施的设计以外，还大量采用钢筋混凝土结构增强建筑整体性和提高结构防火性能，以抵御可能的不利荷载作用。如楼梯间、电梯井等都布置了 91cm 的钢筋混凝土剪力墙，混凝土最高强度达到 14000psi（96.53MPa）。

　　如何有效控制混凝土施工质量是工程建设需要破解的重要技术难题之一，也是确保设计意图完全实现的关键。为此，工程技术人员探索采用混凝土成熟度无线实时监控系统来实时监控混凝土的施工质量。该混凝土成熟度无线实时监控系统由美国维克（WAKE，INC）公司采用奥地利 IDENTEC SOLUTIONS 公司的智能远程主动无线射频技术开发成功。世界贸易中心 1 号搂所有重要结构部位（基础、核心筒剪力墙、电梯井道、楼梯间和设备房等）的混凝土都采用混凝土成熟度监控系统进行监控，整个工程将大约使用 20000个主动式 RFID 电子标签。系统采用的温度跟踪电子标签为 IDENTEC SOLUTIONS 公司生产的 i-Q32，它能够采集和储存混凝土内部温度信息，并将温度信息无线传输给混凝土成熟度监控系统（CMMS）。无线传输能够穿过 6.0m 厚的混凝土结构，最大传输距离达400m。混凝土成熟度监控系统帮助承包商有效确定混凝土最终成熟度和强度，节约了施工时间和费用，控制了施工风险[108]。

第10章　超高层建筑钢结构安装

10.1　钢结构安装特点

10.1.1　工程特点

钢结构加工制作全部在工厂完成，施工现场作业少，现场作业机械化程度高，施工速度快，施工工期短，满足了建设单位对工期控制的需要，因此在超高层建筑中应用日益广泛。当前超高层建筑钢结构工程具有以下特点：

1）钢结构应用高度不断突破。由于钢结构具有优良的特性，因此已经成为目前超高层建筑最重要的结构材料之一，世界上许多重要的超高层建筑都或多或少得使用了钢结构。特别是钢结构往往成为超高层建筑顶部结构，因此超高层建筑高度每一次跨越常常成为钢结构应用高度新突破。从1930年美国纽约克莱斯勒大厦突破300m高度（77层，319m高），到1973年美国纽约世界贸易中心跨越400m（110层，417m高），再到2004年中国台北101大厦跨上500m台阶（101层，508m高），最后到2010年阿联酋迪拜哈利法塔达到828m，都是超高层建筑钢结构应用高度不断突破的见证。

2）钢结构体系更加复杂。一方面钢结构要适应超高层建筑高度不断增加的新形势，通过结构体系创新提高结构抵抗侧向荷载的效率。另一方面钢结构要适用超高层建筑造型日益多样的新形势，通过结构体系创新满足建筑设计需要。因此超高层建筑钢结构体系朝更加复杂的方向发展，结构巨型化的趋势越来越明显。近年来采用巨型钢结构体系的超高层建筑不断增加，如美国纽约世贸中心1号楼、北京中央电视台新台址大厦主楼、上海环球金融中心、广州新电视塔和广州国际金融中心等。

3）钢结构构件越来越重。由于超高层建筑高度不断增加，体形日益多样，钢结构承受的荷载越来越大。为了提高钢结构构件的承载能力，除了提高钢材强度外，主要是增大钢结构构件几何尺寸。一方面，扩大钢结构构件断面，上海中心巨型柱劲性钢结构柱外包尺寸达到3.7m×5.3m；另一方面，增加钢板厚度，超高层建筑钢结构应用的钢板厚度超过100mm，有的达到150mm。这导致钢结构构件越来越重。广州国际金融中心外框斜交网格钢结构"X"形节点最长12m，壁厚55mm（节点中部椭圆拉板厚度100mm），重达64t。中央电视台新台址大厦主楼钢结构构件最大重量达到80t。上海中心巨型柱劲性钢结构构件重量达到8t/m，构件最大重量达90t。

10.1.2　施工特点

超高层建筑钢结构应用高度不断突破、结构体系更加复杂、构件越来越重，使钢结构施工具有鲜明特点：

1）施工机械要求高。钢结构安装对施工机械的依赖比较强。现代超高层建筑钢结构施工对塔吊等的要求越来越高。一方面要求塔吊具有很强的起吊能力，能够将重型钢构件吊装至所需的空间位置。另一方面要求塔吊具有很高的起吊效率，能够适应超高层建筑施工工期紧迫的新形势。

2）施工工艺要求高。早期的超高层建筑体形规整，结构简单，钢结构安装比较容易，采用塔吊高空散装工艺安装即可。现代超高层建筑体形变化大，结构复杂，钢结构安装难度大，施工工艺要求高。在现代超高层建筑钢结构安装中，尽管塔吊高空散装工艺仍为主导工艺，但是对其中一些特殊结构如重型桁架、塔楼，或者少量超重构件，就必须探索更加高效经济安全的安装工艺。

10.2　钢结构框架安装工艺

10.2.1　施工特点

在超高层建筑钢结构中，框架以承受竖向荷载为主，施工具有以下三大特点：一是总体而言吊装技术难度比较小。除地面附近外，大部分钢结构框架的构件断面不大，构件比较轻，吊装难度相对较小。二是在地面附近，钢结构框架构件承受的竖向荷载比较大，因此断面比较大，构件比较重，吊装难度相对较大。三是在地面附近，吊装作业条件较高空更优越，吊装设备选型余地比较大。

10.2.2　安装工艺

超高层建筑钢结构框架安装多采用高空散拼安装工艺，即逐层（流水段）将钢结构框架的全部构件直接在高空设计位置拼成整体。根据使用的吊装设备，超高层建筑钢结构框架安装工艺又分为塔吊高空散拼安装工艺和履带吊结合塔吊高空散拼安装工艺。

（1）塔吊高空散拼安装工艺

以塔吊为主要吊装设备，采用高空散拼安装工艺逐流水段安装钢结构框架。该工艺是超高层建筑钢结构安装的传统工艺，也是应用最为广泛的超高层建筑钢结构框架安装工艺。该工艺具有设备来源广，安装成本低的优点。但是该工艺受塔吊起吊能力的限制，适应构件重量变化的能力比较低，当钢构件重量变化比较大时，塔吊选型就比较困难。对于构件重量随高度剧烈变化的超高层建筑工程，近地面钢构件重，高空钢构件轻，塔吊选型不可避免存在矛盾：如果选用起重能力较大的塔吊，可以比较容易解决近地面重型钢构件吊装难题，但是进入高空轻型钢构件吊装阶段，塔吊的起重能力就有很大富余，造成较大浪费；如果选用起重能力较小的塔吊，高空轻型钢构件吊装成本得到控制，但是近地面重型钢构件吊装就存在很大困难，构件分段长度势必受到很大限制，现场焊接量大大增加。因此塔吊高空散拼安装工艺适用于构件重量随高度变化不大的超高层建筑钢结构框架工程。

（2）履带吊结合塔吊高空散拼安装工艺

首先以履带吊（或履带吊和塔吊）为主要吊装设备，采用散拼安装工艺安装地面附近钢结构框架，然后以塔吊为主要吊装设备，采用散拼安装工艺逐流水段安装高空钢结构框架。该工艺适应了目前超高层建筑钢结构构件重量随高度变化剧烈的新形势，解决了钢结构构件重量变化剧烈的超高层建筑钢结构框架工程塔吊选型的难题。一方面充分利用地面作业的有利条件，发挥履带吊起重能力强的优势，克服了地面附件钢结构重型构件吊装的困难；另一方面由于近地面附近重型钢构件可以由履带吊承担，因此塔吊选型主要受高空轻型钢构件控制，塔吊配置大大降低，减少了设备投入。该工艺具有设备来源广，安装成本低的优点，因此近年来应用越来越多，如上海环球金融中心和广州新电视塔等工程等采用了履带吊结合塔吊高空散拼安装工艺吊装钢结构框架[108,109]。

10.2.3 工程应用

(1) 上海环球金融中心[109,111]

1) 工程概况

上海环球金融中心总建筑面积 381600m^2，地下 3 层，主楼地上 101 层，建筑高度达492m，是目前国内最高的超高层建筑。该工程采用核心筒＋巨型框架结构体系，外围巨型框架结构由巨型柱、巨型斜撑和带状桁架组成，核心筒由内埋钢骨及桁架和钢筋混凝土组成。从第 18 层开始，每 12 层设置一道 1 层高的带状桁架，在 28～31 层、52～55 层、88～91 层设置三道伸臂桁架将核心筒与外围巨型框架连为一体，如图 10-1 所示。

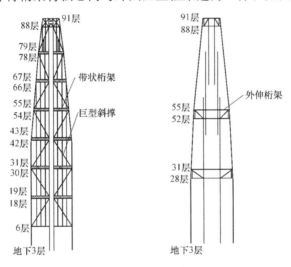

图 10-1　上海环球金融中心结构体系

2) 施工特点

上海环球金融中心钢结构框架安装具有以下特点：

① 构件多。钢结构构件分布在 57.95m×57.95m 宽，492m 高的整个建筑空间中，构件总数约 60000 件，总重量达 67000t，安装工作量非常大。

② 构件重。巨型结构体系中的许多钢构件断面大，比如巨型斜撑就是由 100mm 厚钢板焊接而成的箱形构件，高达 1600mm，构件重达 2.5t/m，安装技术难度大。

③ 焊接难。巨型结构体系中的许多钢构件采用了特厚钢板，大量钢板厚度超过60mm，最大板厚达 100mm，焊接难度大。优化构件分段，减少现场焊接工作量对加快施工速度具有重要意义。

3) 施工工艺

根据钢结构特点和塔吊进场计划，本工程钢结构安装采用了两种工艺：

① B3～F5 层，采用履带吊结合塔吊高空散拼安装工艺。由于地面附近钢结构构件重量大，同时 2 台 M900D 塔吊还未进场，因此采用 150t 履带吊安装外围巨型钢柱，M440D塔吊安装剩余钢构件。

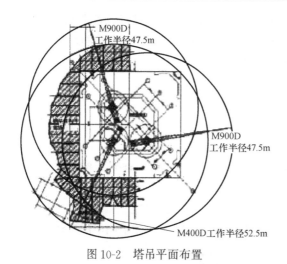

图 10-2　塔吊平面布置

② F6 层以上楼层，采用塔吊高空散拼安装工艺。以 2 台 M900D 和 1 台 M440D 塔吊为吊装设备，采用逐流水段高空散拼安装工艺进行钢结构安装。2 台 M900D 和 1 台 M440D 都布置在核心筒内，如图 10-2 所示。钢结构构件根据塔吊的起重能力和运输条件进行分段。

因混凝土核心筒结构先施工，外围框架钢结构在平面上分为 2 个区段：先安装巨型柱与混凝土核心筒相连的区段，然后安装巨型柱与巨型柱之间的区段，如图 10-2 和图 10-3 所示。混凝土核心筒刚度大，与之相连的巨型柱通过楼层主梁与次梁固定，在校正完成后形成三角形的局部稳定体。

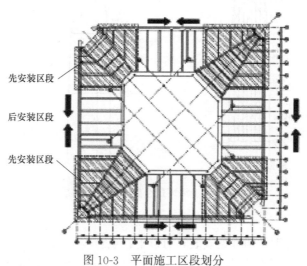

图 10-3　平面施工区段划分

4）施工技术

① 核心筒劲性柱双机抬吊[112]

本工程核心筒剪力墙为劲性结构，内置钢骨。73 层以下核心筒剪力墙内的钢骨为独立三角柱、箱形桁架柱和伸臂桁架部位 3 层高的劲性桁架，这些劲性钢结构构件重量比较小，都采用塔吊高空散拼安装工艺施工。但是，在核心筒 74～77 层，即地面以上高度为 320.15～332.75m 时，核心墙体内有 4 个箱形内埋桁架柱比较重，总长 12.6m，单位长度重量达 3.04t/m，总重 38.3t，属于大型超重构件。

一般情况下，当塔吊起重能力能够满足吊装工艺要求时，钢结构构件多采用单机吊装工艺安装，这样施工技术简单。但是受塔吊起重能力限制，构件分段长度相对较小，钢结构构件分段数量相应增加。这样一方面增加了施工工期，另一方面增加了焊接难度和工作量。因此在综合比选的基础上，为减少构件分段数量和现场焊接工作量，缩短工期，制定了 M440D 和 M900D 两台塔吊双机抬吊的施工工艺。整个核心筒 74～77 层箱形内埋桁架柱三层为一节，工厂制作，双机整体吊装，如图 10-4 所示。为控制失稳风险和合理分配吊装荷载，根据 M440D 和 M900D 两台塔吊起重能力，设计了吊装用钢扁担，如图 10-5 所示。

图 10-4　双机抬吊实况

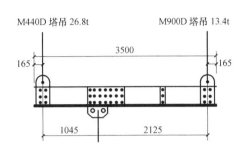

图 10-5　钢扁担吊重分配示意

② 带状桁架构件分段优化

带状桁架将每 12 层的楼层荷载传递到巨型柱，因此承受的荷载特别大。根据受力特点，带状桁架不同部位构件断面和钢板厚度差异很大。一般而言上下弦杆承受的荷载较腹杆承受的荷载大得多，因此带状桁架上下弦杆截面大，使用的钢板厚。本工程带状桁架上下弦杆最大断面为 A1200mm，使用的钢板最大厚度达到 100mm。而腹杆最大断面为 A800mm，使用的钢板最大厚度为 60mm。根据本工程带状桁架构件断面和钢板厚度变化

规律，优化了构件分段位置，尽可能将构件分段设置在弦杆与腹杆之间，延长上下弦杆的加工长度，如图 10-6 所示。这样大大减少了现场焊接作业量，加快了施工进度。

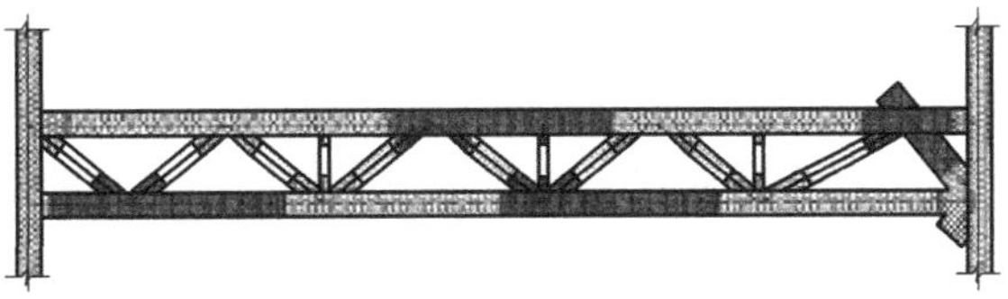

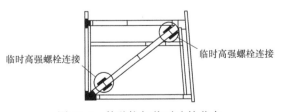

图 10-6　带状桁架分段示意

③ 外伸桁架附加内力控制

分布在 28～31 层、52～55 层、88～91 层的三道外伸桁架将核心筒与外围巨型框架连为一体。每道外伸桁架由 8 榀桁架组成，高达 3 层楼高，抵抗核心筒与外围巨型框架间差异变形能力很强。为了控制施工期间核心筒与外围巨型框架间差异变形引起的外伸桁架附加内力，采用了两阶段安装法。外伸桁架钢构件一次安装到位，但是斜腹杆首先采用高强螺栓临时连接，连接耳板设计为双向长孔，如图 10-7 所示。这样既能释放安装期间核心筒与外围巨型框架间差异变形引起的外伸桁架附加内力，又能确保结构体系完整，具备抵抗临时侧向荷载的能力，确保施工期间塔楼安全。待核心筒与外围巨型框架间差异变形稳定以

图 10-7　伸臂桁架临时连接节点

后再用焊接将斜腹杆连接，形成设计要求的抵抗永久侧向荷载的能力。

177

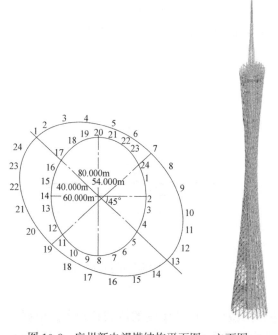

图 10-8　广州新电视塔结构平面图、立面图

（2）广州新电视塔[110,113,114]

1）工程概况

广州新电视塔高 610m，由一座高达 454m 的主塔体和一根高 156m 的天线桅杆构成，如图 10-8 所示。主塔体采用筒中筒结构体系，内筒为钢筋混凝土核心筒，外筒为钢管混凝土斜交网格筒。钢结构外框筒是本工程主要承重及抗侧力结构，由立柱、环梁和斜撑组成。外框筒立柱共计 24 根，由地下 2 层倾斜而至塔体顶部，钢管柱截面尺寸由底部的 $\phi2000 \times 50$ 渐变至顶部的 $\phi1200 \times 30$，柱内填充 C60 低收缩混凝土；斜撑与钢管柱斜交，采用 $\phi850 \times 40 \sim \phi700 \times 30$ 钢管。46 组环梁采用 $\phi800$ 钢管，壁厚 $20 \sim 25$mm。

2）施工特点

广州新电视塔钢结构框架安装具有以下特点：

① 构件吊装难度大。钢结构总重达 50000t，主要构件立柱钢管的截面直径 1200～2000mm，壁厚 30～50mm，最大分段重 40t，部分楼层桁架重 80 余吨。钢结构外框筒基础平面为 80m×60m 的椭圆。由于其中心与混凝土核心筒的中心不重合，大大增加了塔吊作业半径。这些都增加了吊装工艺选择和起重机械配置的难度。

② 安全保障难度大。内外框筒之间仅断续设置了 37 个楼层，楼层大量缺失。钢结构安装缺少有效依靠，增加了钢构件校正和固定难度；同时高空操作失去依托，凌空作业量大，施工人员上下安全通道匮乏。

③ 变形控制要求高。钢结构外框筒采用斜交网格结构形式，自下而上呈 45°扭转，所有构件均呈三维倾斜状态，外框筒中心与核心筒中心偏置达 9m，钢结构在恒荷载作用下即发生较明显的侧移。另外由于结构超高，环境温度变化也会引起钢结构外框筒发生显著变形。因此钢结构外框筒变形控制要求高。

3）施工工艺

针对广州新电视塔钢结构外框架安装特点，通过优化起重机械配置，自下而上依次采用了三种安装工艺。

① 履带吊高空散拼安装工艺：标高 7.050m 以下钢外框筒采用该工艺安装。2 台 150t 履带吊停于标高-11.500m 环岛上吊装作业；2 台 300t 履带吊停于基坑外进行 150t 履带吊组装、构件就位和吊装作业；1 台 25t 汽车起重机停于场地内进行机动作业，如图 10-9 所示。

② 履带吊结合塔吊高空散拼安装工艺：标高 7.050～100.000m 钢外框筒采用该工艺

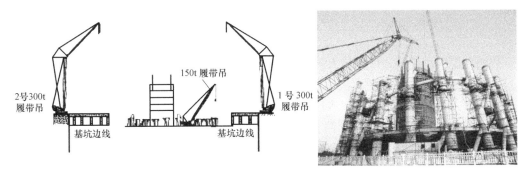

图 10-9　履带吊高空散拼安装工艺

安装。2 台 300t 履带吊停于±0.000 加固平台上进行吊装作业；2 台 M900D 塔吊悬挂于核心筒外侧进行吊装作业；1 台 150t 履带吊停于基坑外进行构件驳运作业；1 台 25t 汽车吊停于场地内进行机动作业，如图 10-10 所示。

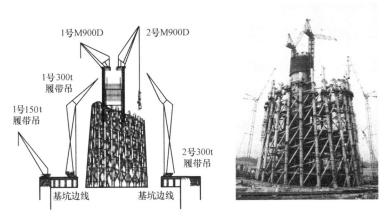

图 10-10　履带吊结合塔吊高空散拼安装工艺

③ 塔吊高空散拼安装工艺：标高 100.000～454.000m 钢外框筒采用该工艺安装。2 台 M900D 塔吊悬挂于核心筒外侧进行吊装作业；1 台 300t 和 1 台 150t 履带吊用于场地内构件驳运就位作业；1 台 25t 汽车吊停于场地内进行机动作业，如图 10-11 所示。

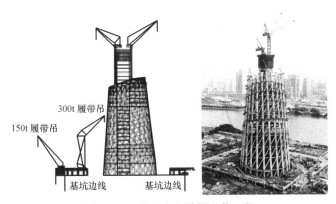

图 10-11　塔吊高空散拼安装工艺

　　4）施工技术

　　① 塔吊悬挂爬升技术[115]

　　（A）爬升工艺

　　广州新电视塔钢结构外框筒大部分构件，特别是重型构件多分布在外围，距核心筒比较远。同时椭圆形核心筒平面尺寸比较小，内径仅为 14m×17m，内部缺少塔吊布置空间。针对以上情况，经过多方案比选，采用了塔吊悬挂爬升技术。两台 M900D 塔吊沿核心筒长轴方向（也是钢结构外框筒长轴方向）通过悬挂系统相向布置在核心筒外，如图 10-12 所示。这样既解决了核心筒内部缺少塔吊布置空间的难题，又缩短了钢结构外框筒构件吊装半径，便于重型构件吊装。两台 M900D 塔吊依托悬挂系统采用内爬工艺爬升，爬升工艺流程如图 10-13 所示。

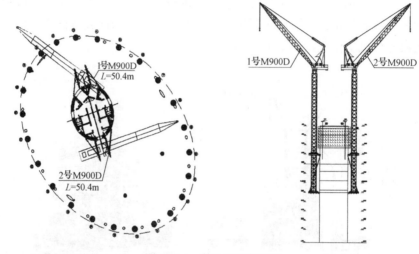

图 10-12　塔吊平面布置图

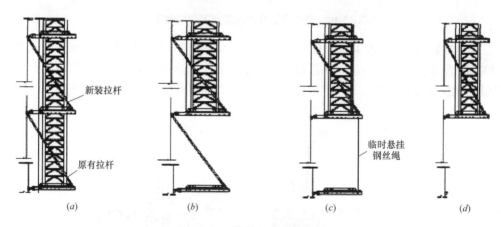

图 10-13　塔吊爬升工艺流程

　　（B）悬挂系统

　　悬挂系统由承重横梁、斜拉杆、水平支撑杆及与爬升塔吊配套的 C 形限位座梁等构成，每台塔吊各配置三套悬挂系统，塔吊作业时两套悬挂系统协同工作，塔吊爬升时三套悬挂系统交替工作。承重横梁采用箱形结构，一端通过双向铰座与核心筒壁相连，另一端与斜拉杆铰接；斜拉杆采用钢板拉条；水平支撑杆为钢管杆件，两端铰支；与塔吊配套的 C 形限位座梁通过高强螺栓固定于承重横梁上，如图 10-14 所示。

② 安全保障技术

广州新电视塔楼层缺失比较严重，454m 高的主塔体仅设置了 37 个楼层，钢结构外框筒安装安全保障条件比较恶劣。为此依托临时支撑构建水平通道系统，如图 10-15 所示。同时研制了工具式操作平台。钢结构安装时将操作平台与钢管立柱一起安装，然后依托工具式操作平台搭设操作脚手，如图 10-16 所示。水平通道、工具式平台与垂直爬梯和防坠隔离设施等一起构成完整的安全操作系统。

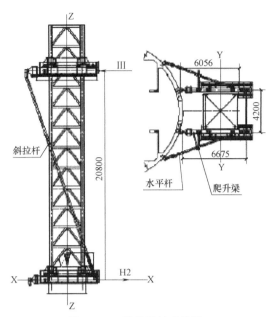

图 10-14　塔吊悬挂系统图

图 10-15　依托临时支撑的水平通道系统

图 10-16　工具式操作平台

③ 变形控制技术

遵照简单实用，操作便利的原则，制定了广州新电视塔钢结构外框筒变形控制技术路线：钢结构深化设计及构件制作原则上按原设计进行，以简化设计及构件制作；钢结构安装采用预变形技术进行变形控制，重点控制外框筒的标高和平面位置。

（A）钢外框筒标高控制

钢外框筒标高控制采用相对标高与绝对标高相结合分阶段补偿（预变形）的方法，即钢结构外框筒分六个阶段进行绝对标高补偿（无楼层处），每个阶段之间的环或层以相对标高控制。这样大大简化了标高补偿工作量，具有较强的可操作性。标高补偿具体位置及数值如下：

（a）5～6 环柱子 Z 向坐标＝理论 Z 向坐标＋8mm－5 环以下结构 Z 向压缩值；

（b）11～12 环柱子 Z 向坐标＝理论 Z 向坐标＋16mm－11 环以下结构 Z 向压缩值；

（c）17～18 环柱子 Z 向坐标＝理论 Z 向坐标＋24mm－17 环以下结构 Z 向压缩值；

（d）24～25 环柱子 Z 向坐标＝理论 Z 向坐标＋32mm－24 环以下结构 Z 向压缩值；

（e）30～31 环柱子 Z 向坐标＝理论 Z 向坐标＋40mm－30 环以下结构 Z 向压缩值；

（f）38～39 环柱子 Z 向坐标＝理论 Z 向坐标＋48mm－38 环以下结构 Z 向压缩值。

经过标高补偿，理论上可以将钢结构外框筒的标高误差（与设计标高相比）控制在 2cm 以内，如图 10-17 所示。方案实施后外框筒标高误差控制在 5cm 以内，满足了设计和规范要求，达到了预期效果。

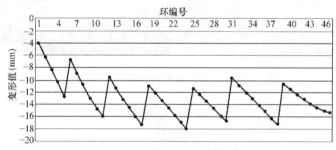

图 10-17　变形补偿后外框筒标高理论偏差

（B）钢外框筒平面位置控制

钢外框筒平面位置控制较标高控制困难得多，主要是钢外框筒平面位置影响因素多，变化规律复杂。为此采用了逐环复位的方法来控制钢外框筒平面位置，即钢外框筒安装时每一环钢立柱的平面位置均以理论坐标进行定位，始终逼近设计位置，这样可以对已安装的下部钢结构产生的平面变形进行补偿。

采用该方案后，X 方向最大预变形值为 15mm，出现在第 38 环，Y 方向最大预变形值为 5.4mm，出现在第 27 环。最终变形完成后，X 方向与理论最大差值为 33.9mm，出现在第 41 环，Y 方向与理论最大差值为 35.3mm，出现在第 39 环。整体水平方向形态偏差其中单方向变形值均在 50mm 以内，满足规范要求。

10.3 钢结构桁架安装工艺

目前在超高层建筑中，钢结构桁架应用越来越广泛。超高层建筑结构一方面要适应超高层建筑结构巨型化的发展趋势，应用钢结构桁架提高结构抵抗侧向荷载的能力，如带状桁架和外伸桁架；超高层建筑结构另一方面要满足超高层建筑功能多样化的需要，应用钢结构桁架实现超高层建筑功能转换，在超高层建筑内部营造大空间，如转换桁架。

10.3.1 施工特点

钢结构桁架安装是超高层建筑钢结构安装难题之一，具有以下特点：1）构件重量大。单榀桁架重达百吨，甚至数百吨，如金茂大厦三道外伸桁架的重量分别为 1427t、1088t 和 708t[26]。2）厚板焊接难。钢结构桁架承受的荷载特别大，因此构件断面大，使用的钢板厚，往往超过 100mm，甚至达到 150mm，焊接难度大。3）作业条件差。钢结构桁架往往位于数十米，甚至数百米的高空，临空作业多，作业风险大。

10.3.2 安装工艺

（1）支架散拼安装工艺

依托下部结构或临时支架，将钢结构桁架全部构件（或小拼单元）直接在高空设计位置总拼成整体的安装方法称为支架高空散拼安装工艺。该安装工艺设备配置要求低，设备投入小，因此应用极为广泛，是最常用的钢结构桁架安装工艺。但是该安装工艺现场及高空作业量大，施工工效比较低，特别是同时需要大量的支架材料和设备。高空散拼安装工艺适合临空高度比较小的钢结构桁架安装。

（2）整体提升安装工艺

首先在设计位置下方或地面将钢结构桁架拼装成整体，然后采用液压动力或电动卷扬机将钢结构桁架整体提升到设计位置，这就是整体提升安装工艺。整体提升安装工艺将大量高空作业（拼装、校正和连接）转化为地面或低空作业，降低了施工安全风险，减少了施工临时设施投入，具有明显技术和经济优势，因此在上海证券大厦、日本大阪新梅田大厦和马来西亚石油大厦等超高层建筑工程中得到广泛应用，已经成为钢结构桁架最重要的安装工艺之一。

（3）悬臂散拼安装工艺

悬臂散拼安装工艺是以塔楼为依托，利用塔吊或移动式起重机自支座向跨中逐流水段拼装钢结构桁架的安装方法。在拼装过程中，桁架不依赖支架，而是依靠自身承载能力承受自重作用（有时借助临时斜拉杆），因此在合拢前成悬臂状。悬臂散拼安装工艺所需临时支撑少，施工成本低，适合临空高度比较大但又不适合采用整体提升安装工艺吊装的钢结构桁架安装，如中央电视台新台址大厦就采用了悬臂散拼安装工艺吊装悬臂段钢结构转换桁架。但是悬臂散拼安装工艺也具有临空作业多、安全风险大、结构施工控制难度等缺点，因此应用范围比较小。

10.3.3 工程应用

（1）上海证券大厦[116,117]

1）工程概况

上海证券大厦地下 3 层，地上 27 层，建筑高度为 120.9m，总建筑面积为 98061m²。

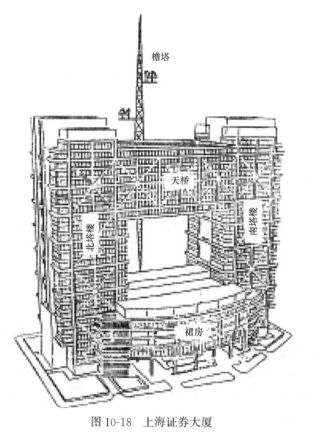

图 10-18　上海证券大厦

由裙房、南北塔楼、天桥及桅杆组成（图 10-18）。其中南、北两座塔楼高 27 层，采用钢筋混凝土核芯筒体与钢结构框架组成的框筒结构体系；天桥位于南、北塔楼之间的第十九层至第二十七层处，高 31m，跨度达 63m，采用钢结构。

2）施工特点

上海证券大厦天桥钢结构施工具有以下特点：

①结构重。天桥钢结构总重达 1500t，构件延米重量大。塔吊布置在南北塔楼，作业半径大。按已有塔吊配置，在高空散拼，只能逐根构件、逐个节点吊装，吊装工效低，焊接工作量大。

②跨度大。钢结构天桥跨度达 63m，采用高空原位散拼工艺安装时，塔吊作业半径大，效率低。

③临空高。钢结构天桥距地面 70 余米，临空高度大。如采用传统支架散拼工艺安装，则支架投入非常大。

3）施工工艺

根据天桥钢结构安装特点，在综合比较支架高空散拼工艺和整体提升工艺优缺点的基础上，最终确立了地面拼装、整体提升的施工技术路线。施工工艺流程如下：首先吊装南北塔楼钢结构，同时在地面分两个单元（即Ⓐ、Ⓑ轴两榀桁架为一个单元，Ⓒ、Ⓓ轴两榀为另一单元）组装整个天桥钢结构；然后依托已经施工的南、北两座塔楼，采用穿心式液压千斤顶将组装好的 1240t 的巨型钢天桥一次整体提升到 101.15m 的高空，与两侧的塔楼进行对接，如图 10-19 所示。

4）施工技术

①提升范围确定

为了确保提升过程稳定，增加提升安全储备，根据提升设备配置情况，确定了提升范围。提升设备额定荷载为 1600t，难以将天桥钢结构整体提升到位。为此将天桥钢结构分为整体提升和高空散拼两部分，如图 10-20 所示。这样一方面增加了提升安全储备，整体提升部分钢结构总重量减少为 1240t，提升安全系数达到 1.29，满足规范要求；另一方面确保了提升过程稳定，因为提升结构的重心降低了。

②提升设备选用

天桥钢结构由两个单元组成，每个单元（分别由 2 榀桁架组成）跨度为 63m，宽

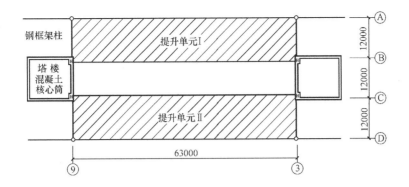

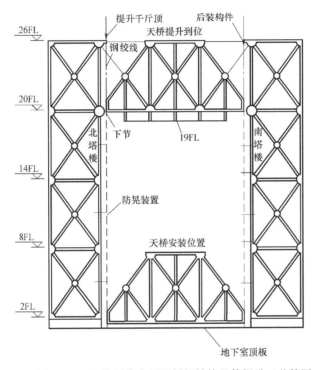

图 10-19 上海证券大厦天桥钢结构整体提升工艺简图

13.6m，高 28m，重量为 620t，提升高度为 77m。整体提升具有长距离、大重量、大体积的特点。借鉴上海东方明珠电视塔钢桅杆整体提升的成功经验，经过多方案比选，最终确立了钢索式液压提升工艺。提升设备采用 8 台 GYT-200 型钢索式液压千斤顶，4 台一组，由一台控制柜控制。提升设备主要性能如下：

（a）单台额定荷载（提升或下降）2000kN；

（b）活塞最大工作行程为 200mm，升降速度为 4～6m/h；

（c）具有带载上升和下降的功能，可随时转换或停止；

（d）提升形式为千斤顶固定在某高上，拔钢绞线上升或下降；

（e）安全装置齐全，拥有安全自锁机构，能够从容应对突发情况；

（f）具有带载换卡爪功能，能满足长距离提升需要；

（g）具有提升同步控制功能，可将提升吊点高差控制在 50mm 以内。

③ 提升同步控制

每一组的四台 GYT-200 型钢索式液压提升千斤顶，由一个控制柜控制，提升同步性能为每一个行程（即提升 200mm）提升吊点高差不超过 5mm。为将施工过程中提升吊点的高差始终控制在 50mm 以内，施工规定每提升 10 个行程进行一次调平处理。调平处理过程如下：首先用位于天桥南、北两侧的两台经纬仪，分别观察此时天桥立柱的垂直度，校核南、北方向的提升高差，然后将灌入红色液体的 ϕ10 透明软管的两端，分别挂在东、西两侧的天桥立柱上，利用连通器原理观测东、西方向的提升高差。最后根据观察的结果，将四个提升点调整至同样标高，再继续下十个行程，从而将提升过程中的高差始终控制在 50mm 以内。

④ 提升晃动控制

在六级风天气，如正面受风，天桥钢结构将承受 11t 左右的风荷载。承重钢绞线最大悬挂长度超过 100m，即使提升就位时也有约 24m。在风荷载作用下，如不采取技术措施，天桥钢结构必然会产生晃动。但是提升结构晃动会影响卡爪与钢绞线的正常吻合，影响到提升安全。另外提升就位后任何微小的晃动，也会影响到天桥与塔楼的对接。为此采取了以下技术措施来防止提升结构晃动：（a）在市气象台的协助下，选择风力低于五级的时间提升（实际提升时的风力低于四级）。（b）每隔三层（近 12m）高度，用 ϕ48×3·5 的钢脚手管制作一方框，并将方框固定在近天桥侧的四根塔楼钢柱上，作为提升钢绞线侧向限位装置，缩短悬挂自由长度。（c）提升就位后，立即用浪风绳进行临时固定，再用预先准备好的耳板与夹板，将填充段构件安装到连接位置。

（2）马来西亚国家石油大厦[25]

1）工程概况

马来西亚国家石油大厦由二栋超高层建筑组成，地下 4 层，地上 88 层，高达 452m。在 41 层～42 层布置有两层楼高的钢结构天桥，长 58.4m。钢结构天桥为两铰拱结构，拱支座坐落在塔楼 29 层结构柱上（图 10-20）。

2）施工特点

图 10-20　马来西亚国家石油大厦钢结构天桥实景

马来西亚国家石油大厦钢结构天桥安装具有以下特点：

1) 安装位置高。钢结构天桥位于第 41 和 42 层，距离地面 170m，无法采用支架散拼工艺施工。

2) 结构重量大。钢结构天桥长 58.4m，重约 750t，无法利用塔吊（包括双机抬吊）整体吊装就位。

3) 施工工艺

根据马来西亚国家石油大厦钢结构天桥安装特点，制订了整体提升工艺技术路线。整体提升共分九个步骤，工艺流程（图 10-21）如下：

① 步骤一。利用塔吊将天桥支腿一次提升到位。待天桥支腿提升到位后，利用缆风绳将他们垂直坐落在 29 层的永久支座上 [图 10-21（a）]。

② 步骤二。将天桥 2 个端部段框架分别提升到位。为便于中间段顺利提升到位，天桥端部段框架临时安装于 41 层永久位置以上约 100mm 处，并向塔楼方向后退约 100mm，保留足够的提升空间 [图 10-21（b）]。

③ 步骤三。将位于塔楼 50 层的 4 台提升千斤顶与天桥中间段相连，位于塔楼 48 层的 4 台千斤顶与天桥两端相连 [图 10-21（c）]。

④ 步骤四。将重 325t 的天桥中间段提升约 11m，并临时锁定，以便长约 10m 的支腿上部段安装到天桥上 [图 10-21（d）]。

⑤ 步骤五。检查完成后，开始天桥中间段提升 [图 10-21（e）]。

⑥ 步骤六。天桥中间段以最小每小时 12m 的速度逐渐提升到位，整个提升共持续 32h [图 10-21（f）]。

⑦ 步骤七。将中间段和端部段临时固定在一起，确保它们处于无应力状态 [图 10-21（g）]。

⑧ 步骤八。将支腿就位。待支腿到达永久位置，天桥端部段落低至 41 层永久支座上，然后将天桥中间段落低，并与支腿相连 [图 10-21（h）]。

⑨ 步骤九。待提升系统拆除后，浇捣楼面混凝土，施工天桥屋面，安装维护设施，天桥安装完成 [图 10-21（i）]。

(3) 中央电视台新台址大厦主楼[118,119]

1) 工程概况

中央电视台新址工程形似交叉缠绕的两个巨大"Z"字，由两座双向 6°倾斜的塔楼通过底部裙楼和顶部的 L 形悬臂连成一体，地下 3 层，地上 52 层，高达 234m，总建筑面积约 44 万 m²。其中悬臂结构高 14 层，自两座塔楼 162.2m 标高处（37 层）分别延伸 67.165m 和 75.165m，在空中折形对接而成（图 10-22）。

2) 施工特点

悬臂钢结构安装具有以下特点：

① 高空作业多。悬臂结构距地面 162.2m，共 14 层，构件分布在长约 75.165m，宽为 38.59m，最大高度为 53.4m 的空间内，钢结构总重超过 1.8 万 t，构件总数逾 6000 件。悬臂结构安装高空作业多。

② 构件重量大。悬臂结构大部分构件的钢板厚度在 40mm 以上，钢板最大厚度达 100mm。悬臂结构构件重量大，其中，外框柱单件最重 25t，底部边梁单件最重 41t，巨型转换桁架高 8.5m，跨长 38.592m，单榀最重 245t，分段后，构件最重达 36t。

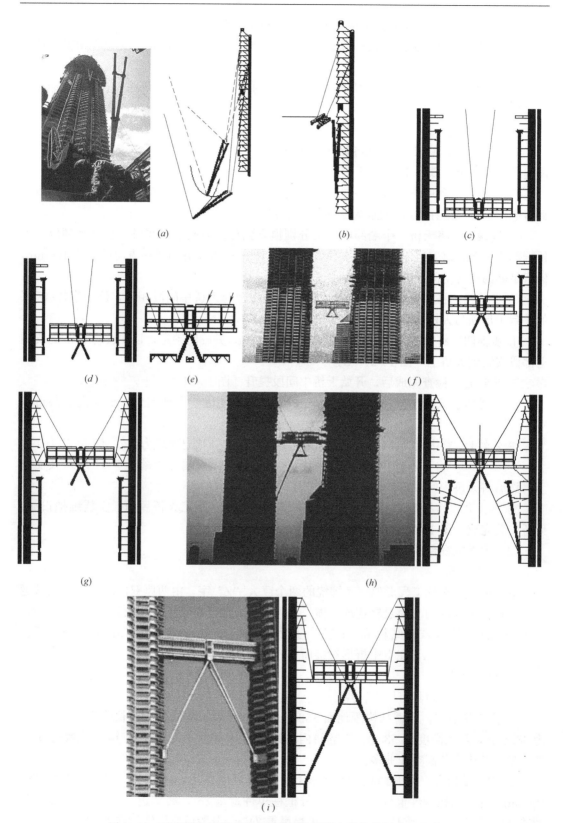

(a)　　　　　　　　　　　　　　　　　　　　　(b)　　　　　　　　　　　　　　　　(c)

(d)　　　　　　　(e)　　　　　　　　　　　　　　　　(f)

(g)　　　　　　　　　　　　　　　　　　　　　　　　(h)

(i)

图 10-21　马来西亚国家石油大厦钢结构天桥安装整体提升工艺流程

③ 施工控制难。悬臂部分总重约 5.1 万 t（含混凝土楼板、幕墙、装饰等荷载），最大悬臂长度超过 75m。在自重作用下，施工过程中悬臂结构将发生较大变形，同时在构件中产生附加应力。悬臂结构变形和附加应力施工控制难（图 10-23）。

3）施工工艺

① 施工工艺原理

悬臂结构是中央电视台新台址大厦主楼施工技术难度最大的结构部位，其中关键是如何施工悬臂结构转换桁架，只要转换桁架形成整体，悬臂结构剩余构件安装条件就大大改善。围绕悬臂结构施工，工程技术人员先后探讨了多种施工工艺，其中最有代表性的是悬臂散拼安装工艺和支架散拼结合

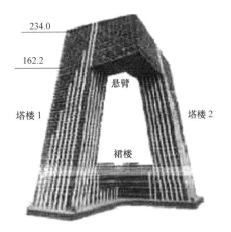

图 10-22 中央电视台新台址大厦
主楼结构模型

整体提升安装工艺。悬臂散拼安装工艺是原设计推荐方案，当两座塔楼结构封顶以后，依托两座塔楼阶梯状高空散拼悬臂结构，直至转换桁架及悬臂结构剩余部位合拢（图 10-24）。支架散拼结合整体提升安装工艺依托支架高空散拼其上悬臂结构转换桁架，然后依托两座塔楼和支架整体提升悬臂结构剩余转换桁架，最后阶梯状高空散拼悬臂结构剩余

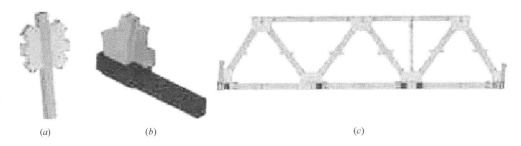

(a)　　　　(b)　　　　　　　　(c)

图 10-23 悬臂结构典型构件示意

(a) 外框柱；(b) 底部边梁；(c) 巨型转换桁架

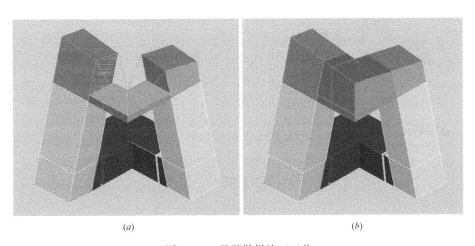

(a)　　　　　　　　　　　(b)

图 10-24 悬臂散拼施工工艺

(a) 悬臂散拼转换桁架；(b) 阶梯状高空散拼悬臂结构剩余构件

构件（图 10-25）。两种施工工艺各有优缺点，悬臂散拼安装工艺所需临时设施投入比较小，但是施工技术难度大，安全风险高，支架散拼结合整体提升工艺施工技术难度比较小，安全风险比较低，但是所需临时设施投入比较大。经过综合比较，施工时采用了原设计推荐的悬臂散拼安装工艺。

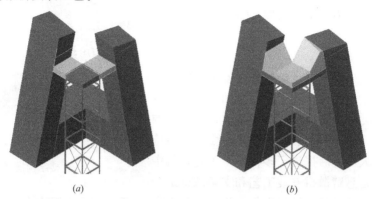

图 10-25　支架散拼结合整体提升施工工艺

(a) 支架辅助散拼和整体提升转换桁架；(b) 阶梯状高空散拼悬臂结构剩余构件

② 安装区域划分

以悬臂底部转换桁架构成的稳定结构为单元，将悬臂从根部到远端相交处分成Ⅰ、Ⅱ、Ⅲ共 3 个施工区，每区依次划分成 3、4、5 个单元跨。安装区域划分如图 10-26 所示。

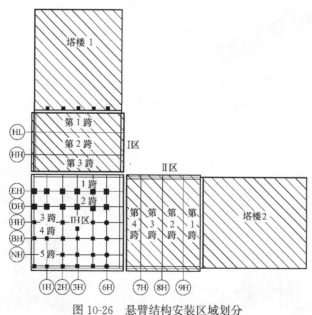

图 10-26　悬臂结构安装区域划分

③ 安装阶段划分

按照悬臂外框钢柱、水平边梁以及斜撑构成的稳定结构体系，将悬臂分成 3 个阶段进行安装，如图 10-27 所示。

（a）第 1 阶段。两塔楼悬臂独立施工→37～39 层刚性构件 7 处合拢→完成 10 处

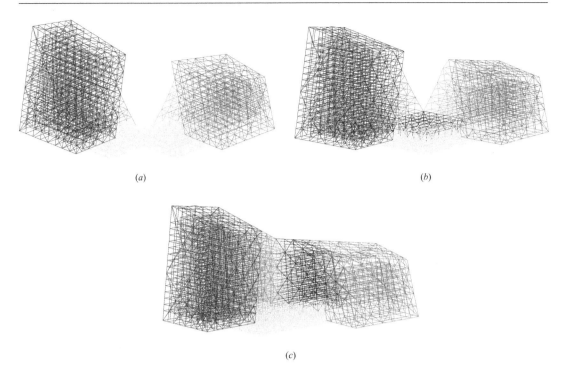

(a)　　　　　　　　　　(b)

(c)

图 10-27　悬臂结构安装阶段划分

合拢。

（b）第 2 阶段。逐跨阶梯延伸安装→37～39 层的转换层结构全部完成。

（c）第 3 阶段。合拢后，39 层以上内外结构逐跨延伸安装→完成全部悬臂结构。

④ 安装工艺流程

悬臂结构安装工艺流程如图10-28 所示。

4）施工技术

① 悬臂散拼构件定位

由于临空施工，作业缺少依托，因此构件定位成为悬臂散拼安装工艺中关键技术环节之一。中央电视台新台址大厦主楼悬臂段转换桁架构件超重、超长，单件最重达 41t，单件长约 10m，悬臂散拼过程中构件定位难度非常大。为此，工程技术人员设计了斜拉双吊杆与水平可调刚性支撑相结合的精确定位装置。该装置在水平方向上采用设有大吨位双向调节装置的钢管支撑和临时螺栓卡板定位，在竖向上采用高强钢拉杆、液压千斤顶装置和可调钢管支撑进行稳固与张拉

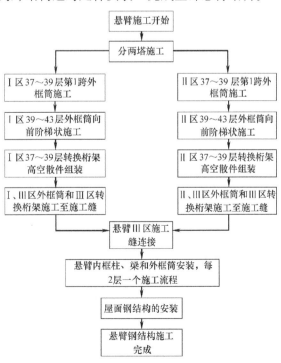

图 10-28　悬臂结构安装工艺流程

191

校正，以便于控制构件的空间位置，如图 10-29 所示。

图 10-29　悬挑钢梁安装定位装置

② 悬臂拼装合拢技术

（a）合拢位置选择

经过多种方案比较，合拢位置选择在悬臂转折区域，如图 10-30 所示。主要分 3 次由内侧向外侧依次完成底部转换层结构：①外框与转换桁架下弦共 7 根构件相连；②补装第 1 次合拢区域的剩余构件；③转换层最远端封闭连接完成。其中第 1 次合拢最关键，它是后续合拢的基础，第 1 次合拢点选择外框和桁架下弦处关键受力杆件。

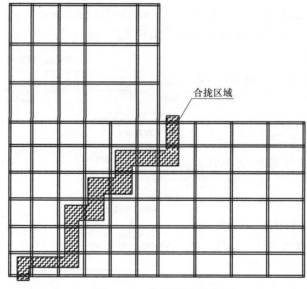

图 10-30　合拢区域平面

（b）合拢流程安排

合拢前后的安全性分析→选定初次合拢位置→设计临时合拢连接接头→合拢前结构变形和应力应变监测→确定合拢时间→安装合拢构件，固定一端→观察合拢间隙变化情况→合拢间隙达到要求，快速连接固定合拢构件的另一端→在实时监测下，对合拢构件进行焊接固定，焊接先焊接一端，冷却后再焊接另一端。

（c）合拢临时连接

悬臂合拢构件在合拢过程中，不利工况下内力最大达到 4975kN，而合拢构件为高强厚板全熔透焊接固定，焊接质量要求高、焊接持续时间长，每个焊接点需要 2 名焊工至少连续焊接 16h 才能完成，构件两端受工艺限制，不能同时焊接。因此为了保证两段悬臂能在最短的时间内连为一体，避免受日照、温度、风荷载等外界因素影响而破坏焊接，需要设置临时合拢连接接头。经过计算，合拢构件端部两侧和下方设置 3 块高强销轴连接卡板，卡板材质为 Q345B，厚 70～120mm；销轴材质 40Cr，直径为 71～121mm。临时合拢连接接头设计形式如图 10-31 所示。

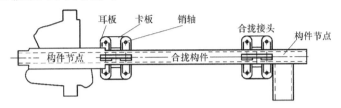

图 10-31 临时合拢连接接头示意

（d）合拢时间的选择

施工过程仿真分析表明，悬臂合拢点的变形受日照和温度变化影响最大，在 25℃ 温差情况下，合拢点水平向最大变形为 25mm，竖向最大变形为 5mm；在日照作用下，水平向最大变形量为 23mm，竖向最大变形为 2mm。而实际施工处于 11 月下旬和 12 月初，大气温度−4～8℃，温差变化最大为 10℃，这对合拢非常有利。通过实际观测，合拢点间隙和标高昼夜变化量 3～12mm，特别是在 6：00～9：00 和 21：00～00：00，合拢点间隙和标高变化相对稳定，变化量小。随着温度升高，合拢间隙减小；温度降低，合拢间隙增大，因此通过气象预报资料，一周连续观察，选择阴天 6：00～9：00 进行合拢，随着白天温度升高，合拢构件处于轴向受压状态，对临时合拢接头连接件受力和保证焊接质量有利。

10.4 钢结构塔桅安装工艺

10.4.1 施工特点

塔桅结构是一种高度相对于横截面尺寸很大，水平风荷载起主要作用的自立式结构，一般多采用钢结构。超高层建筑钢结构塔桅施工具有鲜明的特点：

1）所处位置高。钢结构塔桅是超高层建筑产生高耸入云建筑效果的重要手段，同时也担负了较多的使用功能，如无线电信号发射等，因此钢结构塔桅多位于超高层建筑的顶端，所处位置高。

2）作业空间小。超高层建筑顶部面积都比较小，塔桅自身横截面也不大，特别是顶部尺寸更小，往往不到 1m×1m，作业空间小，施工作业条件差。

3）塔身高度大。为了产生高耸入云的建筑效果，设计师往往在超高层建筑顶部布置高的塔桅，如金茂大厦塔桅高度 50.4m，台北 101 大厦塔桅高度 60m，上海东方明珠广播电视塔塔桅总长 126m，迪拜哈利法塔塔桅高度更是达到了惊人的 207m，塔身高度大。

10.4.2　安装工艺

钢结构塔桅的上述施工特点对安装工艺提出了更高要求，作业空间小限制了起吊设备的选择范围，塔桅高度往往超出塔吊起吊性能，塔吊辅助高空散拼工艺安装钢结构塔桅就受到很大限制，因此必须针对工程特点独辟蹊径，采取特殊工艺施工。在长期的工程实践中，工程技术人员在钢结构塔桅安装工艺方面积累了丰富的研究成果[120-122]。目前，钢结构塔桅特殊安装工艺主要有直升机吊装工艺、攀升吊装工艺、双机抬吊工艺、整体起板工艺、整体提升工艺和倒装顶（提）升工艺，其中直升机吊装工艺和攀升吊装工艺属于散拼安装工艺，双机抬吊工艺、整体起板工艺和整体提升工艺属于整体安装工艺，倒装顶（提）升工艺属于散拼安装与整体安装结合工艺。

（1）直升机吊装工艺

直升机吊装工艺是在地面分段组装塔桅，然后利用直升机将其逐段吊运至设计位置的安装工艺。直升机吊装工艺具有机械化程度高、拼装场地选择余地大等优点，但是也具有设备要求高，高空作业多，施工风险大等缺陷。因此应用范围受到很大限制，只有美国、加拿大等少数发达国家采用直升机吊装工艺安装超高层建筑钢结构塔桅，如美国芝加哥西尔斯大厦、特朗普国际酒店大厦和加拿大多伦多电视塔钢结构塔桅就采用了直升机吊装工艺安装[123]。

（2）攀升吊装工艺

攀升吊装工艺是在高空利用攀升吊分段组装塔桅的安装工艺，塔桅分段组装与攀升吊攀爬交替进行，直至塔桅安装完成。攀升吊装工艺具有吊装设备简易等优点，但是也具有高空作业多，施工风险大等缺陷。因此应用范围受到很大限制，只有上海世茂国际广场工程采用攀升吊装工艺安装钢结构塔桅[124]。

（3）双机抬吊工艺

双机抬吊工艺是在地面或较低位置将塔桅组装成整体，然后利用两台塔吊将其抬升到设计位置的安装工艺。双机抬吊工艺具有额外设备投入少，完全利用钢结构安装已有设备，施工速度快，高空作业少等优点。但是也具有双机抬吊同步控制要求高，施工技术风险大等缺陷。抬吊时，塔吊扒杆距塔桅近，塔吊抬升稍不同步就会引起塔桅倾斜，使塔桅碰撞塔吊，带来安全隐患，甚至酿成灾难事故。因此应用范围非常小，只有上海金茂大厦等少数工程采用双机抬吊工艺安装钢结构塔桅[125]。

（4）整体起板工艺

整体起板工艺是在基座所处平面将塔桅水平组装成整体，然后利用电动卷扬机牵引将其围绕基座处铰支座整体起板至垂直状态的安装工艺。整体起板工艺具有高空作业少，施工技术风险比较小等优点，但是拼装场地要求高，绝大部分超高层建筑在塔基处都比较狭小，难以提供塔桅水平拼装所需场地，因此整体起板工艺应用不多，只有少数超高层建筑工程采用整体起板工艺安装钢结构塔桅，如上海证券大厦等[126]。

（5）整体提升工艺

整体提升工艺是在地面或较低位置将塔桅组装成整体，然后利用电动卷扬机或液压千斤顶等动力设备将其整体提升到设计位置的安装工艺。整体提升工艺具有高空作业少，施工专业化程度高，施工技术风险比较小等优点，因此应用范围非常广泛，已经成为超高层建筑钢结构塔桅安装主流工艺，世界许多超高层建筑工程都采用整体提升工艺安装钢结构塔桅，如上海东方明珠电视塔、广州新电视塔、台北 101 大厦和迪拜哈利法塔等[27,127-129]。

（6）倒装顶（提）升工艺

倒装顶升工艺是在塔桅基座由上而下逐段组装塔桅，逐次顶（提）升，直至将塔桅拼装成整体，顶（提）升到设计位置的安装工艺。倒装顶（提）升工艺具有临空作业少，施工设备简易等优点，但是也具有顶（提）升环节多，受力转换频繁，施工技术风险大等缺陷。因此规模比较小的钢结构塔桅多采用倒装顶（提）升工艺安装，如辽宁电视塔（塔桅长 64.7m、重约 80t）、天津电视塔（塔桅长 85m、重 180t）、天津津汇广场（塔桅长 20m）、广州中天广场（塔桅长 85.6m、重 92t）、南京广播电视塔（塔桅长 47.5m、重 87.5t）、武汉广播电视中心主楼（塔桅长 74.2m、重 60t）、四川广播电视塔（塔桅长 80.5m、重 162t）和无锡红豆国际广场（塔桅长 52.1m、重 75t）等工程采用倒装顶（提）升工艺安装钢结构塔桅[58,122,130-134]。

10.4.3 工程应用

（1）多伦多电视塔[123]

1）工程概况

加拿大多伦多电视塔高 553.3m，顶部设有用于电视和广播信号发射的钢结构桅杆。钢结构桅杆高 102m，重约 300t（图 10-32）。

2）施工特点

本工程结构以钢筋混凝土结构为主，因此塔身施工采用的塔吊属轻型塔吊，起重能力很小。如采用传统的塔吊辅助高空散拼工艺安装塔桅钢结构，构件分段长度受到很大限制，构件数量多，高空作业量大，施工工期长，初步估计需要约 6个月。

3）施工工艺

天线桅杆原拟采用塔吊辅助高空散拼工艺安装，但是施工过程中，美国军方将西科斯基公司生产的 S-64 空中起重机出售给民用运营商，采用直升机吊装工艺成为可能。西科斯基 S-64 空中起重机最大起重能力为 10t。S-64 空中起重机首先被用于塔吊拆除，然后才用于天线桅杆安装。天线桅杆被分成大约 40 段制作，每段重量平均约 7t，最大达 8t。整个吊装耗时 3 周半，较传统工艺缩短工期 5 个多月（图 10-33）。

（2）上海世贸国际广场[124]

1）工程概况

上海世茂国际广场地下 3 层，地上 60 层，建筑总高度达 333m。两根圆柱形钢结构桅杆坐落在主楼 59 层（标高 236.92m），长度为 96.08m，重达 169.85t。钢结构桅杆下部 9.64m（标高 236.920~246.56m）锚固在钢筋混凝土结构中，桅杆顶端高出屋面（标高 246.560m）86.44m（图 10-34）。

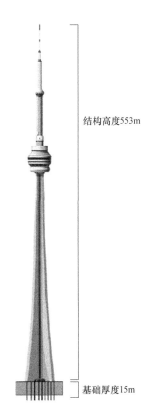

结构高度553m

基础厚度15m

图 10-32 多伦多电视塔
立面图

图 10-33　加拿大多伦多电视塔桅杆安装实景

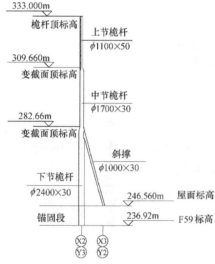

图 10-34　钢结构桅杆设计简图

2）施工特点

① 本工程钢结构安装采用一台 M440D 内爬式塔吊，巴杆接至 55m 最大长度时，最大起重有效高度为 310m。

② 钢结构桅杆顶端高度达 333m，其中下部 73.08m 在塔吊有效起重高度范围内，上部 23m 超出塔吊有效起重高度。

③ 屋面空间狭小，缺乏起板安装作业空间。

3）施工工艺

根据本工程钢结构桅杆施工特点，确立了塔吊辅助高空散拼与攀升吊辅助高空散拼相结合的施工工艺。具体而言，首先采用 M440D 塔吊安装下节和中节钢结构桅杆及斜撑，然后利用攀升吊安装上节钢结构桅杆。攀升吊装工艺流程如下：①利用 M440D 塔吊将钢结构桅杆构件吊运至攀升吊起吊范围；②完成构件交接以后，塔吊吊钩撤离，攀升吊提升构件；③构件提升到位后进行第二次交接，平移就位、校正、焊接；④攀升吊爬升，进入下一个安装循环，直至钢结构桅杆安装完成，如图 10-35 所示。

4）关键技术

① 攀升吊设计

攀升吊是一种能够附着在钢结构桅杆上自行爬升的简易吊装装置，它具有提升、平移钢结构桅杆构件的功能，并能够随着钢结构桅杆安装逐步向上攀升，形成更大高度的吊装能力。攀升吊主要由承重支架和提升动力系统组成。攀升吊承重支架为方柱形，长、宽均为 2.11m，高为 10m，由角钢焊接而成。其中主肢选用 L180×12 焊接方形钢管，缀条选用 L100×10 角钢，2 根作为起重臂的上横梁呈工字形，由 25C 槽钢双拼而成，如图 10-36 所示。吊装动力系统采用 10t 电动卷扬机和 10t 手拉捯链，担负构件垂直提升和水平就位任务。

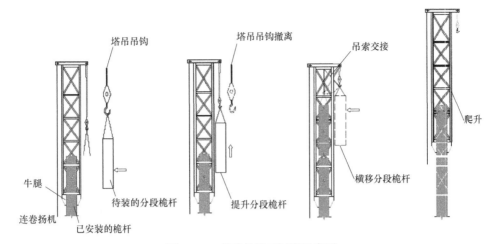

图 10-35　攀升吊施工过程示意图

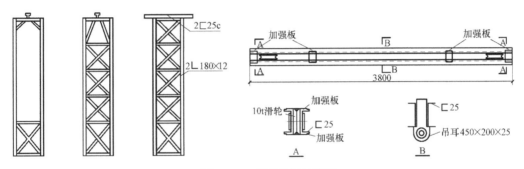

图 10-36　攀升吊设计简图

② 攀升吊装

首先利用 M440D 塔吊把分段的钢结构桅杆构件吊至攀升吊下方，实现钢结构桅杆构件在塔吊与攀升吊之间的空中交接。然后撤离小型施工机械，利用攀升吊的 10t 电动卷扬机将钢结构桅杆构件提升到安装所需高度。再实现钢结构桅杆构件在攀升吊电动卷扬机与手拉捯链之间的空中交接。构件交接过程中，电动卷扬机的吊索缓慢下降，10t 手拉捯链逐步收紧直至承担桅杆构件全部重量，由此实现钢结构桅杆构件水平就位至设计位置，如图 10-37 所示。最后进行构件校正、固定和连接，使桅杆形成整体，完成一节桅杆吊装。

③ 攀升吊爬升

当完成一节分段的桅杆结构安装后，攀升吊装架借助桅杆结构进行爬升以创造更大的施工高度。爬升前，以分段桅杆结构顶部

图 10-37　攀升吊装实景

197

的装配板为依托，捯链倒挂在装配板上，另一端与攀升吊承重支架底部相连，通过四个捯链收紧来实现攀升吊的爬升。在爬升的过程中，操作人员在收紧捯链时必须保持基本同步，避免偏差过大。

（3）上海金茂大厦[125]

1）工程概况

金茂大厦地下 3 层，地上 88 层，高达 420.5m。大厦顶部钢结构塔桅长 50.4m，重达 40.7t，坐落在 369.5m 高度的屋面上，顶端高度为 419.9m（图 10-38）。

2）施工特点

① 钢结构安装使用了两台 M440D 塔吊，可以为钢结构塔桅安装所借用。但是两台 M440D 塔吊最大有效起重高度为 406.5m，无法采用传统塔吊辅助高空散拼工艺安装塔桅全部构件。

② 采用 M440D 塔吊安装塔桅，作业半径为 24m，塔吊最大起重能力为 16t，无法采用单机整体安装工艺吊装塔桅钢结构。

③ 塔桅基座处屋面狭小，缺乏起板安装作业空间。

3）施工工艺

根据本工程钢结构桅杆施工特点，确立了塔吊辅助高空散拼与塔吊双机抬吊相结合的施工工艺（图 10-39）。具体而言，首先采用 M440D 塔吊辅助高空散拼工艺安装 382.3m 高度以下塔桅钢结构，然后采用 M440D 塔吊双机抬吊工艺安装塔桅剩余钢结构。

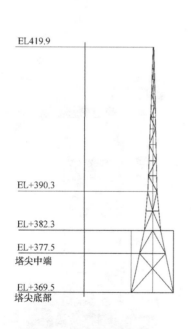

图 10-38　塔尖立面图

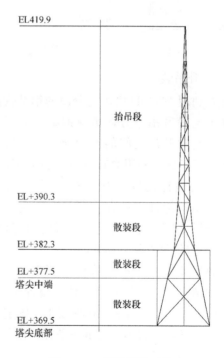

图 10-39　塔桅吊装工艺

4）关键技术

① 抬吊倾覆控制

本工程塔桅钢结构分四节加工，分节情况和构件加工状态详见表 10-1。决定双机抬吊范围的因素主要有两个：一是塔吊构件总重量必须小于双机抬吊最大起重能力 32t（双机抬吊系数取 0.8）；二是抬吊构件的重心必须低于吊点位置，即构件抬吊就位时，重心必须控制在 406.5m 标高以下，以避免抬吊时构件倾覆。为此，根据塔桅钢构件加工状态，确定了双机抬吊范围：除第一节（369.5～382.3m 标高范围）塔桅钢构件采用塔吊辅助高空散拼工艺安装外，第二、三和四节（382.3～419.9m 标高范围）塔桅钢构件在屋面拼装成整体后，采用 M440D 塔吊双机抬吊工艺安装就位。经计算，第二、三、四节桅杆组装后重 26.7t，重心位于 398.5m 标高处，符合吊装要求。

塔桅钢构件加工状态 表 10-1

节数	标 高(m)	重量(kN)	长度(m)	构件状态
1	369.5～382.3	140	12.8	散件
2	382.3～390.3	84	8	散件
3	390.3～399.9	94	9.6	立体桁架
4	399.9～419.9	89	20	立体桁架

② 抬吊同步控制

金茂大厦塔桅属于高宽比较大的结构，双机抬吊部分高度为 37.6m，宽度仅为 6.2m，抬吊同步控制要求非常高。分析表明，采用传统的固定吊点工艺，如果两台塔吊抬吊出现 100mm 的高差，整个桅杆发生倾斜后，桅杆顶部将碰撞塔吊，极可能造成机毁人亡的事故。因此，必须采取措施防止塔吊抬吊不同步引起塔桅倾斜。为此工程技术人员借鉴扯铃原理开发了新型吊具，如图 10-40 所示。该吊具由 2 根钢扁担和 2 根钢丝绳组成，2 根钢丝绳将钢

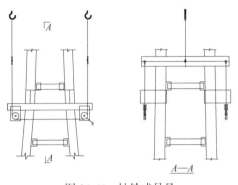

图 10-40 扯铃式吊具

扁担连为一体，塔桅通过动滑轮坐落在吊具钢丝绳上。与传统吊装塔吊吊索直接固定在塔桅上不同，金茂大厦塔桅吊装时塔吊吊索固定在钢扁担上，塔桅通过扯铃式吊具抬吊塔桅。这样塔桅因自重作用而始终处于垂直状态，两台塔吊抬吊稍许不同步不会引起塔桅倾斜，保障了塔桅抬吊安全（图 10-41）。

（4）上海证券大厦[120,133]

1）工程概况

上海证券大厦形如凯旋门，南北两塔楼由 63m 跨度的钢天桥连为一体，地上 27 层，高 120.9m。钢结构桅杆位于钢天桥中央，底标高为 38.2m、顶标高为 177.6m，全长 139.40m，重达 135t。

2）施工特点

① 钢结构施工采用 K550 内爬平衡式塔吊，布置在南北塔楼核心筒内，塔吊最大有效起重高度为 137m。

② 钢结构桅杆顶标高达 177.6m，38.2～137m 桅杆钢结构在塔吊起重能力范围内，

137～177.6m桅杆钢结构则超出了塔吊起重能力范围。

图 10-41　金茂大厦塔尖抬吊实景

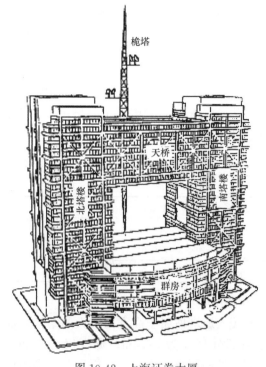

图 10-42　上海证券大厦

③ 屋面极为开阔平整，平面面积近 5000m²，施工作业空间大，作业条件好。

3）施工工艺

根据本工程钢结构桅杆施工特点，确立了塔吊辅助高空散拼与整体起板相结合的施工工艺。具体而言，首先采用 K550 塔吊辅助高空散拼工艺安装 38.2～137m 高度范围内桅杆钢结构，然后采用 K550 塔吊在屋面水平组装 137～177.6m 高度范围内桅杆钢结构并将其与已装桅杆铰接，最后通过特有机构将桅杆起扳至设计位置。整体起板施工工艺流程如图 10-43 所示。

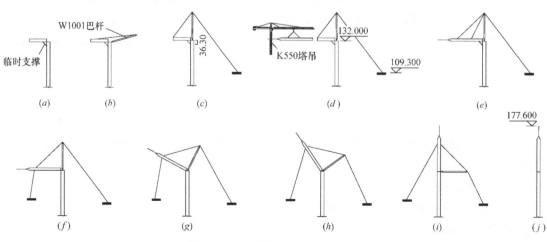

图 10-43　整体起板施工工艺流程

4）关键技术

① 起板范围

根据各分段桅杆长度，确定 38.2～132m 共十一节桅杆按顺序进行顺装，而 132～177.6m 共四节桅杆为起板段（长 45.6m，重 255kN）。

② 起板设备

起板采用 3 台 5t 卷扬机作动力。其中两台卷扬机双出头，承担桅杆的起扳，另外一台卷扬机起安全保障作用，防止桅杆在起板惯性及扒杆、钢丝绳的重力作用下起板过头，产生安全事故。

（5）上海东方明珠广播电视塔[127,128]

1）工程概况

上海东方明珠广播电视塔高 468m，由钢筋混凝土筒体和钢结构桅杆组成。钢筋混凝土筒体高 350m，钢结构桅杆高 126m，其中下部 8m 锚固在钢筋混凝土筒体中。钢结构桅杆重 450t（包括附属物重量），按截面分为三段，即由下段 52m 长（3.8m 正截面）、中段 24m 长（1.8m 正截面）和上段 50m 长的天线组成。

2）施工特点

① 钢结构桅杆超高、超重。钢结构桅杆高达 126m，重达 450t，采用塔吊辅助高空散拼工艺施工存在高空作业多、施工风险大、施工工期长等缺陷。

② 桅杆附属设施多。本工程主要功能是广播电视信号发射，因此桅杆顶端除了安装有避雷针和航空障碍灯等设备外，还有发射广播和电视信号的天线。这些附属设施如在高空安装，技术难度大，施工工期长。

③ 塔吊起重能力小。本工程结构以钢筋混凝土结构为

图 10-44 上海东方明珠
广播电视塔

主，因此施工时塔吊配置比较低，仅配置了一台 88HC 塔吊。该塔吊臂长 50m，附着在钢筋混凝土筒体上，最大有效起重高度仅为 360m，难以满足钢结构桅杆高空拼装需要。

3）施工工艺

根据本工程钢结构桅杆施工特点，确立了整体提升施工工艺。即首先在塔体内部地面处组装钢结构桅杆，然后利用柔性钢绞线承重、提升器集群、计算机控制、液压动力将其整体提升至 350m 设计位置。

4）关键技术

① 桅杆组装

钢结构桅杆采用倒装工艺组装。首先利用台车将桅杆顶部构件运送至塔体中央，然后利用液压提升设备将其提升足够高度后，再与下一段桅杆构件拼装，直至整个桅杆拼装完成。桅杆组装时，提升吊点在桅杆顶部。桅杆组装完成后，提升吊点需要转移至桅杆底部。在此过程中必须采取临时固定措施，防止桅杆倾倒。

② 提升吊点

提升吊点选择关键是下吊点的选择。要将桅杆提升至 350m 高空，上吊点无疑应选择在 350m 高度的筒体上。提升下吊点选择则比较困难。一般情况下，提升下吊点应设置在桅杆重心以上，这样在塔体内部提升稳定容易保障。但是这样无法将桅杆一次提升到位。当上下提升吊点接近时，提升无法继续进行。此时桅杆仅部分凸出筒体，还未到达设计位置。要继续提升桅杆，就必须转换下吊点。在 300 多米高空转换提升吊点安全风险可想而知。为了规避高空转换提升吊点的巨大安全风险，就必须将提升吊点设置在桅杆底部，但是这样桅杆重心就高于提升下吊点，提升过程中存在提升稳定问题需要解决。综合各方面因素，最终决定将提升下吊点设置在桅杆底部。

③ 提升设备

整体提升采用 20 台额定荷载为 40t 的液压千斤顶，布置在桅杆底部四周，每边 5 台，共计 20 台，提升能力为 800t，提升重量安全系数达到 1.78，满足规范要求。4 套液压动力系统布置在桅杆底部工作仓内，分别为四边液压千斤顶提供动力。提升采用 120 根钢绞线承重。钢绞线上端固定在 350m 高度处筒体上，6 根一束从穿心式千斤顶穿过。整体提升采用计算机控制，计算机控制系统具有同步升降、负载均衡、姿态校正、应力控制、操作闭锁、过程显示和超限报警等功能。

④ 提升稳定

桅杆在塔体内部提升时，重心在提升下吊点以上 42.5m 处，提升稳定问题非常突出。解决该问题的传统方法是在桅杆底部设置延长杆增加配重，使提升构件重心降至提升下吊点以下。这势必大大增加提升重量和材料消耗。为此，工程技术人员另辟蹊径，成功开发了垂直保持器。垂直保持器由钢桁架平台及安装在其上的 20 个钢圆环组成。垂直保持器安装在提升平台以上 60m 处（桅杆重心以上 17.5m 处）桅杆上，20 束钢绞线分别穿过 20 个圆环。桅杆提升时，钢绞线在 450t 重的桅杆作用下应当处于垂直状态。当桅杆受外力作用发生倾斜时，垂直保持器将产生足够的反力使桅杆恢复垂直状态。这是因为桅杆倾斜时，桅杆将通过垂直保持器引起钢绞线发生折线变形，承受 450t 拉力的钢绞线会产生很大的水平回复力，促使桅杆恢复垂直状态，桅杆倾斜越大，钢绞线回复力也越大。由于垂直保持器安装在钢结构桅杆上，因此提升时将随桅杆同步升高，始终发挥稳定作用，确保桅杆始终处于垂直状态。理论分析、模型试验和工程实践表明，仅 2～3t 重的垂直保持器，功效却与 300～400t 配重相当，效果好，成本低。

⑤ 出筒稳定

垂直保持器解决了桅杆在塔体内提升的稳定问题。但是当桅杆开始出筒时（桅杆出筒体 5m 后），垂直保持器接近提升上吊点，必须拆除以便提升继续进行。在垂直保持器拆除以前，必须设置其他措施保障提升稳定。为此工程技术人员设计了一对防倾覆的支承导轮装置解决这一问题，即在 350m 平台处和桅杆底部的工作舱处各设一道液压可调导轮，导轮顶紧桅杆或筒壁，这样桅杆始终受到一对力偶约束，抵抗风荷载等侧向荷载作用而不倾倒，如图 10-45 所示。具体而言，一是在 350m 单筒体顶面及上部 2m 高处各设一组导轮顶紧桅杆，分别布置在 3.8m 和 1.8m 处的框架上，解决 1.8m 和 3.8m 截面的桅杆限位问题。二是在工作舱外侧布置导轮，从四周向外伸出顶紧从 295m 标高布置到 340m 标高的四条滑道上，解决桅杆底部提升过程中动态限位问题。这样上部支承位置固定、下部支承随桅杆提升向上运动，实现动态顶紧功能，保证出筒后的桅杆提升稳定，同时也解决了桅杆垂直校正问题。

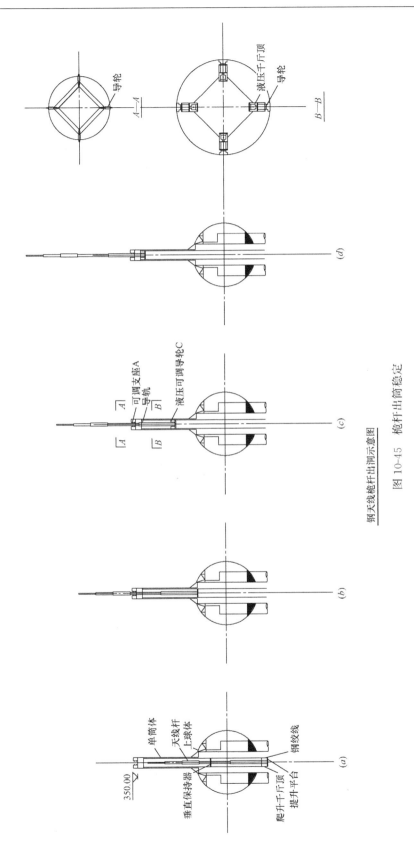

钢天线桅杆出洞示意图

图 10-45 桅杆出洞稳定

（6）台北 101 大厦[27,46]

1）工程概况

台北 101 大厦地下 5 层，地上 101 层，高达 508m，建筑总面积约 374000m²。设置在屋面（448.0m 高度）上的塔尖高 60m，总重达 475t（含不锈钢外装饰），结构断面宽度自下而上由 4100mm ×4100mm 缩小为 1600mm×1600mm，见图 10-46。

图 10-46　台北 101 大厦

2）施工特点

本工程塔尖重量大，达 475t，但是高度并不大，外露高度只有 45m。钢结构安装采用 2 台 M1280D 塔吊和 2 台 M440D 塔吊，起重设备配置比较高。因此承包商规划时拟采用塔吊辅助高空散拼工艺安装塔尖钢结构。但是 2002 年 3 月 31 日台湾以东沿海附近发生里氏 7.5 级地震，造成 2 部塔吊倒塌掉落。出于安全考虑，政府主管部门除要求评估地震对塔式起重机安全性的影响外，还规定所有重新安装的塔吊塔身高度不得过高（以 48m 为限），并且必须额外增加防止坠落装置。这样就无法再采用塔吊辅助高空散拼工艺安装塔尖钢结构，必须另辟蹊径。

3）施工工艺

根据本工程钢结构塔尖施工特点，确立了整体提升施工工艺。即首先在 96 层内部临时作业平台上组装塔尖，并完成不锈钢外装饰施工，然后利用柔性钢绞线承重、液压千斤顶为动力将其整体提升至 508m 设计位置，见图 10-47。

4）提升设备

整体提升采用 4 组额定荷载为 220t 的 VSL 液压千斤顶，布置在塔尖底部四周，提升能力为 880t，提升重量安全系数达到 1.85，满足规范要求。提升采用钢绞线承重。钢绞

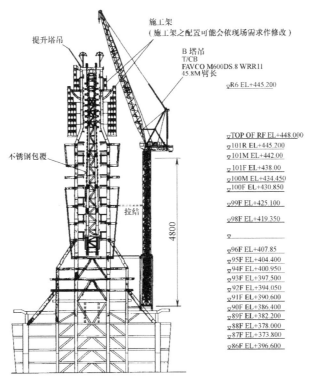

图 10-47 台北 101 大厦塔尖安装工艺

线上端固定在临时承重架上,下端从穿心式千斤顶穿过。正式提升前,试提升塔尖约
100mm,并保持 1 小时,以检查钢绞线与千斤顶之间的握裹质量等。整体提升必须在风
速小于 20m/s 的天气进行,提升速度为 6m/h,整个提升工期为 3 天(图 10-48)。

图 10-48 台北 101 大厦塔尖安装实景

第 11 章　超高层建筑结构施工控制

11.1　施工控制的意义

与其他工程一样，超高层建筑设计蓝图要变成工程现实都有一个必经环节——施工。因此，严格地说，超高层建筑工程的最终状态不但受设计控制，还受施工影响，施工过程在超高层建筑工程的最终状态中留下一定痕迹。施工过程因工程而异，复杂程度繁简各异，持续时间长短不一，施工对超高层建筑工程的最终状态的影响也就程度不同。工程越复杂，施工环节越多，施工对超高层建筑工程的最终状态的影响越强烈。如果对施工过程不严加控制，施工对超高层建筑工程产生的不利影响，轻则导致建筑功能不能正常发挥，重则给超高层建筑工程带来损伤，留下安全隐患，甚至引发重大灾害事故。

但是长期以来超高层建筑工程规模相对比较小，或者尽管规模巨大，但形态比较规则，因而施工过程比较简单，结构状态易于控制。所以，超高层建筑工程建设对施工控制技术的需求不甚迫切，相关研究非常薄弱，系统性的研究成果比较少，只有个别工程技术人员或企业结合工程建设的需要开展施工控制技术研究。1990 年日本竹中工务店在大阪第一生命大楼工程建设中开发了预应力法施工控制技术[135]，解决了大跨度结构施工过程中挠度控制的难题，确保施工过程中相关楼层的平整度始终符合规范要求，为楼层混凝土浇捣创造了良好条件。美国罗伯逊（Leslie E. Robertson）设计事务所在西班牙马德里的欧洲之门施工过程中[136]，应用预应力法施工控制技术成功解决了双斜塔的垂直度控制难题。范庆国等人在建设上海金茂大厦的过程中，采用了标高预补偿、两阶段安装等多种方法解决了结构标高控制、核心筒与外框架变形协调和外伸桁架内力控制等施工控制问题[22]。

近年来，人的活动空间不断扩大与土地等不可再生资源的矛盾日益突出，发展超高层建筑对缓解这一矛盾具有积极意义，因此超高层建筑已经进入新一轮发展高潮，广州新电视塔等一大批超高层建筑正在或即将兴建。超高层建筑发展呈现以下显著特点：一是高度不断增加，2003 年落成的中国台北 101 大厦高度突破 500m，达 508m，2010 年竣工的阿联酋的哈利法塔（图 11-1a）高度突破 800m，达到 828m，规划的建筑高度已经突破千米大关；二是体形奇特，为了追求强烈的建筑效果，造型更加新颖奇特，如西班牙马德里的欧洲之门地上 25 层，高 95m，相向倾斜 15°，中国苏州东方之门地上 77（71）层，高 278m，顶部 9 层相连形成拱门，中国北京中央电视台新台址大厦（图 11-1b）更是将这一理念推向极致，地上 52 层，高 234m，由两座双向 6°倾斜塔楼和连接两座斜塔顶部的 15 层高悬臂结构承载，构成由两个巨大的"Z"字交叉缠绕的城市巨型雕塑；三是结构复杂，为了实现建筑意图，结构日趋复杂，结构体系巨型化趋势非常明显。除巨型框架结构体系应用日益广泛外，斜交网格结构体系也开始成为超高层建筑抗侧向荷载结构体系，应用越来越多，广州新电视塔（图 11-1c）和广州国际金融中心都采用了斜交网格结构体系作为抗侧向荷载结构体系[137,138]。

(a)　　　　　　　　　　(b)　　　　　　　　　　(c)

图 11-1　近代典型超高层建筑

(a) 828m 高哈利法塔；(b) 中央电视台新台址大厦；(c) 广州新电视塔斜交网格结构

超高层建筑高度的不断增加、造型的多样化和结构的复杂化给工程技术人员提出了严峻挑战。必须积极借鉴控制论思想和方法，优化施工工艺流程，控制超高层建筑结构施工过程，保障超高层建筑施工安全，提高超高层建筑结构可靠性。

11.2　施 工 控 制 原 理

超高层建筑施工控制是控制论在超高层建筑施工中的应用，是建筑工程施工工艺与工程控制论相结合的产物。

11.2.1　控制论原理

自从 1948 年诺伯特·维纳发表了著名的《控制论——关于在动物和机器中控制和通信的科学》一书以来，控制论的思想和方法已经渗透到了几乎所有的自然科学和社会科学领域。控制论是研究各类系统的调节和控制规律的科学，是具有方法论意义的科学理论，它的理论、观点，可以成为研究各门科学问题的科学方法，也可以为超高层建筑施工控制提供理论指导。

（1）基本概念

控制论的基本概念包括系统、控制、信息、输入、输出、反馈和状态等。系统是由相互制约的各个部分组成的具有一定功能的整体。控制是施控者选择适当的手段作用于受控者，以引起受控者的行为发生预期变化的一种策略性的主动行为。信息是贯穿于一切控制过程（传递、变换和处理）的本质因素。输入是环境对系统的激励，输出是系统对输入激励的响应。把系统受上一步控制作用而产生的效果（输出）作为决定对系统下一步如何控制（输入）的依据，这种行为或策略称为反馈。状态是系统组织和功能的总和。

（2）基本结构

无论结构多么复杂，一个控制系统必然包含被控对象和控制装置两大部分，六种基本元件，如图 11-2 所示：

1）测量元件：检测被控制的物理量，获得控制所需反馈。

2）给定元件：给出与期望的被控量相对应的系统输入量。

3）比较元件：把测量元件检测的被控量实际值与给定元件给出的输入值进行比较，求出它们之间的偏差。

4）放大元件：将比较元件给出的偏差信号进行放大，用来推动执行元件去控制被控对象。

5）执行元件：直接推动被控对象，使其被控量发生变化。

6）校正元件，也叫补偿元件：使结构或参数便于调整，以改善系统的性能。

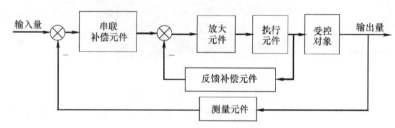

图 11-2　控制系统基本结构

（3）基本方式

依据控制原理，控制有三种基本方式：开环控制、闭环控制和复合控制。

1）开环控制

开环控制是指控制装置与被控对象之间只有顺向作用而没有反向联系的控制过程，按这种方式组成的系统称为开环控制系统。开环控制具有系统结构简单，稳定性高的优点（图 11-3）。但是，由于系统输出不能影响系统控制，因此开环控制不具备自动修正能力，控制精度比较低。作为最基本的控制方式，开环控制在土木工程施工控制中得到广泛应用，如通过预起拱控制大跨度结构的完成状态满足设计和使用对平整度的要求。

图 11-3　开环控制系统结构

2）闭环控制

闭环控制是将输出量直接或间接反馈到输入端形成闭环、参与控制的控制方式。若由于干扰的存在，使得系统实际输出偏离期望输出，系统自身便利用负反馈产生的偏差所取得的控制作用再去消除偏差，使系统输出量恢复到期望值上，这正是反馈工作原理。闭环控制具有较强的抗干扰能力，控制精度较高，但是由于系统结构复杂，因此稳定性较差（图 11-4）。近年来随着信息技术的广泛应用和结构分析手段的进步，闭环控制在土木工程施工控制中的应用日益广泛，如桥梁施工控制多采用闭环控制，超高层建筑施工控制也主要采用闭环控制[139]。

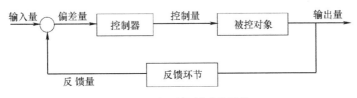

图 11-4 闭环控制系统结构

3）复合控制

复合控制是开环控制方式与闭环控制方式的某种组合。开环控制和闭环控制各有优缺点，因此可以将两种控制方式组合使用，形成复合控制，实现优势互补，在确保控制精度的同时，提高控制系统稳定性。复合控制系统比较复杂，在土木工程中应用还比较少，目前仅在桥梁工程施工控制中进行了尝试，取得了一定成果[139]。

11.2.2 施工控制原理

（1）施工控制特点

超高层建筑工程施工控制具有自身鲜明特点：复杂性、不可逆性和人为性。

超高层建筑工程施工控制的复杂性主要表现在三个方面：一是系统复杂，超高层建筑工程结构复杂，对其施工过程进行控制的系统也就非常繁复，不但包含复杂的结构本身，还包含可控性比较差的人的活动。正因为超高层建筑工程施工控制系统的复杂性，目前还难以象自动控制系统一样用严密的数学模型对其进行描述；二是目标多样，超高层建筑工程施工控制系统是一个多目标控制系统，既有形态、又有内力和稳定性，这些目标大部分情况下是相容的，有时是相互排斥的，这给施工控制带来很大困难；三是干扰因素多，超高层建筑施工环节多，施工环境不断变化，影响施工过程的因素比较多，既有人为的，如施工工艺和方法，还有自然的，如温度变化、风和地震等。

超高层建筑工程施工控制的不可逆性表现在施工控制是面向未来的，对既成事实一般是难以通过施工控制技术调整的。超高层建筑工程施工控制的不可逆性是由施工过程在时间上的单向性所决定的。超高层建筑工程施工控制的这一特点就对施工控制提出了非常高的要求，施工控制必须高效准确，具有非常强的预见性，否则造成的损失是无可挽回的，严重的还会引发灾难性的事故，不可不慎重对待。

超高层建筑工程施工控制的人为性主要表现在施工控制系统的各个环节都需要人参与，人在施工控制过程中发挥了不可替代的作用。在整个施工控制过程中，从输入、控制和执行到输出和反馈，都离不开人的参与。从这个意义上说，超高层建筑工程施工控制系统是人工控制系统，必须根据超高层建筑施工控制系统的这一特点来制定控制技术路线，而不能完全套用自动控制的理论和方法。

（2）施工控制原理

目前工程控制三种控制方法与系统各有优缺点，其中开环控制属经典工程控制方法，非常成熟，在建筑结构工程施工控制中有成功应用经验。由于不存在反馈系统，开环控制不能根据施工过程情况调整控制措施，因此仅适合结构简单的工程，控制精度比较低。闭环控制属现代工程控制方法，在桥梁工程施工控制中应用广泛，理论研究和工程经验都比较丰富。由于包含反馈系统，能够根据结构状态监测结果不断调整控制措施，因此适合结构复杂的工程，控制精度比较高。复合控制属最新的工程控制方法，理论研究和工程实践都取得一定成果，但总体上还处于探索阶段。由于超高层建筑的重要性和复杂性，施工控制必须采用成熟的方法，因此以闭环控制方法为主进行结构施工控制。

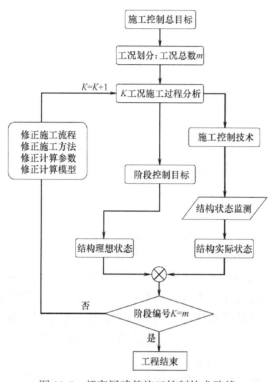

图 11-5　超高层建筑施工控制技术路线

超高层建筑施工控制技术路线如图 11-5 所示。首先根据设计要求和有关规范确定施工控制总目标。施工控制总目标是保证结构安全和建筑功能正常发挥的基础。然后根据结构特点和施工方案确定结构施工关键工况，工况划分既要保证结构施工过程分析精度，又要适当控制工况数量，以减少结构施工过程分析的工作量。按施工工况运用现代结构分析手段，对结构施工全过程进行分析，全面了解结构施工过程中内力和变形等的演化规律。在此基础上，初步确定施工控制的阶段控制目标及结构理想状态，作为施工控制可操作性的依据。同时采取有效技术措施控制施工过程，并对结构状态（内力、变形等）进行实时监测，获得结构实际状态。按施工工况将结构实际状态与结构理想状态进行对比，并根据结构实际状态与结构理想状态的差异程度，修正施工方法、施工流程、计算参数和计算模型，重新进行结构施工过程分析，修订施工控制阶段目标及结构理想状态，优化施工控制技术，如此循环直至施工结束。

11.3　施工控制目标

11.3.1　施工控制总目标

施工控制总目标是确保超高层建筑施工和运营安全，以及使用功能达到设计规定要求，即确保施工过程中和运营期间结构状态控制在极限状态之内。根据结构可靠性理论，结构极限状态可分为承载能力极限状态和正常使用极限状态两类。施工控制总目标始终围绕确保结构状态不超过承载能力极限状态和正常使用极限状态。这两种极限状态涉及基本力学变量是内力和变形，因此超高层建筑结构控制总目标可以具体为内力控制和变形控制两个基本方面。把内力和变形作为控制指标，主要因为易于操作，操作性强。

（1）内力控制

承载能力极限状态是结构或结构构件达到最大承载能力或达到不适于继续承载的变形的极限状态，具体表现为：①整个结构或结构的一部分作为刚体失去平衡（如倾覆等）；②结构构件或连接因材料强度被超过而破坏（包括疲劳破坏），或因过度的塑性变形而不适于继续承载；③结构转变为机动体系；④结构或结构构件丧失稳定（如压屈等）。内力是影响结构承载力状态最重要的因素之一，因此必须把承载力控制作为施工控制的重要内容。一般而言，设计对结构承受使用荷载有全面分析和把握，施工控制的重点是要通过施工工艺创新和施工流程优化，控制施工产生的附加内力。

由于附加内力的直接测量比较困难，因此工程实践中多采用内力总量控制，即通过设定内力限值来控制施工产生的附加内力。奥雅纳（Arup）工程顾问公司在进行中央电视台新台址主楼初步设计时，就围绕确保超高层建筑施工和运营安全，提出了结构内力控制总目标。设计以"悬臂拼装工艺"为例，通过各种极限工况施工过程分析，规定了结构锁定内力的变化范围[139]，如图 11-6 所示。

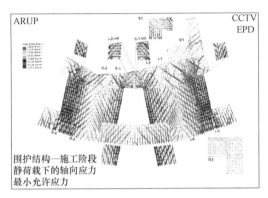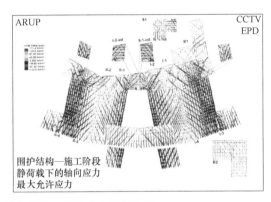

图 11-6 中央电视台新台址大厦主楼结构锁定内力限值示意

（2）变形控制

正常使用极限状态是结构或结构构件达到使用功能上允许的某一限值的极限状态，具体表现为：①影响正常使用或外观的变形；②影响正常使用或耐久性能的局部损坏（包括裂缝）；③影响正常使用的振动；④影响正常使用的其他特定状态。施工控制首先要确保结构施工完成后变形受控，建筑功能正常发挥，如电梯井的垂直度满足电梯正常运行需要。另外施工控制还要确保结构施工过程中变形受控，如平面位置、标高、层高及垂直度，以便后续分部分项工程如幕墙、电梯等顺利施工。因此变形控制目标既要满足施工过程中各分部分项工程密切配合（装配）需要，又要满足施工完成后建筑工程正常使用需要。

变形控制目标应当根据这两者需要，综合考虑经济社会发展水平合理确定。变形控制目标要适中，控制目标过高将极大增加施工技术难度和建造成本；控制目标过低将严重影响施工顺利进行和建筑工程正常使用，同样会造成经济损失，都是需要注意避免的。变形控制目标应在国家有关结构施工质量验收规范的基础上，根据工程实际情况，由设计和施工等相关各方工程技术人员共同确定。奥雅纳（Arup）工程顾问公司在进行中央电视台新台址主楼初步设计时，就围绕确保施工顺利进行和建筑功能正常发挥，提出了结构整体形态（变形）控制总目标：当结构施工完毕，幕墙及装修工程结束，且活荷载未施加状态时结构整体形态应该达到结构图设计形态，结构几何偏差限值如图 11-7 所示[140]。

11.3.2 施工控制目标分解

控制重在过程，只有过程受控，施工控制目标才能实现。要对超高层建筑施工过程进行控制，就必须将施工控制总目标按照施工关键工况进行分解，成为可以直接指导施工的

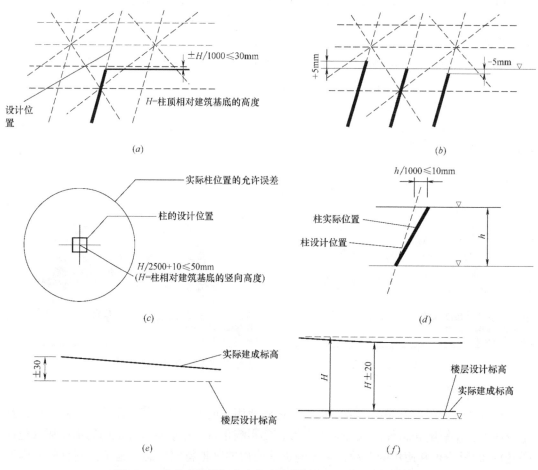

图 11-7 中央电视台新台址大厦主楼结构几何形态偏差限值

(a) 绝对竖向误差; (b) 相对竖向误差; (c) 绝对水平误差;

(d) 相对水平误差; (e) 楼层标高绝对误差; (f) 楼层标高相对误差

阶段目标, 即通过施工过程仿真分析, 建立适应施工全过程控制的目标体系。

超高层建筑结构复杂, 施工环节多, 施工过程仿真分析涉及的力学模型、材料特性和边界条件都是随施工进展而变化的, 大大增加了施工过程仿真分析难度: 1) 结构体系时变。结构施工是结构体系形成和完善的过程, 施工过程中, 结构体系随时间不断变化, 既有构件的增加 (结构安装), 又有构件的减少 (临时结构拆除), 还有构件力学性能的变化 (后张拉结构施加预应力)。2) 结构材料时变。施工过程中钢结构的材料力学性能是比较稳定的, 但是混凝土的材料力学性能则会随时间变化, 特别是浇捣刚完成不久, 混凝土的强度性能和变形性能变化都比较大。3) 边界条件时变。施工过程中结构的边界条件经常会发生变化, 如临时支撑的安装和拆除就会引起结构边界条件变化。

目前超高层建筑施工过程仿真分析多采用有限元法。有限元法是用有限个单元将连续体离散化, 通过对有限个单元作分片插值求解各种力学、物理问题的一种数值方法。结构施工过程仿真分析按照仿真流程分为前进分析和倒退分析, 所采用的基本方法是正装分析法和倒装分析法。正装分析法是按照结构实际施工加载顺序来分析结构受力与变形, 得到各关键工况控制目标；而倒装分析法则是从结构施工完成后理想状态出发，按照与实际施工次序相反的顺序，逐步倒退计算而得到各施工阶段的控制参数（控制目标）。倒装分析法适用于形式简单的结构工程，而不能满足超高层建筑工程施工过程仿真分析，这是因为超高层建筑中混凝土的力学性能（如徐变）与加载历程有关，倒装分析法难以真实反映该情况。

经过工程技术人员的长期努力，发展了许多功能强大的商业有限元分析软件，如ANSYS、SAP2000 等都具有结构施工过程仿真分析功能，能够模拟结构施工过程中结构体系、材料特性和边界条件的时变现象。如采用单元"生死"法模拟结构构件装拆过程。其基本思路为：一次性建立结构完整的有限元模型，然后把所有单元"杀死"，再按照施工步骤逐步"激活"，并施加相应施工步的荷载，即可跟踪分析施工过程中结构的内力发展和变形变化的规律。

11.4　施工控制技术

超高层建筑结构施工控制内容主要有：平面位置、绝对标高、转换桁架（悬臂桁架）挠度、外伸桁架附加内力。

11.4.1　平面位置控制

为追求建筑效果，有些超高层建筑并非垂直向上建造，而是倾斜向上建造的，如中央电台新台址大厦主楼和西班牙马德里欧洲之门。这些超高层建筑在建造过程中，结构因为自重作用而产生竖向和水平向的变位。斜塔结构受重力作用，完成状态与安装状态的平面位置会发生较大偏差，必须采取措施使结构的完成状态与设计理想状态的平面位置基本吻合，确保后续施工能够顺利进行，建筑功能不受影响。斜塔结构平面位置控制主要有三种方法：加劲法、预偏置法和预应力法。

（1）加劲法

斜塔结构平面位置变化受多种因素影响，其中结构抗侧向荷载的刚度是非常重要的因素，因此可以通过提高结构抗侧向荷载刚度来控制结构在重力作用下的平面位置偏移量（挠度）。该方法属经典方法，简单易行，因此是结构设计中普遍采用的施工控制方法。但是该方法单独运用效果比较差，效率低、成本高，必须与其他施工控制方法结合使用，效果才显著。

（2）预偏置法

借鉴梁或悬臂梁几何线形控制的经验，在结构安装的过程中，有意识地将构件向变形相反的方向偏置，偏置量等于结构受载后的平面位置变化量，这样就可以保证结构的完成状态与设计理想状态吻合，从而达到平面位置控制的目的。该方法属经典方法，简单易行，效率高、成本低，因此应用非常广泛。该方法的缺点是结构一旦成形，就难以修正几何线形，因此可控性比较差（图 11-8）。

（3）预应力法

预应力法常用于控制梁和悬臂梁的挠度，是一种成熟的施工控制方法。借鉴大跨度结构采用预应力法控制结构变形的经验，在高层或超高层建筑中配置后张拉结构体系，在结构施工过程中或完成后，通过后张拉结构体系施加预应力，控制（调整）超高层建筑结构

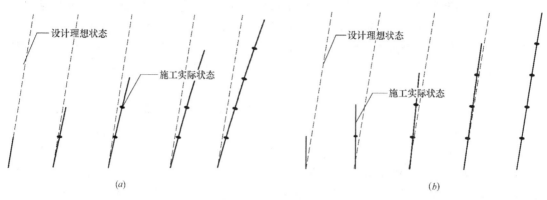

图 11-8　预偏置控制技术原理

(a) 无变形控制；(b) 实施位移控制技术

垂直度，这是预应力法的工艺原理。美国罗伯逊（Leslie E. Robertson）设计事务所在西班牙马德里的欧洲之门双斜塔（图 11-9）结构施工控制中，就成功应用了预应力法[136]。欧洲之门双斜塔地上 25 层，高 95m，相向倾斜 15°，结构垂直度控制是施工控制的一大难点。西班牙马德里欧洲之门双斜塔采用预应力法进行结构平面位置控制的原理如图 11-10 所示，流程（图 11-11）如下：

图 11-9　采用预应力施工控制
的马德里双斜塔

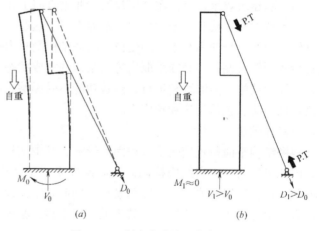

图 11-10　预应力法施工控制原理

(a) 张拉前；(b) 张拉后

① 步骤 1——基础施工：完成沉箱盖施工，安装锚具及竖向后张预应力索（锚锭至地面）[图 11-11 (a)]。

② 步骤 2——核心筒施工至 25 层：安装钢结构及压型钢板至地面，浇捣地面层混凝土；尽快将楼层混凝土浇捣至地面层；开始浇捣地下混凝土墙；完成后，全部张拉竖向预应力索并灌浆；部分张拉地面层水平预应力索；如果在地面层安装足够的临时支撑，地面以上钢结构安装可以在地面层混凝土浇捣前进行 [图 11-11 (b)]。

③ 步骤 3——钢结构安装至 6 层：继续浇捣地下混凝土墙；钢结构校正固定后迅速安装压型钢板至 6 层 [图 11-11 (c)]。

④ 步骤 4——钢结构安装至 13 层：首先浇捣 6 层混凝土，然后浇捣 1 层混凝土；在

13 层钢结构安装完成前安装 13 层水平后张拉法预应力结构并张拉；继续浇捣地下混凝土墙；13 层钢结构校正固定后立即安装压型钢板 ［图 11-11 （d）］。

⑤ 步骤 5——钢结构安装至 20 层：浇捣 13 层混凝土，然后浇捣 2 层至 5 层混凝土；完成地下混凝土墙浇捣；全部张拉地面层预应力；20 层钢结构校正固定后立即安装压型钢板 ［图 11-11 （e）］。

⑥ 步骤 6——钢结构安装至 25 层：浇捣 20 层混凝土，然后浇捣 7 层至 12 层混凝土 ［图 11-1 （1f）］。

⑦ 步骤 7——钢结构安装完成：浇捣 25 层混凝土（推荐）或安装 25 层临时楼面支撑，然后浇捣 14 层至 19 层混凝土 ［图 11-11 （g）］。

⑧ 步骤 8——竖向后张拉预应力第一次张拉：浇捣 25 层混凝土；浇捣核心筒混凝土至顶；部分张拉竖向后张拉预应力；开始安装幕墙；25 层大部分机电设备就位 ［图 11-11 （h）］。

⑨ 步骤 9——完成楼层混凝土浇捣，继续施加预应力：继续安装幕墙；浇捣 21～24 层、屋面及直升机停机坪混凝土；按照以下顺序部分施加预应力：21 层、22 层…… ［图 11-11 （i）］。

⑩ 步骤 10——完成幕墙安装及预应力张拉：继续安装幕墙至完成；在幕墙安装过程中根据确保建筑垂直度需要逐步施加预应力；校正电梯轨道；完成内装饰；完成预应力张拉，确保施工完成时建筑的垂直度 ［图 11-11 （j）］。

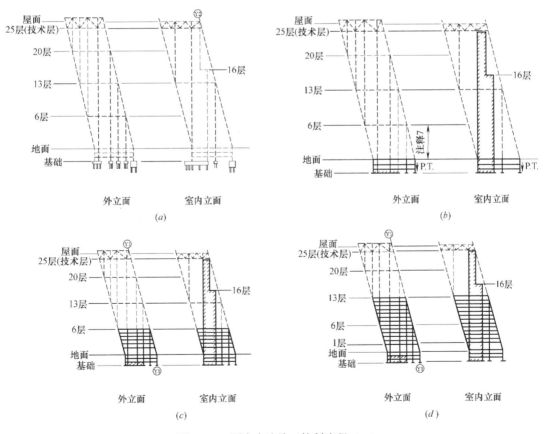

图 11-11　预应力法施工控制流程 （一）

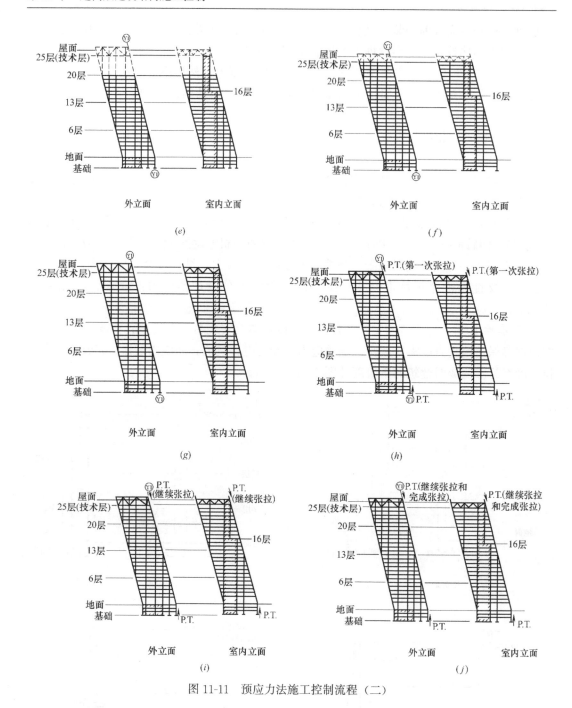

图 11-11   预应力法施工控制流程（二）

11.4.2   标高控制

超高层建筑由于高度很大，施工过程中和完成以后，一方面结构竖向收缩徐变、压缩等变形非常明显，有时高达数十毫米；另一方面在上部结构巨大荷载作用下，地基基础也会产生很大沉降，有时高达十几厘米。两者共同作用，对结构绝对标高产生明显影响。如果不加控制，就会影响幕墙工程、电梯工程等后续工种的施工。因此必须采取有效措施，控制绝对标高。

超高层建筑绝对标高控制方法主要采用预补偿法。预补偿法原理如下：（1）确定施工工艺→（2）确定施工工况→（3）进行施工过程仿真分析→（4）确定各楼层绝对标高与设计标高差异→（5）确定各楼层标高预补偿值→（6）结构施工时按预补偿值调整结构施工标高→（7）根据施工监测结果，重复步骤（3）、（4）、（5）和（6），直至施工完成，确保结构完成时的绝对标高满足设计和使用要求。

预补偿法简单易行、成本低，在超高层建筑中得到普遍应用。金茂大厦就采用了预补偿法来控制绝对标高。金茂大厦地下三层、地上 88 层，总高度达到 420.5m，采用核心筒—外框架结构体系。由于建筑高度巨大，因此竖向变形和沉降非常可观。为了确保结构最终标高满足设计和使用要求，根据施工工况确定了核心筒和巨型柱的标高预补偿值，见表 11-1，取得明显成效[26]。

金茂大厦结构标高预补偿值   表 11-1

校正楼层	核心筒补偿值	巨型柱补偿值	校正楼层	核心筒补偿值	巨型柱补偿值
53～57	+3mm	+0mm	76～80	+22mm	+10mm
58～63	+7mm	+2mm	81～85	+17mm	+8mm
64～69	+12mm	+2mm	86～88	+12mm	+6mm
70～75	+17mm	+8mm			

11.4.3 转换桁架施工控制

现代超高层建筑功能繁多，往往需要通过调整竖向结构形式或改变柱网、轴线来满足建筑功能变化需要。转换桁架是超高层建筑实现功能转换常用的结构形式，采用大跨度转换桁架可以在超高层建筑内部营造大空间，如图 11-12 所示。

转换桁架需要承受坐落在其上的楼层荷载，因此承受荷载大，受载后变形显著，转换桁架挠度可达数厘米，甚至十几厘米。同时上部楼层施工时间比较长，转换桁架加载周期长，变形持续时间长，这给上部楼层结构施工带来很大困难。由于转换桁架受载后挠度比较大，因此起拱值也比较大，这势必要影响到与转换桁架有关楼层施工。如果与转换桁架相关楼层作相应起拱处理，由于起拱值比较大而影响楼层混凝土浇捣，而且先期施工的楼层混凝土结构中将因后续施工下挠而产生较大的附加应力，严重的将引起混凝土楼板结构开裂，如图 11-13 所示。如果与转换桁架相关楼层不作相应起拱，则楼层混凝土浇捣以后将产生超过技术规范允许的下挠，影响使用功能的正常发挥，同时先期施工的楼层混凝土结构中也将产生较大的附加应力，严重的将引起混凝土楼板结构开裂，如图 11-14 所示。

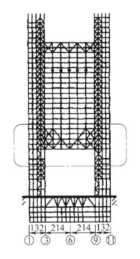

图 11-12 超高层建筑中的转换桁架

因此必须采取措施既保证转换桁架施工完成后处于水平状态，又保证坐落在转换桁架上的楼层面在施工过程中始终处于水平状态，以便转换桁架及其上楼层混凝土施工和正常使用。保证转换桁架受载后处于水平状态比较容易，目前多采用预变形法，即根据结构分析结果，在加工制作和安装时对转换桁架实施起拱，补偿转换桁架受载后的下挠，受载后

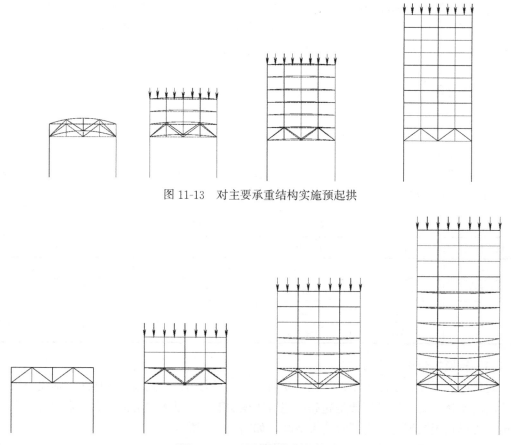

图 11-13　对主要承重结构实施预起拱

图 11-14　无预变形控制的情况

转换桁架即能处于水平状态。保证坐落在转换桁架上的楼层面在施工过程中始终处于水平状态则比较困难，必须运用工程控制原理才能实现。

（1）预应力法施工控制技术

1）工艺原理

转换桁架预变形（起拱）影响上部楼层钢结构安装及楼层混凝土施工。因此如果在转换桁架安装完成后对其施工预应力，使转换桁架提前发生下挠，并且在上部结构施工过程中不断调整预应力大小，确保转换桁架始终处于水平状态，就可以为上部楼层结构施工创造良好条件，上部楼层结构采用常规工艺施工即可。这就是超高层建筑转换桁架预应力法施工控制原理。

2）工艺流程

根据预应力施加方法，预应力法施工控制技术有两种实现形式。一种是依托转换桁架及其上部结构施工预应力，工艺流程如图 11-15 所示。

① 依据预起拱拼装转换桁架；

② 安装三角拉索并施加预应力，强制"消拱"，使转换桁架处于水平状态；

③ 施工上部结构，转换桁架在结构自重作用下产生下挠；

④ 适当释放拉索预应力使转换桁架恢复水平状态，保证压型钢板、混凝土浇筑等工序的顺利进行；

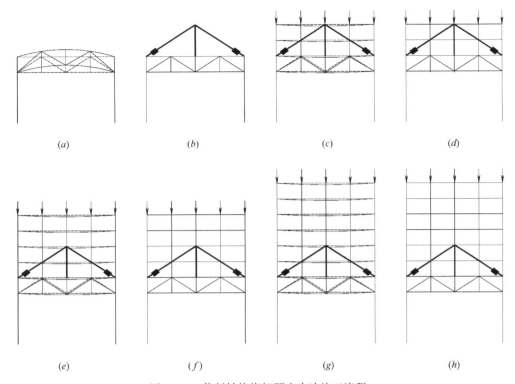

(a) (b) (c) (d)

(e) (f) (g) (h)

图 11-15 依托转换桁架预应力法施工流程

(a) 预起拱；(b) 施加预应力消拱；(c) 施工上部结构；(d) 调整拉索应力
(e) 继续施工上部结构；(f) 调整拉索应力；(g) 继续施工上部结构；(h) 调整拉索应力

⑤~⑥重复第③、④步直至转换桁架上结构施工完成。

日本竹中工务店在大阪第一生命大楼工程建设中就采用了该方法进行转换桁架施工控制[135]，如图 11-16 所示[135]。

(a)

图 11-16 依托转换桁架施加预应力实景（一）

(a) 在桁架上部配置预应力钢绞线

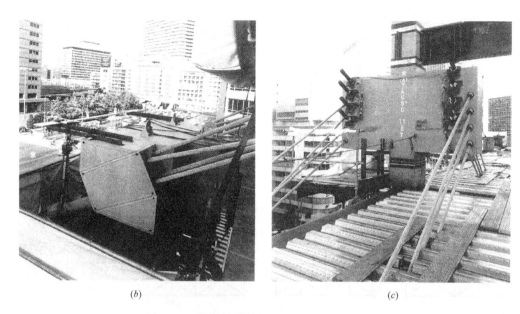

(b)   (c)

图 11-16 依托转换桁架施加预应力实景（二）

(b) 桁架梁端部的钢索由液压千斤顶张拉；(c) 预应力张拉使中央柱给予桁架梁向下的力，以控制桁架的变形

　　另一种是利用锚固于下部结构或基础的拉索施工预应力。该方法与上述方法工艺原理是相同的，不同之处在于该法对转换桁架直接施加竖向预拉力。依托转换桁架下部结构或基础安装拉索，转换桁架安装完成后，首先对拉索进行张拉，强制"消拱"，然后在上部结构施工过程中逐步释放拉索预应力使转换桁架在施工过程中始终处于水平状态，保证压型钢板、混凝土浇筑等工序的顺利进行，工艺流程如图 11-17 所示。

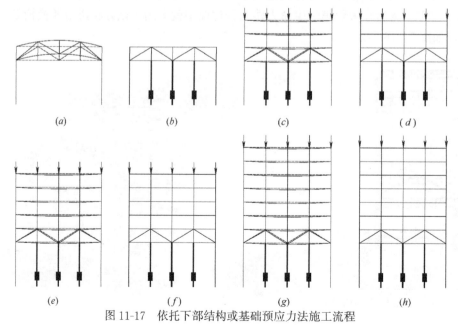

(a)   (b)   (c)   (d)

(e)   (f)   (g)   (h)

图 11-17 依托下部结构或基础预应力法施工流程

(a) 起拱；(b) 拉锚施工预应力消拱；(c) 施工上部结构；(d) 调整拉索应力；

(e) 施工上部结构；(f) 调整拉索应力；(g) 施工上部结构；(h) 调整拉索应力

（2）标高同步补偿法施工控制技术[141]

1）工艺原理

在施工过程中，转换桁架与上部结构是相互影响的。一方面上部结构施工增加了转换桁架的荷载，使转换桁架不断下挠，另一方面转换桁架下挠又反过来影响上部结构楼层水平度。因此如果在转换桁架与上部结构之间设置标高补偿装置，及时补偿转换桁架下挠引起的上部结构标高损失，就可以确保上部结构楼层面始终处于水平状态，上部结构也可以采用常规工艺施工。这就是标高同步补偿法施工控制技术工艺原理。

2）工艺流程

标高同步补偿法施工控制技术工艺流程如图 11-18 所示。

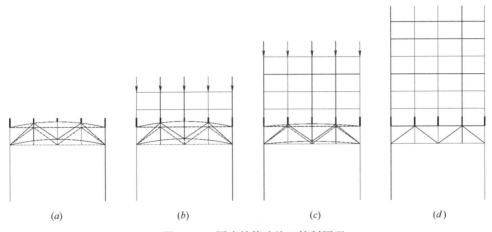

图 11-18　同步补偿法施工控制原理

（a）安装同步补偿装置；（b）施工上部结构；（c）进行上部楼层标高补偿；（d）继续施工上部结构

① 安装转换桁架，实施预起拱；

② 安装同步补偿装置；

③ 安装相关楼层结构；

④ 自重作用下已经安装的楼层出现了超过许可的下挠；

⑤ 利用同步补偿装置顶升框架柱，补偿转换桁架下挠，使已施工相关楼层处于水平状态；

⑥ 继续安装相关楼层结构，进入下一个施工——控制循环；

⑦ 转换桁架相关楼层结构施工完成，浇捣转换桁架所在楼层混凝土；

⑧ 拆除同步补偿装置。

3）同步补偿系统

同步补偿系统由测量、控制、动力和可伸缩柱脚等组成，如图 11-19 所示。测量系统采集转换桁架和上部结构标高变化信息，为控制系统运行提供依据。控制系统在比较控制目标与监测信息的基础上，做出控制决策，并发布控制指令。动力系统根据控制指令动作，补偿转换桁架下挠引起的上部结构标高变化。可伸缩柱脚则需具备伸缩功能，满足标高补偿需要。同步补偿系统属于闭环控制系统。施工前利用有限元模型预测每层框架荷载引起的转换桁架挠度；施工中利用液压千斤顶于每层框架吊装完毕后实施补偿，并将调整情况及结构内应力反馈至计算模型；根据实际情况调整模型，确定下一层施工完毕后各组

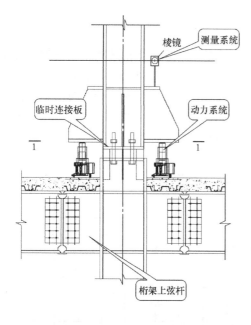

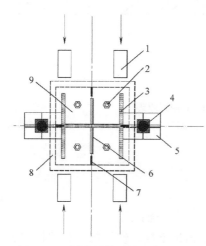

图 11-19　同步补偿系统示意

1— 调节插片；2—终拧螺栓；3—上部 H 型钢柱；
4—电控液压千斤顶；5—承重支腿；6—加劲肋；
7—剪力板；8—桁架箱形腹杆；
9—调节完毕后内灌混凝土

千斤顶的顶升数据。采用计算机控制系统对群组千斤顶实施同步或单独顶升，灵活控制楼层标高及内力。

预应力法原理简单，但同时也存在技术复杂、材料消耗大、成本高等缺陷。同步补偿法是一种新颖的施工控制方法，其优点在于：①简单实用，控制原理简单，控制环节少；②可控性强，采用先进的闭环控制系统，确保施工过程始终受控；③成本低廉，同步补偿系统简单，材料设备投入少，施工成本低。

11.4.4　外伸桁架附加内力控制

超高层建筑外伸桁架是结构抗侧力体系的重要组成部分，刚度非常大，对核心筒和外框架之间的差异变形敏感性相当强。施工过程中核心筒和外框架的结构材料不尽相同，承担的荷载存在差异，使得外伸桁架两端产生不同步变形。如果不采取针对性措施，这将在外伸桁架中产生较高的附加应力，从而影响结构功能的正常发挥。目前控制外伸桁架因核心筒与外伸桁架差异变形引发的附加应力，主要有两种办法：一是预补偿法，即在结构施工过程中进行标高补偿，减少核心筒与外框架之间的差异变形，从而达到控制外伸桁架附加应力的目的；二是二阶段安装法，即钢结构安装过程中，外伸桁架部分关键构件（节点）暂不安装到位，人为降低外伸桁架的刚度，提高其适应差异变形的能力，待结构继续施工到一定阶段，已安装外伸桁架所在部位核心筒与外框架之间的差异变形已经基本发生，再安装外伸桁架的关键构件（节点），此时外伸桁架才起作用，抵抗侧向荷载。由于外伸桁架是在核心筒与外框架之间差异变形基本完成后才形成整体，提供抵抗侧向荷载刚度，这样在形成整体前发生的差异变形就不会在外伸桁架中产生附加应变和应力，外伸桁架的内力也就得到有效控制。

金茂大厦采用三道外伸桁架来提高结构抗侧向荷载刚度，三道外伸桁架分别位于24～26 层、51～53 层和85～87 层，如图 11-20 所示。结构施工过程中就采用了标高预补偿法和二阶段安装法控制外伸桁架的内力。标高预补偿法前已叙述，不再重复，下面简要介绍二阶段安装法的实施步骤[26]。施工过程仿真分析表明，即使采取措施将核心筒和组合巨型柱应力水平均衡化，核心筒与组合巨型柱之间的相对变形仍将是巨大的。考虑长期徐

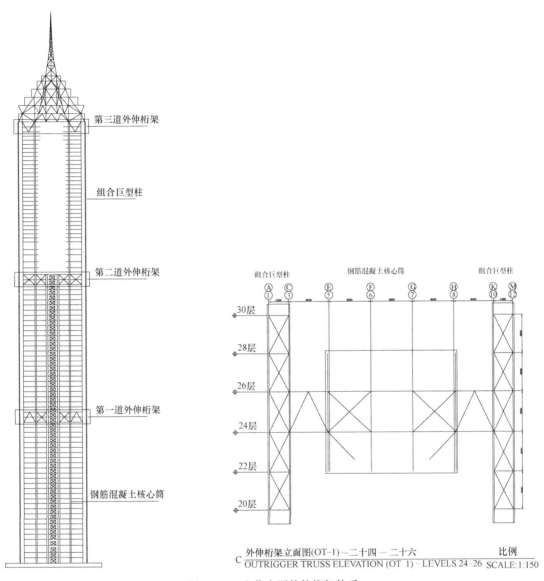

图 11-20 金茂大厦外伸桁架体系

变、收缩和弹性压缩，24～26 层处核心筒与巨型柱之间的相对变形高达 50mm。如果不采取有效措施，巨大的相对变形将在刚性外伸桁架构件中产生很大的附加应变和附加应力。为此，工程技术人员提出了外伸桁架二阶段安装的方案，控制核心筒与巨型柱相对位移引起的附加应变和附加应力。首先，在外伸桁架中设置了直径的 250 mm 钢销轴。这些钢销轴安装在外伸桁架水平构件的圆孔中和斜腹杆的腰形孔中，以便在相当长的施工阶段外伸桁架能够自由变形。其次，部分高强螺栓在经过长时间施工以后才开始安装，外伸桁架具备抵抗侧向荷载的能力，这样前期发生的核心筒与巨型柱相对位移就不会在外伸桁架中产生附加应变和附加应力，如图 11-21 所示。具体来说，24～26 层外伸桁架处于初始安装状态时，部分关键构件暂缓安装，具有较大适应变形的能力。只有 51～53 层外伸桁架系统初步安装完成后，24～26 层外伸桁架才能全部安装到位，处于最终安装状态，具有很大的抵抗侧向荷载的能力。同理，51～53 层外伸桁架安装完成后较长时间内也处于初始安装状态，具有较大适应变形的能力。只有 85～87 层外伸桁架安装完成后，才能将 51～53 层外伸桁架的连接板安装到位，51～53 层外伸桁架才处于最终安装状态。施工过程仿真分析表明，采用二阶段安装法，可以将外伸桁架承担的核心筒与巨型柱之间相对位移降低约 60%，这样就大大降低了外伸桁架的附加应变和附加应力。

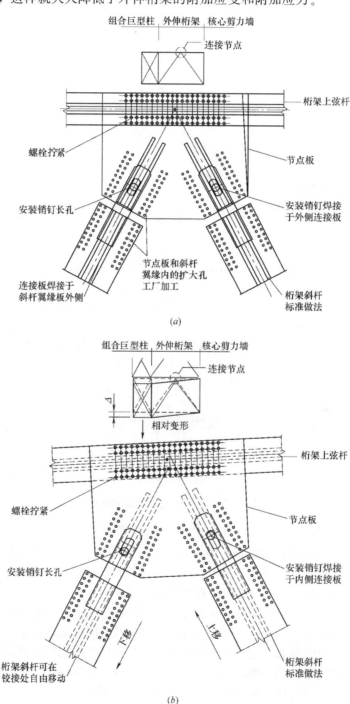

图 11-21　金茂大厦外伸桁架二阶段安装原理（一）
(a) 步骤一：安装初始位置；(b) 步骤二：可能变形位置

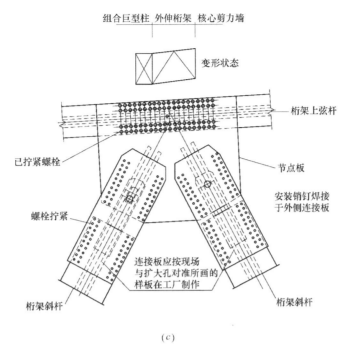

图 11-21 金茂大厦外伸桁架二阶段安装原理（二）

(c) 步骤三：变形基本完成后安装永久连接板

第 12 章 超高层建筑自动化施工

12.1 概 述

建筑施工是一项安全风险高、劳动强度大的活动。随着经济发展和生活水平的提高，愿意从事建筑施工的工人越来越少，劳动力短缺首先开始困扰发达国家建筑施工行业。在发达国家，由于出生率长期保持在较低水平而较早进入老龄化社会，处于工作年龄（15～65 岁）的人口数量大规模下降，愿意从事建筑施工的工人更加稀缺。因此 20 世纪 80 年代末，发达国家工程技术人员开始探索采用机械化、自动化技术将工人从建筑施工中解放出来。

在超高层建筑自动化施工技术研究方面，日本始终走在世界前列。比如日本清水建设设计开发了专业化的机器人和系统，以控制安全事故，提高施工生产效率。清水建设利用先进的机器人技术开发的 SMART（Shimizu Manufacturing system by Advanced Robotics Technology）是集成化的自动化施工系统，它将许多施工工序自动化，如钢框架吊装与焊接、混凝土浇捣、内隔墙和外围护墙安装，以及其他部件安装。SMART 还广泛运用信息技术，装备的综合管理系统集成了项目设计、计划和管理活动。1994 年，SMART 成功应用于日本名古屋一办公楼项目建设。日本鹿岛建设、大成建设、清水建设、大林组和竹中工务店等建筑企业先后开发了超高层建筑工程自动化施工系统，详见表 12-1。

日本自动化施工系统一览   表 12-1

系 统 名 称	适应结构	开 发 公 司
AMURAD(自动化施工系统)	SRC	鹿岛建设
Big Canopy(钢筋混凝土建筑自动化施工系统)	RC	大林组
ABCS(钢结构建筑自动化施工系统)	S/SRC	大林组
SMART(计算机集成和自动化施工系统)	S/SRC	清水建设
T-UP 工法	S/SRC	大成建设
Roof Push Up 工法	S/SRC	竹中工务店

12.2 工艺原理与系统组成[142-144]

12.2.1 工艺原理

日本工程技术人员通过深入分析发现，制造业的劳动生产效率提高比较快，而建筑业的劳动生产效率长期停滞不前，关键是制造业较多采用工业化、自动化、信息化技术，实现了"工厂自动化（FA）"。为此，日本许多大型建筑企业纷纷研制开发出充分应用自动化、机器人化、部品化技术，并通过电子计算机进行计划和管理的超高层建筑自动化施工方法。自动化施工工艺流程（图 12-1）如下：

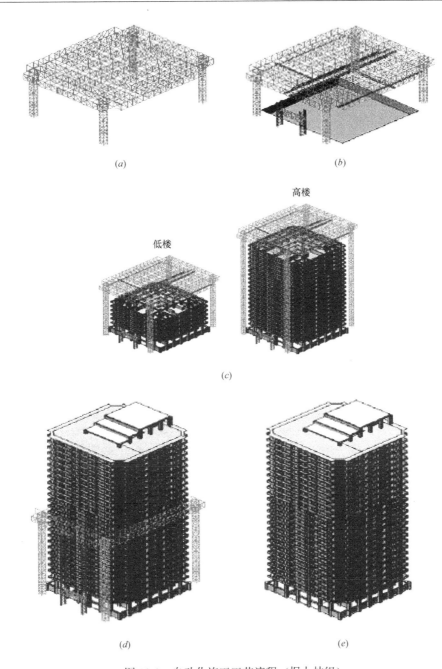

图 12-1 自动化施工工艺流程（据大林组）

a) 组装自动化施工系统；(*b*) 地下工程施工；(*c*) 利用自动化施工系统进行结构、设备和装饰施工；

(*d*) 拆除自动化施工系统；(*e*) 施工完成

（1）组装自动化施工系统的屋架和屋面；

（2）在临时屋面保护下施工基础工程或地下工程；

（3）利用自动化施工系统进行结构、设备和装饰施工；

（4）完成一层施工后将自动化施工系统向上顶升一个楼层高；

（5）进入下一个楼层施工，直至施工完成；

（6）建筑封顶以后，拆除自动化施工系统；

（7）施工完成。

12.2.2　工艺特点

超高层建筑自动化施工是工业化、自动化和信息化技术的完美结合，具有显著的技术特点：

（1）施工环境好。施工是在全封闭的自动化施工系统内部进行的，基本不受风、雨等气候影响，实现了全天候连续施工，有利于提高施工质量和缩短施工工期。

（2）劳动强度低。施工主要由包括机器人在内的自动机械进行，机械化和自动化程度高，人力劳动量大大减少，工人劳动强度低。

（3）安全风险小。材料设备运输全部采用并行运输系统完成，不依赖塔吊，施工完全在自动化施工系统内部进行的，高空作业量大大减少，施工安全性明显提高。

但是超高层建筑自动化施工工艺也存在明显缺陷：

（1）施工成本比较高。机器人等自动机械作为高新技术设备，价格非常高。自动化施工大量采用机器人等自动机械，施工成本高昂就难以避免，特别是当建筑高度比较低时尤其如此。这是阻碍自动化施工系统推广应用最大的因素。

（2）建筑体形适应性差。自动化施工是工业化生产方式，它要求产品高度标准化，这样劳动生产效率比较高。因此自动化施工系统比较适用于形体规整、标准层多的超高层建筑施工，建筑体形适应性差，对建筑功能和美观有较大影响。

（3）施工组织要求高。在传统工艺中，施工是分流水线呈阶梯状进行的，各分部分项工程是依次施工的，各分包是依次参与施工的，相互影响小。而在自动化工艺中，施工是分层逐层进行的，各分部分项工程几乎是同时施工的，各分包几乎是同时参与施工的，相互牵制大。任何一项工作延误都会对整个施工产生严重影响，因此施工组织要求高。

12.2.3　系统组成

自动化施工系统由以下三部分组成：超级施工工厂、并行运输系统和综合管理系统。

1）超级施工工厂

超级施工工厂相当于制造业的自动化生产工厂，主要功能是营造全天候施工环境，并进行自动化施工，由临时工厂和自动机械组成。临时工厂约四层楼高，由屋面、围护结构和外脚手组成，用于营造全天候施工环境。在临时工厂内部设有中央控制室，通过电子计算机进行施工管理，并通过电子摄像机监视作业。屋架上设有自动起重机，在起重机上挂有各种机器人，进行安装、焊接、检查等工作。

2）并行运输系统

并行运输系统主要功能是将材料设备从仓库自动运输到超级施工工厂内部施工作业点，主要由货运电梯、电动吊车、履带吊、塔吊等组成。并行运输系统由电子计算机控制，它通过自动运输车和自动提升机完成材料设备水平运输和垂直运输。并行运输系统能够按程序把所需要的部件从自动仓库运到超级施工工厂的规定位置，交给安装机器人。

3）综合管理系统

综合管理系统主要功能是对建筑材料设备、施工机械和施工组织进行管理，主要由生产管理系统、设备运行管理系统和机械控制系统组成。

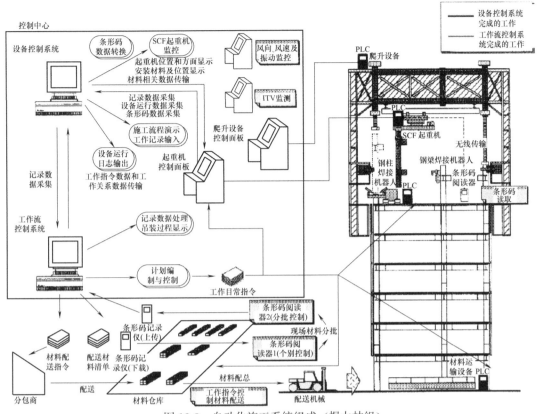

图 12-2　自动化施工系统组成（据大林组）

12.3　钢结构建筑自动化施工

从 1980 年代起，日本大林组开始研发钢结构建筑自动化施工系统（ABCS），1989 年获得成功。该系统广泛应用各种自动化技术和信息技术，拥有用于安装钢构件和外部围护的自动化安装系统。1993 年，ABCS 系统首次用于一幢 10 层高的中等建筑施工[143]。

12.3.1　施工工艺

钢结构建筑自动化施工主要包括三大阶段：组装、运行和拆除。第一阶段：组装超级施工工厂（SCF）和并行运输系统（PDS）。第二阶段：在 SCF 内进行标准楼层的施工。标准层施工（TFC）期间，钢框架施工和内装修施工可以全天候在超级施工工厂（SCF）内进行。当一层施工完成后，安装在支撑柱上的爬升设备把超级施工工厂（SCF）提升到上一个楼层。随后，重复上述步骤进行标准层的施工。第三阶段，首先下降 SCF 屋架结构，该屋架结构将成为建筑物的一部分，然后拆除 SCF 的临时构件。

12.3.2　施工设备

ABCS 系统主要由超级施工工厂、并行运输系统和综合管理系统组成。超级施工工厂（SCF）为由屋面和围护封闭的"自动化工厂"，它支撑在顶部结构钢柱上。并行运输系统（PDS）包含货运电梯或者垂直起重电动吊车，以及桥式起重机。这些设备负责把材料垂直输送到施工楼层，并水平运送到楼层施工区域。综合管理系统包括生产管理系统，设备运行管理系统和机械控制系统。

图 12-3 为超级施工工厂的平面布置。图 12-4 为超级施工工厂的剖面，在 N 层进行楼层梁和板安装，在 $N-1$ 层进行建筑框架施工。在 $N-2$ 层和 $N-3$ 层进行外墙施工。

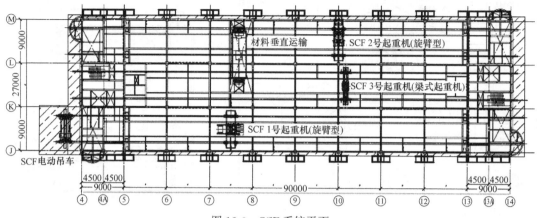

图 12-3　SCF 系统平面

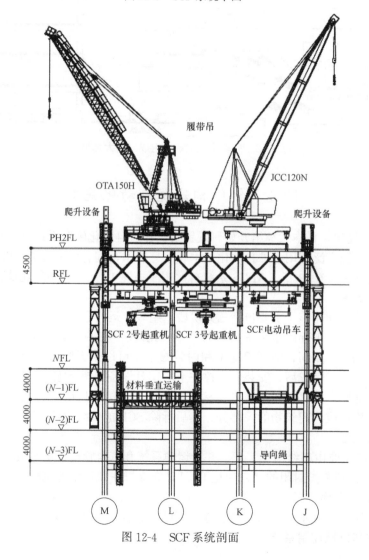

图 12-4　SCF 系统剖面

（1）超级施工工厂（SCF）

1）屋面和围护

SCF 包含了屋面和围护，并铺设了防水层，以形成一个全天候的工作空间。屋架有两层楼高，包括建筑物的顶层。

2）爬升系统

支撑柱（爬升支撑）安装在建筑物钢柱的顶部，并穿越 SCF 的框架，每根柱的最顶部都装有爬升设备。每个设备都配有两台液压千斤顶，所有的设备都由设备控制系统集中控制。

（2）并行运输系统

1）SCF 起重机

SCF 起重机被安装在屋面下，有两种型号。一种型号起重机的提升能力为 13t，并配有一个旋转臂。另一型号起重机的提升能力为 7.5t，可以水平滑动。在施工楼层时，SCF 起重机完成钢柱和钢梁、预制混凝土楼板以及建筑围护的水平运输和安装工作。在提升时，采用专用固定装置锁定钢柱和钢梁，并用无线遥控器进行解锁。

2）升降设备

货运电梯主要用于将放在专用货盘上的钢柱和钢梁，各种楼板，钢筋，装饰材料和设备材料等从地面提升到施工楼层。货运电梯安装在建筑物的内侧，为此从地面到顶层楼板必须预留有很大的开孔。如果把施工梯安装在建筑的外侧，部分的装饰施工必须在货运电梯拆除以后才能开始，影响比较大。为此开发了电动吊车。电动吊车被固定在屋面下，而它的绞车和控制设备被固定在 SCF 的下一个楼层，其导轨与 SCF 起重机的相同。起吊时，受大风影响运输材料和设备可能产生旋转和摆动。为了避免电动吊车和外墙碰撞，从地面层到 $N-1$ 层安装了导向绳。

3）履带吊（移动型）

履带吊安装在超级施工工厂顶部，并可以在其上移动。用于安装外部幕墙，拆除 SCF 的临时部件，和完成余下的装饰施工。

12.3.3 工程应用

（1）工程概况

自 1989 年 ABCS 系统面世以来，在多个项目中成功应用。经过大约两年的基本技术和新产品研究，日本大林组于 1993 年首次在一幢中等高度的建筑（项目 S）施工中采用了这个方法。自 1998 年起，日本大林组先后将该方法推广应用到 NI、J 和 N2 等三个建筑项目施工中，如图 12-5 所示。

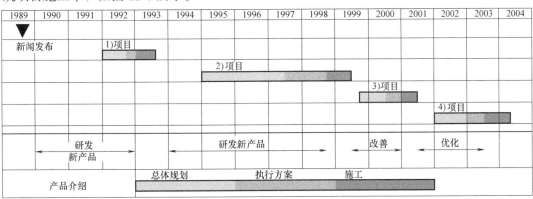

图 12-5　应用详情

表 12-2 显示了三个项目的情况。ABCS 系统的规划受建筑设计和施工条件的影响很大。就设计而言，核心筒的布置，梁的连接，楼板，外墙规格对 ABCS 系统的规划影响尤其大。

项目概况　　　　　　　　　　　　　　　　　　　　　表 12-2

	项目 N1	项目 J	项目 N2
楼层数	B2F/26F/PH2F	33F/PH2F	B1F/37F/PH2F
高度	110m	138m	155m
总建筑面积	79752m²	47766m²	105572m²
建筑用途	办公	宾馆	办公
平面形状	长方形(90m×27m)	长方形(67m×16m)	长方形(90m×27m)
结构类型	三层以下:钢结构,钢筋混凝土;三层以上:钢结构	地面以上:钢结构	三层以下:钢结构,钢筋混凝土;三层以上:钢结构
核心筒位置	两端	两端	两端
钢柱	托架形	托架形	非托架形
梁的连接	高强螺栓	高强螺栓	焊接(高强螺栓)
楼板	半预制混凝土	半预制混凝土	压形板(平板型)
外墙	PCCW,ACW,百叶	PCCW(带逃生阳台),AW	PCCW,ACW,百叶
施工周期	1997 年 10 月到 2000 年 1 月(28 个月)	2000 年 8 月到 2002 年 3 月(19.5 个月)	2002 年 10 月到 2005 年 1 月(27.5 个月)
相邻	三条铁路	一条铁路,著名度假区	两条铁路,建筑 N1

项目 N1 和 N2 具有相同的建筑平面。作为双塔办公楼，具有几乎相同的设计和形状。因此，项目 N1 的大多数系统都可以在项目 N2 重复利用。在项目 N2 中，采用了其中的 2 个结构设计（非托架式钢柱和压型楼板），以降低建筑材料费用。尤其重要的是，在项目 N1 中提高了建筑质量，在项目 N2 中降低了项目的总成本。项目 J 的施工现场很小，且施工周期很短，所以设法缩短施工周期很重要。

（2）系统配置

表 12-3 为三个项目的设备配置情况。工程实践表明，ABCS 系统具有比较强的适应性，通过修改和调整围护的平面布置及运输设备，ABCS 系统可以满足不同的建筑设计和施工状况的项目自动化施工需要。在项目 N1，通过安装 $N-3$ 层的围护和通过在 SCF 安装外部脚手架来完成外墙装饰工程，从而提高了施工质量，如图 12-6 所示。在项目 N2 中，使用了 SCF 电动吊车，目的是减少货运电梯安装、拆卸和爬升时所需的劳动力，同时减少货运电梯拆除以后的后续工作所需的劳动力，如图 12-7 所示。

三个系统比较　　　　　　　　　　　　　　　　　　　　表 12-3

	项目 N1	项目 J	项目 N2
系统特点	新产品	简化的系统,优先用于钢结构工程	优化系统,重复使用项目 N1 用过的材料
关注项目	建筑质量	缩短工期	降低成本
在 SCF 进行外墙施工	所有的	没有	部分(山墙表面)

续表

	项目 N1	项目 J	项目 N2
施工楼层面积	2700m², 19层(8~26)	1100m², 26层(5~30)	2700m², 30层(8~37)
楼层高度	4.0m	3.4m(部分3.8m)	4.0m
SCF	RF ~ PH2F, 重2200t, 宽36m×长102m×高30m	31F~32F, 重1600t; 宽18m×长75m×高21m	RF ~ PH2F, 重2200t; 宽32m×长105m×高23m
提升设备	22套	16套	22套
外部脚手架(安装楼层)	全部4个楼层(N到N−3层)	部分(围绕钢柱)2个楼层(N到N−1层)	部分(围绕钢柱)2个楼层(N到N−1层)
SCF起重机	13t/旋臂式×2套 7.5t/梁移动式×1套	13t/旋臂式×2套	13t/旋臂式×2套 7.5t/梁移动式×1套
升降设备(布置)	货运电梯×2台(内部)	货运电梯×1台(外部)	货运电梯×1台(内部) SCF吊车×1台(外部)
货运电梯爬升	每层	每两层	每两层
履带吊	JCC-120N×1台 U-100×2台(用于拆除SCF)	JC-150H×1台 JCC-120N×1台	OTA-150H×2台 JCC-120N×1台
流水节拍	6天	4.5天	6天
内部脚手架	自升工作平台设备	轻质折叠工作平台	折叠工作平台
移动方式	自动	手携	滚动
梁包装	现场	钢制作工厂	现场
其他	SCF起重机自动控制,外幕墙板块起重吊车,柱焊接机器人	SCF起重机防止碰撞控制系统	SCF起重机防止碰撞控制系统

图 12-6 SCF 的围护

图 12-7 SCF 电动吊车

(3) 施工效果

钢结构建筑自动化施工系统(ABCS)应用表明,自动化施工具有显著特点:一是生产效率明显提高。采用机械化、自动化施工,施工效率明显提高,特别是标准层越多,效率越高,工期越短。二是作业环境明显改善。如图12-8所示,所有施工全部在超级施工工厂内部完成,不受气候影响,可以全天候施工,有利于缩短工期和提高施工质量。三是环境影响明显减少。超级施工工厂四周和顶部全部有围护和屋面封闭,防止了施工粉尘、

图 12-8　SCF 的内部状况

噪声和光对周边环境的影响。

12.4　钢筋混凝土建筑自动化施工

　　1995 年，在成功开发钢结构建筑自动化施工系统 ABCS 的基础上，日本大林组开发了钢筋混凝土建筑自动化施工系统 BIG CANOPY，并成功应用于东京一幢 26 层的钢筋混凝土建筑[144]。

12.4.1　施工工艺

　　BIG CANOPY 的工艺原理与 ABCS 基本相同，借鉴了工厂自动化的经验，综合运用全天候技术、机械化和自动化技术、信息技术以及预制装配技术，提高钢筋混凝土建筑施工自动化程度。与 ABCS 施工工艺不同的是，BIG CANOPY 装配的结构构件是钢筋混凝土构件，而非钢构件，它采用工厂制作、现场装配的工艺进行钢筋混凝土结构施工，如图 12-9 所示。

　　如图 12-10 所示，BIG CANOPY 施工工艺流程与 ABCS 系统相似，主要包括三大阶段：第一阶段是组装自动化施工系统，并在自动化施工系统保护下进行土方工程施工（图

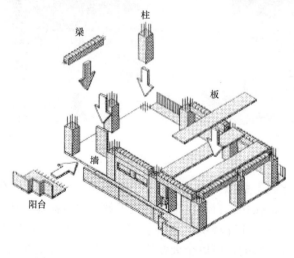

图 12-9　BIG CANOPY 系统的结构施工工艺

12-10a)；第二阶段是利用自动化施工系统进行结构、设备和装饰施工（图 12-10b)；第三阶段是拆除自动化施工系统（图 12-10c)。

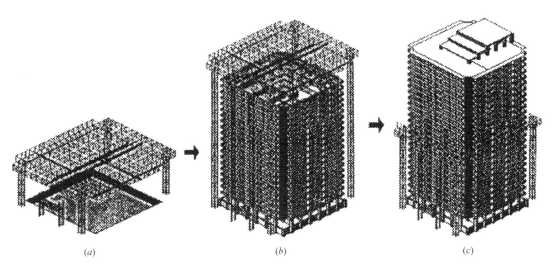

(a)　　　　　　　　(b)　　　　　　　　(c)

图 12-10　BIG CANOPY 系统的施工工艺流程

12.4.2　系统组成

BIG CANOPY 由同步爬升临时屋面、并行运输系统和综合管理系统组成，如图 12-11 所示。

图 12-11　BIG CANOPY 实景

（1）同步爬升临时屋面

同步爬升临时屋面由安装在建筑物外面的 4 个承重塔柱、爬升装置和一个临时屋架组成。

1）临时屋架

承重塔柱断面尺寸为 1.9m×1.9m，单节长 6m，重 6t。临时屋面采用钢桁架承重，上覆薄钢板，平面尺寸为 42m×49m。在屋面下安装三台桥式起重机，在屋面上布置一台履带吊。履带吊用于承重塔柱和水平支撑安装，以及临时屋架拆除。临时屋面（包括屋架，爬升装置，桥式起重机和一台臂式起重机）重约 600t。

2）爬升装置

爬升装置由塔吊的液压千斤顶（180t）改装而成。四套液压千斤顶由中央控制系统控制，实现同步爬升。爬升装置性能如表 12-4 所示。

爬升装置性能参数 表 12-4

爬升行程	1500mm	
主缸	尺寸：$\phi250\times\phi150\times1650st$	
	能力：70t/缸	
	速度：上升为 0.29/0.35m/min 下降为 0.45/0.54m/min	
液压系统	主缸压力：21MPa	
	锁定压力：20MPa	
	流量：28/341/min	
	电源，电压：AC200/220V，50/60Hz	
同步控制	四套每柱双缸	
	提升和下降	

① 中央控制系统可以把 4 个爬升液压千斤顶的液压行程误差控制在 10mm 以内，因此屋面可以同步上升和下降。

② 控制系统采用 4 种模式，为手动和自动控制与单顶或 4 顶运行的组合。

③ 屋面一次可以提升 2 个楼层。上/下速度是 300mm/min，每爬升 6m 所需时间不到 1h。

（2）并行运输系统

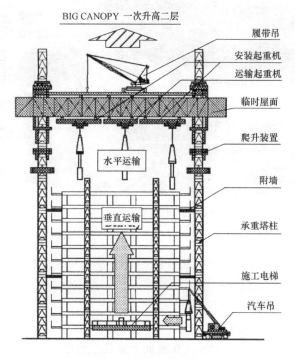

图 12-12　并行运输系统

并行运输系统由一台垂直施工梯、三台用于运输和安装的水平桥式起重机组成。中部桥式起重机（以后简称运输起重机）把货物从施工电梯中搬出，并把它传送到右方或左方的起重机（简称安装起重机），也就是采用电动捯链把货物从运输起重机运送到安装起重机。与塔吊不同，并行运输系统把运输工作分解为并行的四部分：

① 用一个轮胎吊把材料送到施工电梯。

② 通过施工电梯把材料垂直运送到各施工楼层。

③ 用运输起重机把材料水平地运送到安装起重机。

④ 用安装起重机完成安装工作。

并行运输系统的技术参数　　　　　　　　　　　　　表 12-5

装 置 名 称	数量	技 术 规 格	装 置 名 称	数量	技 术 规 格
施工电梯	1	承载能力：6t 起吊上升速度：40m/min 控制类型：变频器	安装起重机	2	最大运行速度：30m/min 悬挂重量：7.5t
提升输送桥式起重机		操作类型：手动/无线遥控 控制类型：变频器	电动捯链	3	最大运行速度：33m/min 悬挂重量：7.5t
运输起重机	1	最大运行速度：40m/min 悬挂容量：7.5t	陀螺式吊架	3	操作类型：无线遥控 重量：1100kg 旋转驱动：回转力矩 惯性力矩：25tm²

（3）材料管理系统

材料管理系统能够对预制构件、设备和装饰材料的采购、库存和安装情况进行全面管理。

PC 构件的材料管理系统如图 12-13。系统包含材料管理数据库和五个子系统。硬件包含一台工作站、两台电脑、两台条形码阅读器、一台条形码打印机和一台打印机。这些设备放在施工现场办公室直接和以太网连接。

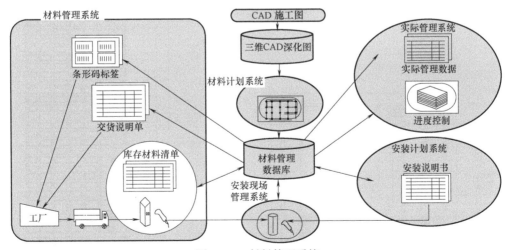

图 12-13　材料管理系统

材料数据库和三维 CAD 深化图连接，能够全面掌握材料输送、安装以及实际管理状况，生产厂家事先已经把条形码贴在材料上，这样可以通过条形码统一管理材料。各种数据，如构件的种类、形状、安装位置等，通过 CAD 输入到数据库。

12.4.3　预制和组装

BIG CANOPY 采用了工业化施工方法，尽可能采用工厂制作、现场装配工艺进行结构施工。柱、墙和阳台是全 PC 构件，而梁和楼板是半 PC 构件。在楼板区域，梁和楼板的上部为现场浇注混凝土。混凝土预制率达到 71%，其中模板预制率为 97%，钢筋预制率为 79%，预制率相当高。PC 构件的特征如下：

① 柱构件：采用全 PC 构件，主筋和箍筋浇注在混凝土中。采用灌浆连接，铺设完施工楼层的混凝土后，柱底部的套筒和柱钢筋连接，并在套筒中灌浆。

② 墙构件：复杂形状的墙，包括那些门窗周围的墙，楼梯周围的墙，表具盒周围的墙，采用全 PC 墙构件可以尽早开始装饰和设备施工。

③ 梁构件：采用半 PC 构件，主要的底部钢筋和箍筋浇筑在混凝土中。主钢筋采用螺纹钢筋，钢筋的连接采用螺纹可灌注式接头。

④ 楼板构件：楼板构件采用宽 1.2m 的半 PC 板，因预应力关系不需要支撑。该构件有两种长度，长板跨度 8.8m，短板跨度 4.5m。为了减轻重量，楼板构件部分区域是空心的。为了提高隔声效果，在空心部位填充了 $0.6t/m^3$ 的特轻砂浆。

⑤ 阳台构件：阳台构件采用全 PC 板，配有防止水进入建筑内部的止水片。为连接阳台板构件和楼板构件，阳台板一侧预留连接筋。

12.4.4　工程应用

（1）工程概况

采用 BIG CANOPY 系统施工项目包括一幢 26 层的公寓楼、一座 2 层的停车库和一幢 2 层的购物中心。公寓楼标准层的平面是 34.9m×33.7m，面积约为 1200m²，如图 12-14 和图 12-15 所示。

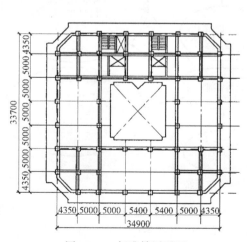

图 12-14　标准楼层平面

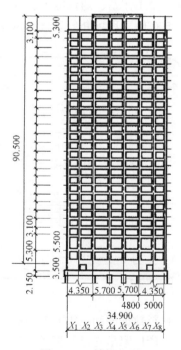

图 12-15　结构立面

图 12-16 反映了现场施工平面布置。图 12-17 显示了 PC 施工工艺。柱、梁和阳台构件采用施工电梯运输。相对小的墙构件和楼板构件则打包成捆运输。采用并行运输系统运输每个楼层的材料，PC 构件大约有 320 件，装饰材料和设备材料大约有 420 件。

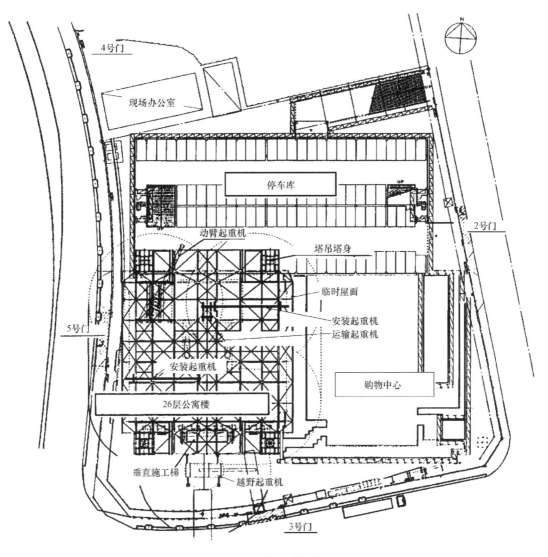

图 12-16　施工现场平面

（2）施工效果

图 12-18 显示了标准楼层的总施工计划和施工周期。图 12-19 显示了安装和拆卸临时屋面的施工进程。临时屋面安装大约需要一个月的时间（1995 年 5 月），是从打桩施工完成后开始的。然后在屋面下开始土方开挖。桥式起重机安装和第一层的施工同步进行，采用传统工艺施工。当开始采用 PC 施工方法时，整个系统从 1995 年 10 月底开始运作。1996 年 8 月结构工程完成，将临时屋面降低到建筑物的屋顶。然后用履带吊拆除临时屋面的中心部件，并采用和提升相反的顺序把周边的部件下降到地面，然后在地面拆除该部

件。标准楼层施工工期大约是 7 天，最短的达到 6 天。在冬天，混凝土硬化很慢，所以施工工期延长到 8 天。

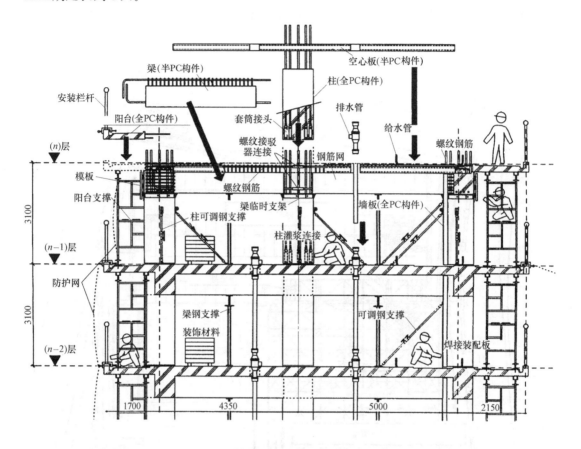

图 12-17　PC 施工工艺

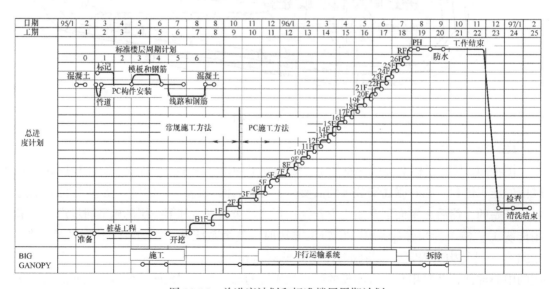

图 12-18　总进度计划和标准楼层周期计划

图 12-19 从施工到拆除临时屋面

第13章 工程案例——东京晴空塔

13.1 工程概况

13.1.1 工程概况[145,146]

(1) 建筑概况

东京晴空塔（Tokyo Sky Tree），又称东京天空树、新东京铁塔，位于日本东京都墨田区（图13-1、图13-2），由东武铁道和其子公司东武塔天空树共同筹建，于2008年7月14日动工，2012年2月29日完工、同年5月22日正式启用。工程占地面积约36，900m²，由三大区域组成：包括主要作为商业店铺的西街区、作为商业店铺（观光利用）和办公室的铁塔街区以及东街区。

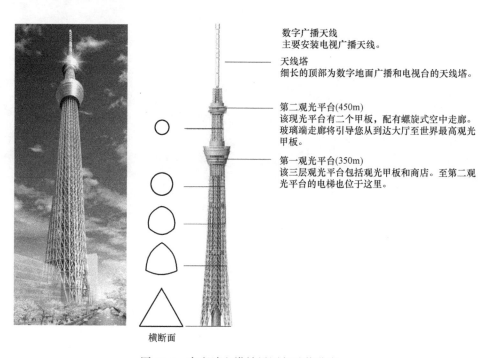

图13-1 东京晴空塔效果图与功能分布

东京晴空塔位于铁塔街区，布置在地块中央，集通信信号发射、观光旅游和商业餐饮等功能于一体，其中第1观光平台位于350m的高空，第2观光平台位于450m的高空。东京晴空塔底部为边长68m的正三角形，往上逐渐转变为圆形，高度达634m，于2011年11月17日获得吉尼斯世界纪录认证为"世界第一高塔"，成为全世界最高的自立式电视塔，并为仅次于迪拜哈利法塔的目前世界第二高的人工构造物。

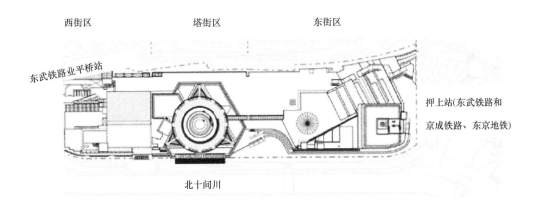

图 13-2 东京晴空塔总平面[145]

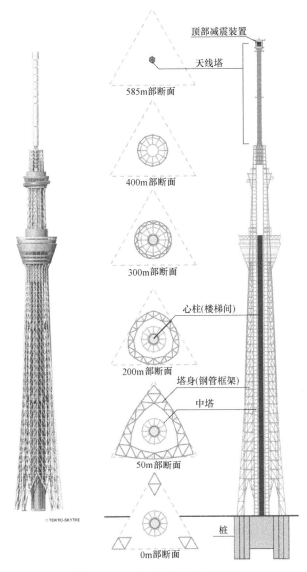

图 13-3 东京晴空塔结构示意图

（2）结构概况

东京晴空塔结构主要由钢塔桅、天线塔钢结构和心柱三大部分组成，其中钢塔桅由内而外为内塔、中塔和外塔，外塔是地震和风荷载的承载结构。钢塔桅底部呈正三角形，边长 68m，向上逐渐变为圆弧，并不断缩小，在 300m 高度成为圆形，圆形一直延伸到 497m，497m 以上是天线塔钢结构，如图 13-3 所示。

心柱位于塔体中央，既为钢结构避难楼梯安装提供空间，又发挥重要的减震作用。结构抗震是超高建筑设计的重要内容。东京晴空塔抗震设计借鉴了日本五重塔历经多次地震而没有倒塌的成功经验。日本五重塔坐落在富士山附近，建于公元 7 世纪，是日本最古老的塔[147]。1300 年来日本五重塔之所以能够历经多次地震和强风的袭击而不倒塌，关键在于其先进的减震设计理念。五重塔塔体总高 20.6m，九重的相轮高 10.2m，平面三进三间，中心设通心柱，其中通心柱作为"质量附加机构"发挥减震作用，如图 13-4 所示。

图 13-4　日本五重塔及减震设计[146]

东京晴空塔也采用心柱减震，即钢筋混凝土的心柱与其外侧的塔身钢结构部分离开，利用 125m 以上的高度心柱重量（质量）作为质量附加机构，形成抗震系统。在高度 125m 以下，通过钢材使心柱与钢结构塔身连为一体，在高度 125m 以上，通过设置油阻尼器控制心柱的变位，并且对塔的总体附加衰减性能，如图 13-5 所示。在发生大地震时，通过该心柱减震，最大可降低 40% 左右的响应剪切力。

（3）基础概况

东京晴空塔高达 634m，底部宽度仅为 68m，塔体高宽比接近 10：1，对基础工程提出了很高要求。在地震和风荷载作用下，基础不但要承受巨大的水平荷载，而且要承受很大的上拔力。为此设计采用了地下连续墙壁形桩基础。地下连续墙壁形桩总体呈三角形布置，与塔身底部三边相一致。塔身支座基础需要承受巨大的上拔和下压作用，地下连续墙壁形桩必须具有良好的抗拔性能，为此设计采用了大林组开发的带节地下连续墙。塔身三个支座基础之间布置普通地下连续墙，承受地震和风荷载作用产生的水平荷载，如图 13-6 所示。

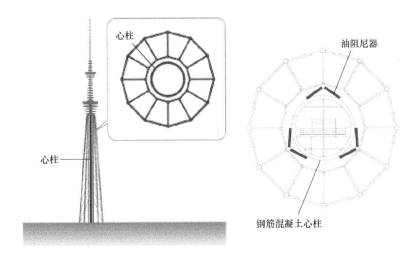

图 13-5　心柱减震原理图

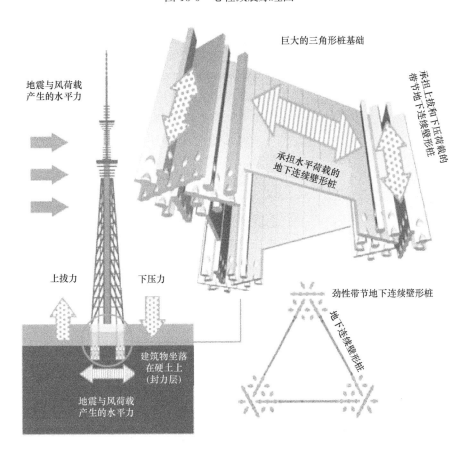

图 13-6　东京晴空塔基础概念图

13.1.2　施工特点

东京晴空塔结构超高、空间狭小、构件超重、材料超强、工期紧张，施工面临一系列巨大挑战：

1）结构超高。东京晴空塔高达 632m，施工测量、垂直运输和结构施工技术难度大；

2）构件超重。塔身底部钢结构采用了直径 2.3m、厚 10cm 的巨型钢管，钢构件重达 7.5t/m。

3）材料超强。塔身钢结构大量使用 400N/mm² 和 500N/mm² 强度等级的钢材，特别是天线塔钢结构采用了 780N/mm² 强度等级的钢管，钢结构焊接要求高。

4）空间狭小。心柱内径不到 8m，钢结构井筒内径也只有 10m，施工作业空间极为狭小，垂直运输体系布置困难，井筒外幕墙安装条件差。

5）工期紧张。整体工期只有 44 个月，其中安装钢结构的允许时间只有 22 个月。

13.1.3　施工历程

东京晴空塔于 2008 年 7 月 14 日开工建设，2012 年 2 月 29 日竣工，历时 3 年 8 个月，实现了优质、安全、高速的建设目标。施工主要节点如下：

1）2008.7.14　　　　　工程开工

2）2008.8.15　　　　　地下连续墙壁形桩施工

3）2008.12.22　　　　　地下连续墙壁形桩完工

4）2009.3.11　　　　　塔身钢结构柱脚吊装

5）2009.11.10　　　　　塔身钢结构突破 200m 高度

6）2010.2.16　　　　　塔身钢结构突破 300m 高度

7）2010.5.9　　　　　第一观光平台钢结构吊装

8）2010.7.30　　　　　塔身钢结构突破 400m 高度

9）2010.11.5　　　　　第二观光平台钢结构吊装

10）2010.12.1　　　　　塔身钢结构突破 500m 高度

11）2011.3.1　　　　　天线塔突破 600m 高度

12）2011.3.18　　　　　天线塔提升至 634m，结构封顶

13）2011.3.7　　　　　心柱钢结构混凝土结构施工

14）2011.11.1　　　　　心柱避难钢楼梯安装

15）2012.2.29　　　　　工程竣工

13.2　施工总体部署

13.2.1　指导思想

针对东京晴空塔结构超高、构件超重、材料超强、空间狭小、工期紧张的施工特点，施工组织自始至终贯彻了"两突出、一体化"的指导思想。

一是突出主塔。东京晴空塔项目除主塔外，还有停车场、商业设施等工程。由于主塔结构超高，施工周期长，成为整个工程建设的关键路线，因此必须为主塔顺利施工创造良好条件，特别是施工流程设计时要把主塔摆在优先位置。

二是突出塔身钢结构。在主塔施工中，塔身钢结构工作量大，安装位置高，而且安装工期短，成为主塔施工的关键路线，因此为了便于塔身钢结构，特别是天线塔钢结构安装，不惜暂缓心柱施工，待天线塔钢结构安装完成后，再开始心柱施工。

三是一体化吊装。在超高建筑施工中，提高工效，缩短工期主要从以下两方面努力：

一方面尽可能减少吊运次数，提高塔吊使用效率；另一方面尽可能将高空作业地面化，最大限度将结构构件、机电管线，甚至建筑幕墙在地面组装成吊装单元，方便一体化吊装。这就是一体化吊装的要点。东京晴空塔广泛运用一体化吊装技术加快施工速度，取得良好效果。

13.2.2　施工流程[148,149]

（1）基础工程施工阶段

在东京晴空塔塔身底部的建筑用地内，其四周建有停车场和商业设施等低层建筑物。为了突出塔身施工，基础工程施工阶段就必须实行地下结构与地上结构流水施工。为此在基础工程施工阶段，施工流程安排必须把握以下关键，见图 13-7～图 13-11。

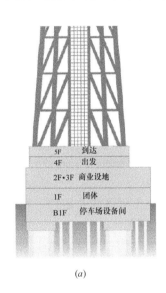

(a)

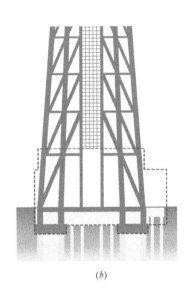

(b)

图 13-7　东京晴空塔施工组织关键区域

（a）东京晴空塔底部功能分布；（b）东京晴空塔地下与地上施工组织关键区域

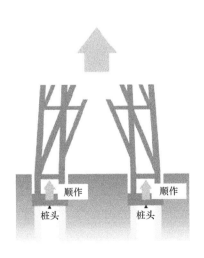

图 13-8　关键点 1：顺作塔身基础

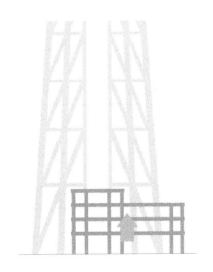

图 13-9　关键点 2：同时施工附属建筑结构

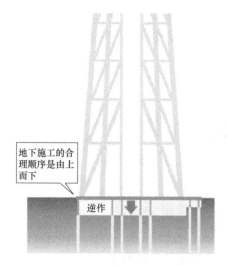
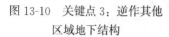

地下施工的合理顺序是由上而下

逆作

图 13-10　关键点 3：逆作其他
区域地下结构

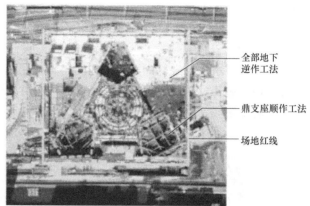

全部地下逆作工法

鼎支座顺作工法

场地红线

图 13-11　东京晴空塔基础工程施工分区

1）为了给塔身施工创造条件，必须首先开挖塔身支座处基坑，然后采用顺作法施工基础底板，吊装塔身钢结构。

2）为了给塔身钢结构施工提供足够场地，必须同步施工附属建筑结构，完成后在附属建筑顶部布置塔身钢结构吊装作业平台。

3）在进行塔身钢结构吊装的同时，先施工一层的楼板结构，然后采用逆作法从上而下地进行附属建筑的地下结构施工。

把握了以上关键点，就可以一层和四层楼板为施工场地，实现地下结构与地上结构立体交叉同步作业（图 13-12），为加快塔身施工，缩短工程建设工期创造良好条件。基础工程阶段具体施工流程如下（图 13-13）。

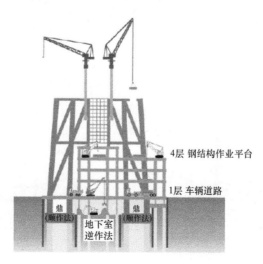

4层 钢结构作业平台

1层 车辆道路

鼎（顺作法）　地下室逆作法　鼎（顺作法）

图 13-12　地下结构与地上结构立体交叉同步作业

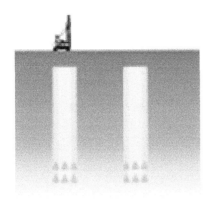

① 地下连续墙桩与带节地下

② 附属建筑钻孔灌注桩及逆作法立柱桩施工

③ 塔身支座基础基坑围护结构施工

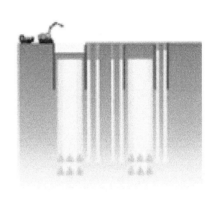

④ 塔身支座基础基坑开挖

⑤塔身支座基坑施工，逆作区域一层楼板施工

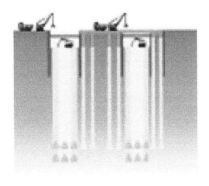

⑥塔身支座基础施工，附属建筑一层结构施工

图 13-13　基础工程施工阶段施工流程

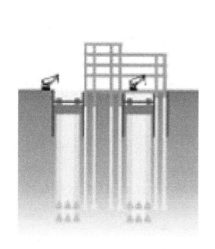
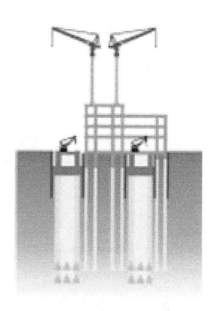

⑦　塔身鼎桁架钢结构安装，附属建筑结构施工　　　　⑧　塔身鼎桁架钢结构安装，塔吊安装

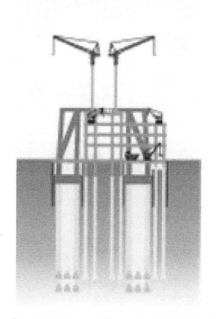
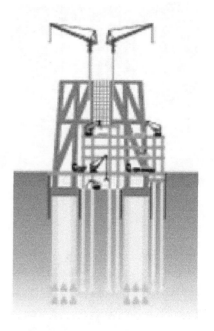

⑨一层和四层作业平台准备，塔身地上钢结构安装　　　⑩塔身钢结构安装，地下结构逆作全面展开，实现立体交叉高效作业

图 13-13　基础工程施工阶段施工流程（续）

（2）结构工程施工阶段

东京晴空塔结构工程施工遵循"先下后上、先塔身后心柱"的原则，即首先安装外围钢结构，利用心柱的空间提升天线，最后施工心柱。具体施工流程见图 13-14～图 13-21：

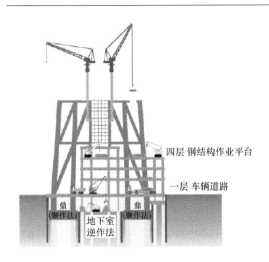

图 13-14 依托一层和四层楼板作为作业平台,实现立体交叉作业,使所有的施工都可以同时展开

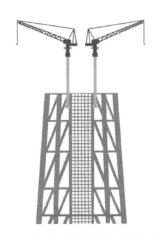

图 13-15 采用爬升式塔吊,采用逐段拼装工艺吊装 500m 高度范围内塔身钢结构

图 13-16 心柱施工前,利用其空间,采用倒装法组装天线塔钢结构

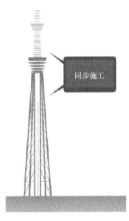

图 13-17 天线塔钢结构与第 1 观光平台以上的塔身钢结构同时安装,因此可以大幅度地缩短工期

图 13-18 天线塔组装完成后,采用整体提升工艺将超过 200m 的巨大构件一次提升到 634m

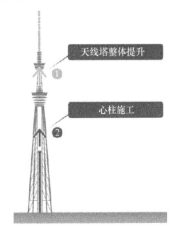

图 13-19 采用整体提升工艺安装天线塔,心柱施工开始

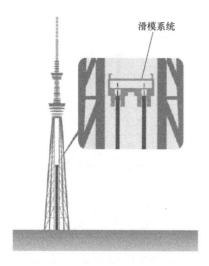

图 13-20　采用液压滑模工艺施工
心柱钢筋混凝土结构

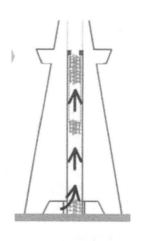

图 13-21　最后采用倒装法安装
心柱内钢结构楼梯

13.3　关键施工技术[148~150]

13.3.1　桩基础工程

（1）工程概况

东京晴空塔位于东京低地，原为湿地，但目前为大范围人工填埋的地形。东京晴空塔

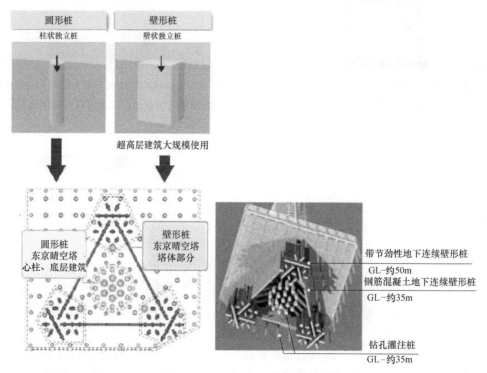

图 13-22　东京晴空塔桩基础

选择坚硬的洪积砾石层作为基础持力层，埋深在 GL-35m 以上。基础形式主要有钻孔灌注桩和高强度与刚度的地下连续墙（图 13-22）。底层附属建筑采用钻孔灌注桩作基础，主塔采用普通地下连续墙和劲性地下连续墙作基础，地下连续墙厚度达 1.2m，深度为 GL-35m～52m，其中带节劲性地下连续墙仅布置在鼎桁架之下，如图 13-23 所示。

（2）施工技术

上部柔软的黏性地层使用加长型抓斗式成槽机施工，下部坚硬的砂砾地层使用铣槽机施工，最后使用指节部专用挖掘机挖掘至指定深度的墙面，形成节状突出物。

1）承受垂直荷载带节地下连续墙桩施工

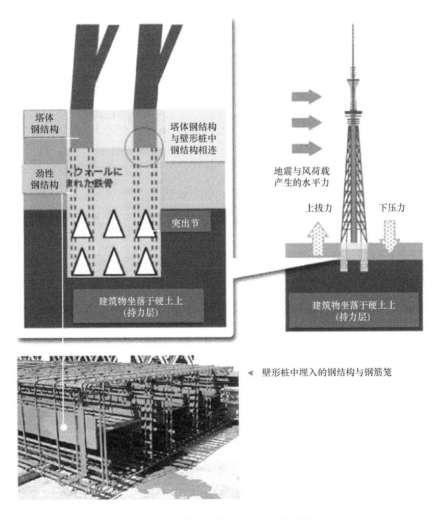

图 13-23　带节劲性地下连续墙概况

分布在鼎桁架下面的带节劲性地下连续墙主要承受塔身钢框架传递的垂直荷载，其施工流程如下（图 13-24、图 13-25）：

为了检验带节劲性地下连续墙壁形桩承载能力，特地在现场进行了 40000kN 抗拔原位试验，取得了良好的结果。与传统工法相比，带节劲性地下连续墙承载力最大提高 30%。

STEP 1
挖掘软弱的土

加长型抓斗式成槽机
成槽机抓斗

高效快速挖掘
软弱的地层

STEP 2
挖掘坚硬的土

铣槽机
切削轮

挖掘坚硬的地层

STEP 3
全回转挖掘(突出部位)

全回转专用挖掘机
全回转专用挖斗

关闭状态　　　开启状态
打开全回转向专用挖斗切削轮约同时，旋转
刨土，在地层中做成突起物

STEP 4
吊放钢筋笼　　　　　大型钢骨钢筋笼起吊装置

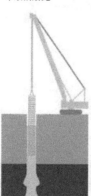 

STEP 5
混凝土浇捣

图 13-24　带节劲性地下连续墙施工流程

图 13-25 带节劲性地下连续墙实样

2）承受水平荷载地下连续墙桩施工

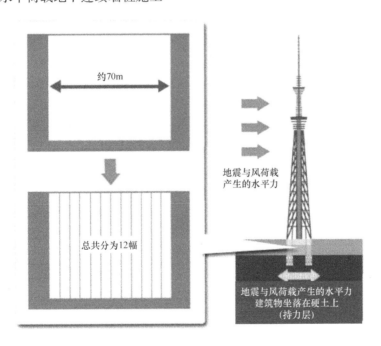

图 13-26 承受水平荷载地下连续墙概况

　　分布于鼎桁架之间的普通地下连续墙承受地震和风荷载作用产生的水平力，每边地下连续墙长约 70m，分为 12 幅，如图 13-26 所示。常规地下连续墙槽段之间连接强度比较低，在水平荷载作用下，槽段之间极易发生错位，水平荷载承载能力低，为此采用了 CWS 接头，以增强地下连续墙的整体性，如图 13-27 和图 13-28 所示。

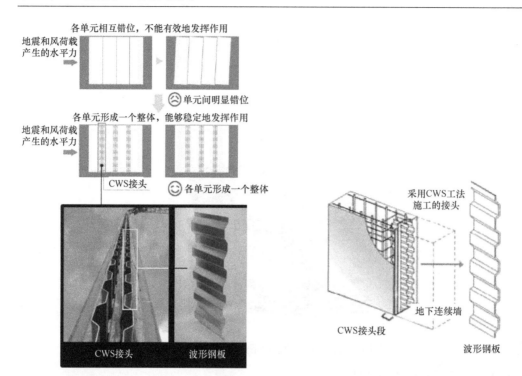

图 13-27   采用 CWS 接头提高地下连续墙整体性   图 13-28   CWS 接头详图

采用 CWS 接头的地下连续墙的施工流程如下：

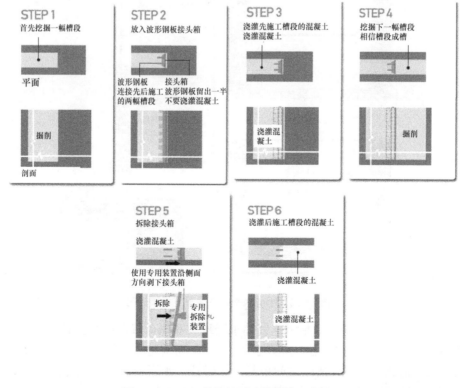

图 13-29   CWS 接头地下连续墙施工流程

13.3.2 钢结构工程

（1）工程概况

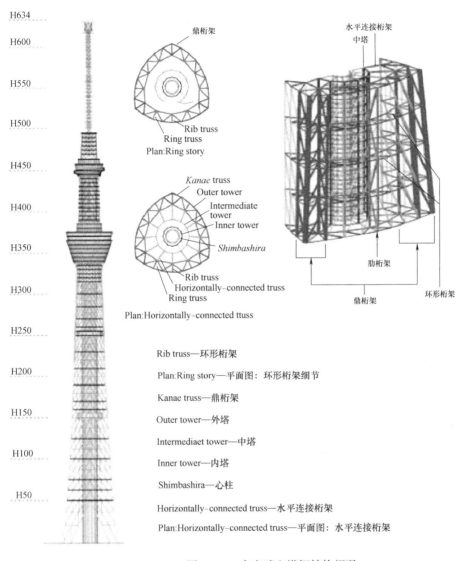

图 13-30　东京晴空塔钢结构概况

东京晴空塔塔身钢结构框架主要由鼎桁架、水平桁架和环形桁架组成。

1）鼎桁架：由 4 根钢柱、水平构件和斜撑构成的组合柱，配置在三角形平面的各个顶点位置，是抵抗水平荷载的主要构件。

2）水平桁架：每隔 2 层（25m）设置，连接中塔和外塔环形桁架，发挥传递水平荷载（平面内）和防止鼎桁架与周边柱屈曲的作用。

3）环形桁架：每隔 1 层（12.5m）设置的水平材，发挥防止外塔周边柱屈曲的作用。

东京晴空塔的钢材使用量约为 4.1 万 t，构件数多达 3.7 万个。主体构造为"塔体"，直到高度 497m 都是由圆截面钢管组成的桁架。最粗的底层钢管直径为 2.3m，壁厚 10cm。每增高 20m，钢管的直径大约缩小 10cm，直径在 300m 高附近为大约 1m，之后直

钢构件断面规格与钢板厚度　　　　　　　　　　　　　　表 13-1

构件类型	区域	外径×板厚(mm×mm)	屈服强度	形状
柱	鼎桁架	P-711.2φ×28～2300φ×100	400～500N/mm²	圆管
	外塔	P-1100φ×25～1016φ×60	SN490B,400～500N/mm²	
	天线塔	P-900φ×25～200φ×80	SN490B,400～500N/mm²　630N/mm²	
撑	外塔	P-508φ×16～1000φ×60	SN490B,400N/mm²	
	天线塔	P-300φ×22～500φ×22	SN490B,400～500N/mm²	
水平构件	外塔,鼎桁架	P-267.4φ×12～609.9φ×16	SN490B(部分 SCN590B-CF)	方管
	水平桁架,环形桁架	BX-300×300×9×9～500×500×12×12	STKR490,BCP325	

到 497m 都保持不变。这些钢管使用高强度钢材制造，其中 400N/mm² 和 500N/mm² 强度等级钢管被广泛使用，特别是天线塔使用了强度等级为 780N/mm² 的钢管，这在日本建筑结构中是最高的。

（2）施工技术

1）塔吊使用方案

塔吊是塔身钢结构吊装施工必不可少的施工机械，可以说塔吊是高塔施工的命脉，安全、合理、高效的塔吊使用方案是东京晴空塔顺利施工的前提。东京晴空塔塔吊使用方案制定面临三大难题：①结构超高。东京晴空塔吊装高度达 500m，远远超过日本原有塔吊的起吊高度（日本原有塔吊最大起升高度为 300m）；②空间狭小：在第一观光平台以下，塔吊最大间距只有 20m，塔吊尾部的回转半径受到严格限制，如图 13-31 所示；③工期紧张：塔身钢材使用量约为 4.1 万 t，构件数多达 3.7 万个，但是整个钢结构安装工期只有 22 个月，塔吊数量必须足够多。

根据工程施工特点，东京晴空塔塔吊使用方案制定遵循立足现有设备和动态调整的原则：即通过设备改造，使其满足钢结构吊装需要，以降低设备投入，同时以第一观光平台为界，上下钢结构吊装采用不同的塔吊使用方案。东京晴空塔钢结构吊装使用塔吊为 JJC-V720AH 动臂变幅塔吊，其主要工作性能如表 13-2 所示。

JJC-V720AH 塔吊工作性能　　　　　　　　　　　　　表 13-2

悬臂长度	41.6m			
作业半径	0m	3.5m	22.5m	36m
额定荷载	11.5t	32t	32t	17.5t
起吊高度	420m			
塔身最大顶标高	500m			
塔吊重量	140t			

如图 13-31 和图 13-32 所示，JJC-V720AH 塔吊具有两大优点：①尾部回转半径小。常规塔吊尾部回转半径达 12m，塔吊安装安全间距大于 25m，超出了东京晴空塔塔吊安装条件；②起吊高度大。日本常规塔吊最大起吊高度只有 300m，JJC-V720AH 塔吊最大起吊高度达 420m，能够满足东京晴空塔钢结构吊装高度要求。

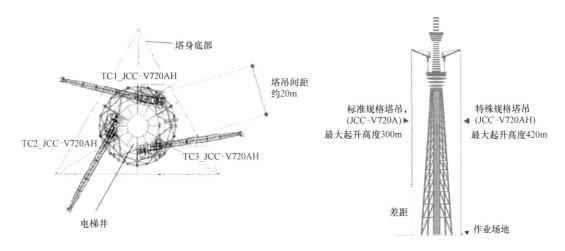

图 13-31　第一观光平台以下塔吊平面布置　　　　图 13-32　JJC-V720AH 塔吊起吊高度

　　根据吊装工作量和吊装效率，第一观光平台以下使用了 3 台 JJC-V720AH 塔吊。三台塔吊布置在塔身钢结构中，采用内爬自升方式安装，一次就位法吊装钢结构，如图 13-33 所示。

图 13-33　第一观光平台以下塔吊安装实况

　　第一观光平台以上的部位（375m 以上）塔吊使用方案进行了调整，主要基于以下考虑：①使用一台塔吊长时间吊运的话，花费时间长，效率低；②从第一观光平台往上，塔身进一步越缩越小、没有放置塔吊的空间，不可能通过增加塔吊来保证钢结构安装强度不随安装高度增加而下降。为此采用接力吊装法安装钢结构，总共使用了 4 台 JJC-V720AH 塔吊，两台为一组，其中 1 台负责将钢构件吊运至第一观光平台，另外 1 台负责钢结构安装，如图 13-34 所示。

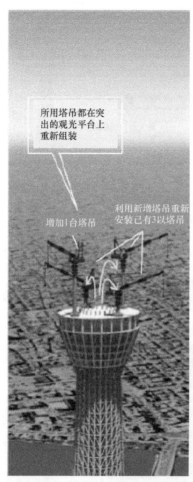

图 13-34　第一观光平台以上塔吊使用方案

2）50m 以下钢结构工程

① 安装工艺

东京晴空塔的三根柱脚（鼎桁架）自基础各自独立向上倾斜延伸，至地上 50m 才形成一个整体，如图 13-35 所示。钢结构安装过程中，柱脚承担了很大的偏心荷载，而且随着安装高度的不断增加，柱脚重心逐渐地向主塔中心方向偏移，柱脚在安装过程的受力极为不利。结构分析表明，如果不采取针对性措施，仅依靠柱脚自身承载能力，3 根柱脚在形成整体以前，将发生显著变形，如图 13-36 所示。

为了控制安装过程中柱脚的变形和受力，东京晴空塔采用临时支撑辅助、原位散装的工艺安装柱脚钢结构。即在地上 50m 的范围内，边搭设临时支撑，边吊装钢结构，以确保施工精度。结构受力分析结果表明，设有临时支撑时，柱脚的变形显著变小，如图 13-37所示。

② 临时支撑

东京晴空塔 50m 以下钢结构安装的临时支撑布置如图 13-38 所示。临时支撑主要有两种，一种是承载能力 500t 左右的角钢支撑，另一种是承载能力 200t 左右的圆钢管支撑。

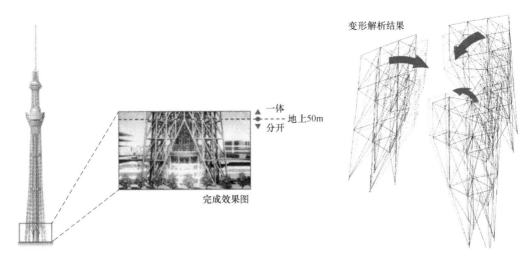

图 13-35　东京晴空塔 50m 以下结构概况

图 13-36　无临时支撑时柱脚
变形分析结果

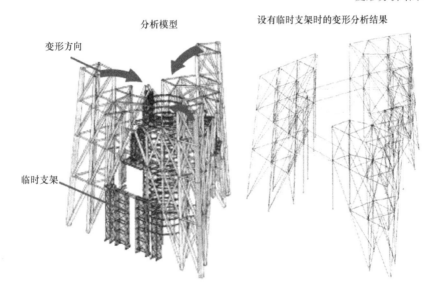

图 13-37　支撑辅助下的柱脚变形分析结果

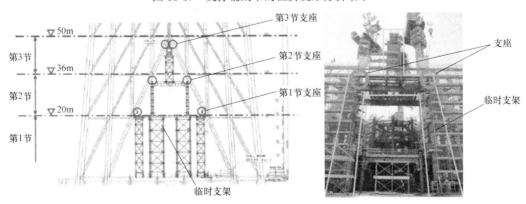

图 13-38　临时支撑立面图和实景

③ 可调支座

临时支撑顶部安装有可调支座，一方面确保支座施工精度，另一方面方便钢结构安装完成以后卸载。为了支撑倾斜向的圆筒状钢结构，千斤顶的接触面设计成能垂直受力的形状，如图 13-39 所示。

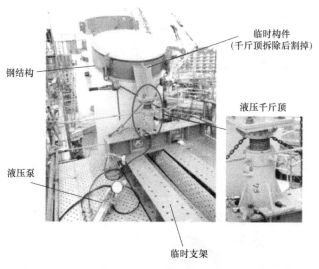

图 13-39　可调支座详图

3）50m 以上外框钢结构工程

东京晴空塔 50m 以上外框架钢结构安装采用塔吊高空散拼安装工艺，即逐层（流水段）将钢结构框架的全部构件直接在高空设计位置拼成整体。钢结构安装遇到的最大挑战是作业条件差：东京晴空塔外框架吊装完成后也没有楼板，只有圆形管状的钢结构，施工人员无处立足，必须设置脚手架，如图 13-40 所示。

图 13-40　50m 以上钢结构安装特殊脚手架

① 外围特殊脚手架的作用

外围特殊脚手架的作用主要是为钢结构安装提供安全作业条件，确保作业人员的安全，同时防止建筑材料和施工机具坠落。具体而言，外围特殊脚手架的主要功能如图 13-41 所示。

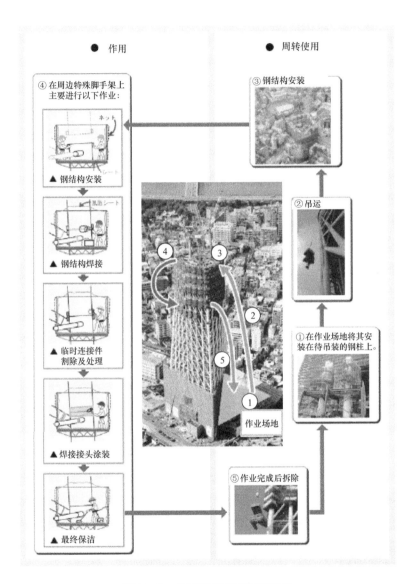

图 13-41 外围特殊脚手架的功能

② 外围特殊脚手架的特征

综合考虑钢结构安装要求和使用方便，外围特殊脚手架必须具有两大特征，即图 13-42、图 13-43。

③ 外围特殊脚手架的设计

为了实现上述的两个特征，工程技术人员沿着如图 13-43 所示思路设计开发东京晴空塔外围特殊脚手架。

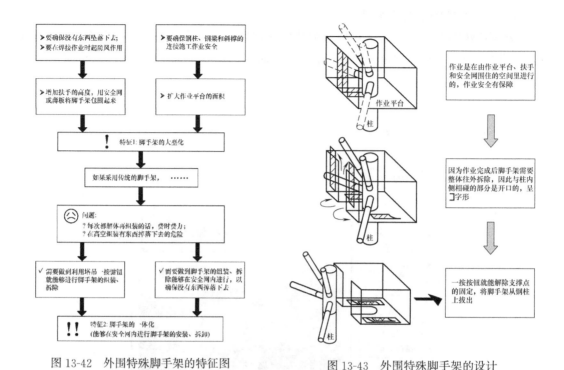

图 13-42　外围特殊脚手架的特征图　　　　图 13-43　外围特殊脚手架的设计

④ 外围特殊脚手架的组装

为了避免钢结构安装用脚手架在高空的搭设作业，减少吊运次数，提高施工效率，一般在吊运前就先将其安装在钢构件上。为了方便外围特殊脚手架组装，设计制作了专用组装平台，该平台能够保证钢柱处于竖直状态，如图 13-44 所示。外围特殊脚手架是整体安装到钢柱上的。外围特殊脚手架组装完成后，利用塔吊将其和钢柱一起吊装到位，如图 13-45 所示。

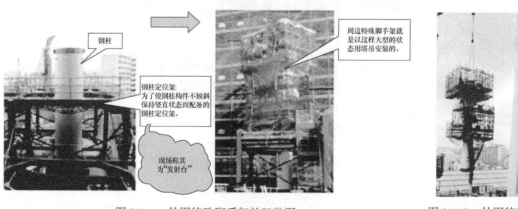

图 13-44　外围特殊脚手架的组装图　　　　图 13-45　外围特殊
　　　　　　　　　　　　　　　　　　　　脚手架吊运实景

⑤ 外围部特殊脚手架的拆除

一节钢结构安装完成以后，拆除其外围特殊脚手架是一大难题，因为上面存在钢结构安装用脚手架，传统的向上吊运的拆除方法难以实施。工程技术人员利用天平原理，提出了将外围特殊脚手架水平侧移的拆除方法，如图 13-46 所示。利用天平原理拆除外围特殊脚手架的工艺流程如图 13-47 所示。

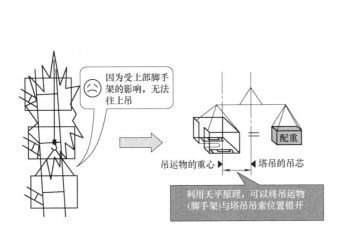

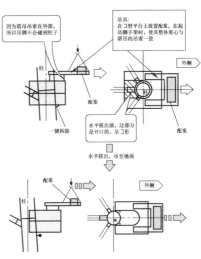

图 13-46　外围特殊脚手架拆除原理图　　　图 13-47　外围特殊脚手架拆除流程

⑥ 外围特殊脚手架的优点

图 13-48　外围特殊脚手架拆除实景

外围特殊脚手架的最大优点是钢结构安装和脚手架拆除等所有作业全部在安全网内进行，保证了钢结构安装全部作业的绝对安全。有了外围特殊脚手架，钢结构安装、焊接和涂装等作业都可以在脚手架的安全网内进行，关键是要简化脚手架安装和拆除，确保脚手架拆除作业也可以在脚手架安全网内进行。为此，工程技术人员开发了一键拆除技术，如图 13-49 所示。采用一键拆除技术，施工人员可以非常方便地在脚手架安全网内拆除脚手架，拆除作业安全得到保障。

4）第一观光平台钢结构工程

① 施工工艺

东京晴空塔第一观光平台形如同研钵，由下而上逐渐向外伸出。因此，这部分钢结构的施工条件与塔身钢结构完全不同，而且第一观光平台外面有装饰工程，钢结构安装时需要一并解决。根据塔身钢结构与观光平台钢结构安装流水关系，第一观光平台钢结构安装有两种施工方法。

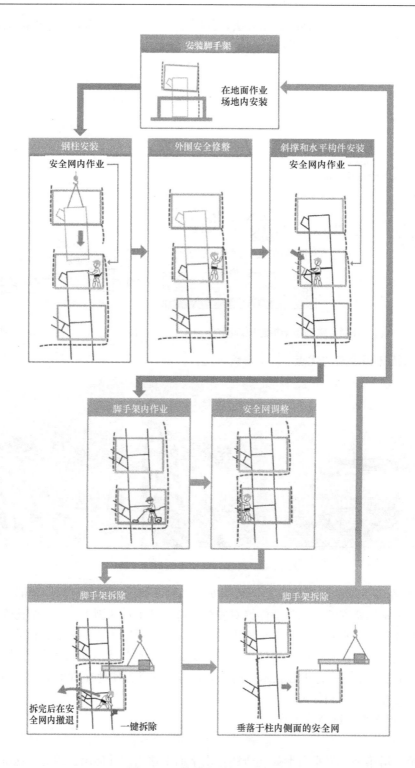

图 13-49　特殊脚手架安全拆除

　　（A）方案 A：同步施工法，即塔身钢结构和观光平台钢结构同步自下而上逐节安装。该方案优点是塔身钢结构安装不需要外围特殊脚手架，临时设施投入少，但是由于观光平台外挑，其钢结构安装以后，其下塔身钢结构安装用外围特殊脚手架拆除非常困难。

（B）方案 B：流水施工法，即塔身钢结构优先安装，而后再安装观光平台钢结构。该方案的优点是规避了方案 A 存在的观光平台以下钢结构安装用特殊脚手架拆除的问题，因为塔身钢结构优先安装，待观光平台以下脚手架全部拆除以后才安装钢结构。

经过综合比较，最终确定东京晴空塔第一观光平台钢结构施工采用 B 方案（图 13-50）。

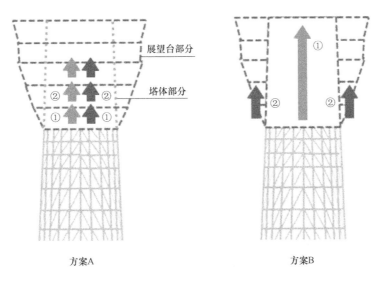

图 13-50　第一观光平台钢结构安装方案比选

② 施工流程

东京晴空塔第一观光平台钢结构安装共分五步进行，施工流程如下：

步骤 1：首先吊装塔身钢结构

在第一观光平台以下钢结构安装作业及其外围特殊脚手架未拆除以前，暂缓观光平台突出部位钢结构安装，继续塔身钢结构安装，如图 13-51 所示。

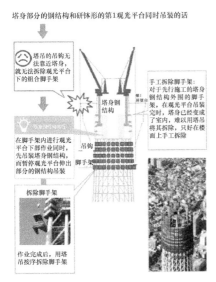

图 13-51　步骤 1：塔身钢结构安装

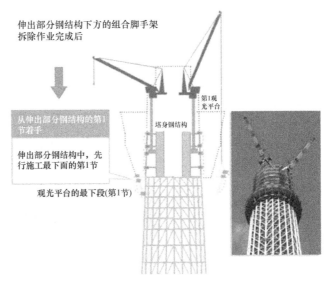

图 13-52　步骤 2：观光平台最下一节钢结构安装

步骤2：接着吊装观光平台最下一节钢结构

待第一观光平台以下塔身钢结构安装作业及其外围特殊脚手架拆除完成以后，开始第一观光平台最下一节钢结构安装，这样可以规避观光平台以下脚手架拆除难题，如图13-52所示。

步骤3：在准备挑檐顶板安装的同时，再次吊装塔身钢结构

第一观光平台最下一节钢结构吊装完成以后，暂缓观光平台第二节钢结构吊装，准备挑檐顶板安装，与此同时，继续进行塔身钢结构吊装，如图13-53所示。

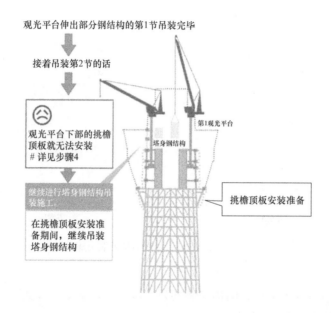

图13-53　步骤3：挑檐顶板安装准备

步骤4：挑檐顶板安装

挑檐顶板的施工一般是在其下方搭设脚手架，而后手工安装分割成小块的板。但是，在超过300m的高空，确保脚手架搭设或解体的安全是很困难的。为此，工程技术人员提

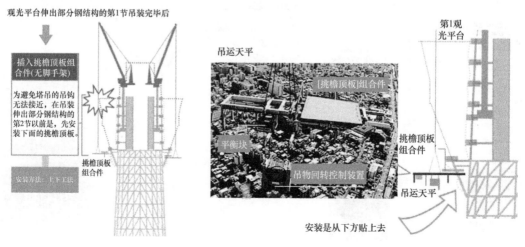

图13-54　挑檐顶板安装工艺原理　　　　图13-55　挑檐顶板安装详图

图 13-56 挑檐顶板安装流程

出了在地面上将其组装成大型的板块组合件，然后用吊车安装的施工法，这样，即使没有脚手架，也能安装完挑檐顶板，如图 13-54 所示。挑檐顶板的安装方法与外围特殊脚手架拆除方法基本相同，都是利用了天平原理，解决了挑檐顶板吊装过程中塔吊钢丝绳与观光平台钢结构碰撞的问题。

因为挑檐顶板安装在钢结构的下方，因此，安装时必须采取插入在地面上组装好的挑檐顶板，并由下向上贴向钢结构的施工方法，如图 13-55 所示。挑檐顶板的安装流程如图 13-56 所示。

步骤 5：吊装观光平台第二节及以后各节钢结构（13-57）

挑檐顶板安装完成以后，考虑到研钵形构造物的特有施工条件，一边先行施工一部分外装工程，一边吊装第一观光平台的钢结构。

5）一体化的井筒钢结构工程

① 技术思路

在超高钢结构安装中，随着吊装高度的增加，构件吊运耗时越来越长，构件吊运工效对安

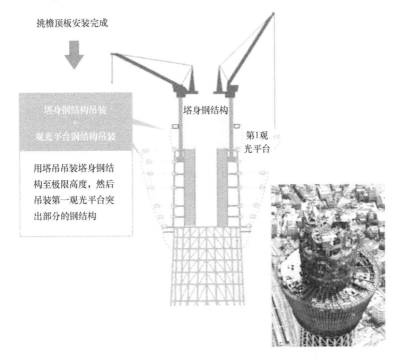

图 13-57 步骤 5：观光平台钢结构及外装工程施工

装效率的影响非常显著，如图 13-58 所示。因此如何高效地进行钢结构构件的吊运，就成了推进工程进展的关键点。一次吊运究竟能够吊运多少构件是钢结构安装快慢的关键。有效对策是尽一切可能减少吊运次数：在地面作业平台能组装的东西全部组装成一体后再吊运，使减少吊运次数成为可能。东京晴空塔井筒钢结构吊装就是通过一体化来减少吊运次数，如图 13-59 所示。

图 13-58　超高钢结构吊运耗时问题

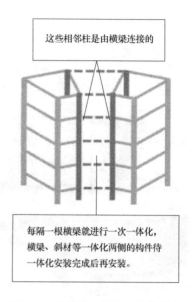

图 13-59　井筒钢结构一体化示意

井筒钢结构一体化吊装的技术思路是，在地面将井筒钢结构的 4 根柱子围成的部分组装成一个大型构件块体，利用塔吊整体吊运，一体化构件就位后，再将一体化构件之间的横梁和斜撑安装到位，直至最终完成井筒钢结构安装，如图 13-60 所示。井筒钢结构一体化吊装充分发挥了塔吊起吊能力，最大限度减少了吊运次数。因为相邻的横梁共用一根柱子，因此必须间隔一根横梁进行一体化。每节井筒钢结构在地面组装成 6 个一体化构件，一体化构件吊装就位后再将剩余横梁和斜撑安装到位，完成整节钢结构安装，如图 13-60 所示。

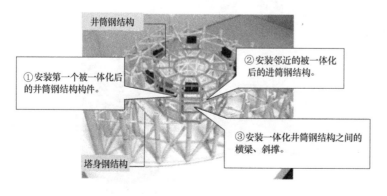

图 13-60　井筒钢结构的安装流程

图 13-61　井筒钢结构
一体化实况

② 一体化范围的划分

为了提高一体化效果，一体化的范围不仅限于井筒钢结构，而且包括外幕墙（ALC墙）、设备配管以及施工临时楼梯，如图 13-61 所示。这样不但提高了吊装效率，而且减轻了工人的劳动强度。

③ 井筒钢结构的组装

井筒钢结构一体化组装采用脚手架组装平台进行。因为从下至上井筒钢结构的断面形状都是一样的，因此，脚手架组装平台完全可以标准化，整个工程井筒钢结构组装平台有 3 个，每个组装平台可以同时进行 2 个一体化构件的组装，即整个组装平台可以同时进行 6 个一体化构件的组装，如图 13-62 和图 13-63 所示。

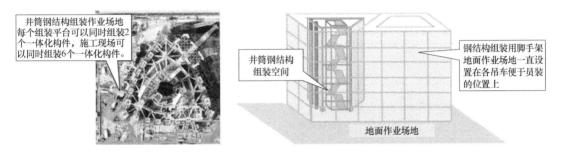

图 13-62 井筒钢结构的地面组装模式

图 13-63 井筒钢结构地面组装用脚手架

④ 大型一体化构件的连接

井筒钢结构一体化构件吊装完成后，安装图 13-64 所表示的构件（横梁、斜撑）。为了减少吊运次数，提高吊装效率，采用了串吊工艺吊装这些构件。所谓串吊工艺就是在吊装比较小、比较轻的材料时，使用数根吊绳一次吊装数个构件的施工方法，如图 13-65 所示。

使用串吊工艺吊装井筒钢结构的施工流程为，首先利用塔吊将脚手架提升到安装位置，然后采用串吊安装井筒钢结构横梁、斜撑，如图 13-66 所示。与只有大型钢结构构件的塔身相比，井筒钢结构构件尺寸小、数量多、还有装饰材，采用井筒钢结构一体化工艺，可以大大减少吊运次数，实现高效施工。

6）天线塔钢结构工程

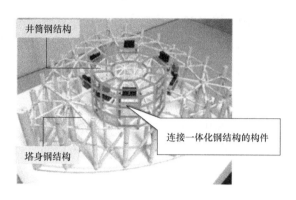

图 13-64　井筒钢结构构件补缺　　　　　　　　图 13-65　串吊实景

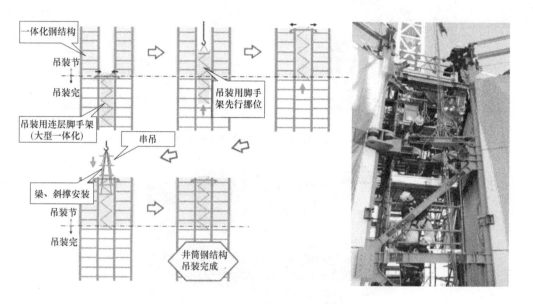

图 13-66　串吊施工流程及安装实景

① 施工工艺

天线塔钢结构施工工艺多种多样，对于东京晴空塔这样超高电视塔，其天线塔钢结构安装一般多采用第一观光平台上组装、整体提升就位的施工工艺安装。根据天线塔钢结构组装与塔身钢结构安装流水关系，天线塔钢结构施工工艺可以细分为以下两种：

（A）同步施工工艺：第一观光平台以上的塔身钢结构吊装的同时，进行天线塔钢结构组装，待塔身钢结构吊装完成以后，再将天线塔钢结构整体提升至指定的高度，如图13-67 所示。天线塔钢结构组装与塔身钢结构吊装同时进行，增加了塔吊的吊运工作量，影响塔身钢结构吊装，施工工期比较长。

（B）流水施工工艺。塔身钢结构吊装完成以后，在第一观光平台上采用倒装法组装天线塔钢结构，组装完成后再将其整体提升至指定的高度（图 13-68）。塔身钢结构完成后才开始天线塔钢结构的组装、施工，因此施工工期更长。

上述两种施工工艺，不管是哪一种，都没有充分发挥整体提升工艺的优越性并从根本

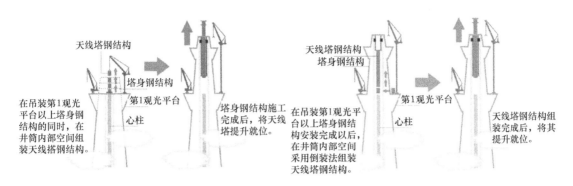

图 13-67　同步施工工艺　　　　　　图 13-68　流水施工工艺

上解决缩短工期的问题。究其原因，这两种施工工艺都没有处理好天线塔钢结构组装与塔身钢结构安装之间的关系。要达到缩短施工工期的目的，一方面，天线塔钢结构组装与塔身钢结构安装必须同步进行；另一方面，天线塔钢结构组装又不能影响塔身钢结构安装。为此，必须将天线塔钢结构组装场地从第一观光平台下移到地面。这样一方面天线塔钢结构组装与塔身钢结构安装可以同步进行，另一方面天线塔钢结构组装不需要使用塔吊，从而对塔身钢结构安装没有影响，实现了天线塔钢结构组装与塔身钢结构安装作业分离，最大限度地缩短了施工工期，如图 13-69 所示。

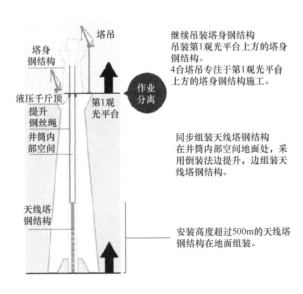

图 13-69　东京晴空塔天线塔钢结构施工工艺

东京晴空塔天线塔钢结构施工工艺具有以下优点：

（A）工期容易控制。天线塔钢结构组装和第 1 观光平台以上塔身钢结构吊装分别独立进行，即可以同步平行施工，所以可以大幅度地缩短工期。

（B）作业比较安全。相对在超过 500m 的高空组装，天线塔钢结构在地面组装，规避了大量的高空作业，作业比较安全。

（C）质量更有保障。在地面组装，天线塔钢结构的焊接和涂装作业都可以不受高空的恶劣天气影响，施工质量更有保障。

东京晴空塔天线塔钢结构施工工艺缺点是心柱施工必须延后，因为天线塔钢结构组装必须在心柱所在位置组装，只有待天线塔钢结构整体提升到位以后，心柱才可以开始施工。

② 施工流程

东京晴空塔天线塔钢结构施工工艺流程（图 13-70）如下：

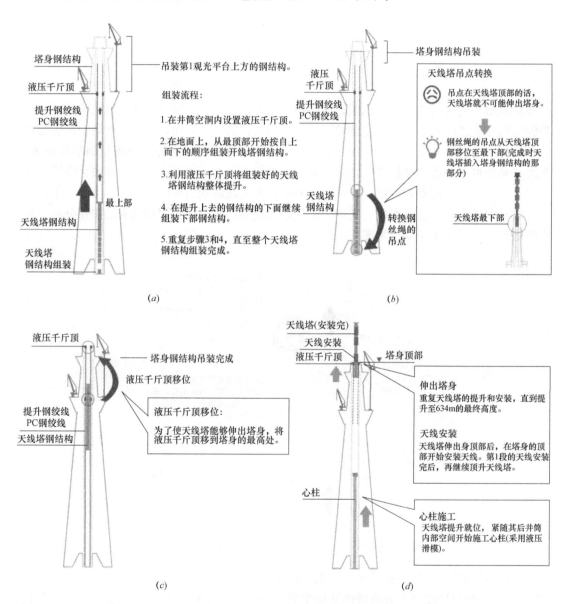

图 13-70　东京晴空塔天线塔钢结构施工工艺流程

(a) 步骤一；(b) 步骤二；(c) 步骤三；(d) 步骤四

步骤一：在吊装第一观光平台以上塔身钢结构的同时，在井筒钢结构内部空间采用倒装法组装天线塔钢结构。

步骤二：天线塔钢结构组装完成以后，将吊点移至天线塔钢结构底部。

步骤三：塔身钢结构吊装完成后，将液压千斤顶移至塔身钢结构顶部，然后整体提升天线塔钢结构。

步骤四：当天线塔钢结构伸出塔身以后，一边在天线塔钢结构上安装天线，一边提升天线塔钢结构直至指定高度。

③ 地面组装

（A）组装工艺

天线塔钢结构是由横梁与斜撑连为一体的 6 根钢柱构成，平面形状成六角形。全长约 165m，每 10m 被分割成一节。天线塔钢结构采用倒装法进行组装，即利用井筒内部空间从天线塔钢结构顶部开始自上而下逐节进行组装，一节钢结构组装完成以后，利用整体提升系统将已组装的天线塔钢结构提升一节高度，然后继续组装下一节钢结构，直至天线塔钢结构组装完成。为了提高天线塔钢结构组装效率，开发了如同工厂生产线的组装系统，它可以进行流水作业，如图 13-71 所示。天线塔钢结构组装系统具有构件运输、转向、安装、提升、焊接和涂装功能，能够完成天线塔钢结构组装所有工作，这些工作按照工艺顺序成线状组合在一起，形成组装流水线。

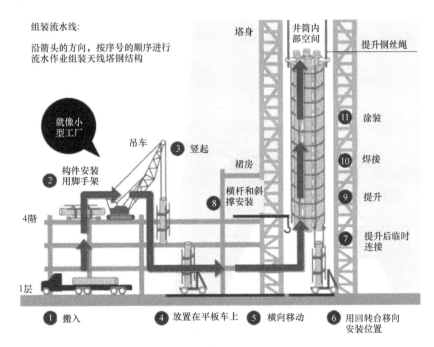

图 13-71　天线塔钢结构组装系统

（B）组装流程

东京晴空塔天线塔钢结构组装，每一节共分十步进行，具体工艺流程（图 13-72）如下：

步骤一：钢柱构件搬入。搬运车辆停放在一层卸货开口的下方，利用吊车将钢柱构件吊运至四层作业平台上。

步骤二：安装脚手架等临时设施。在四层作业平台上，将脚手架等临时设施安装在钢柱构件上。

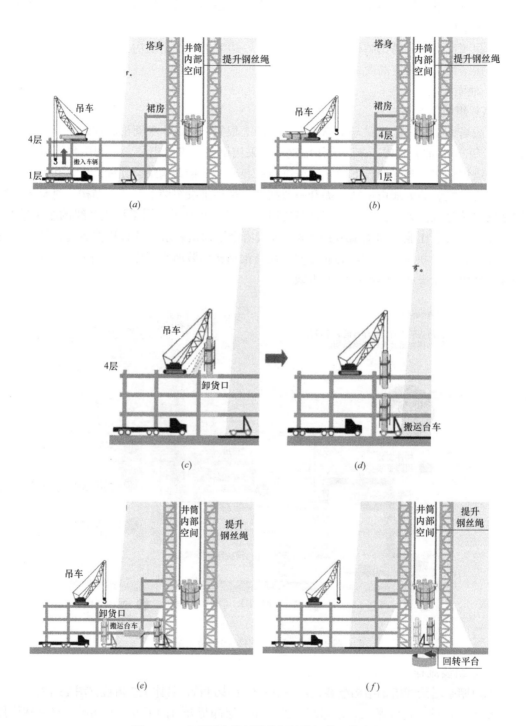

图 13-72 东京晴空塔天线塔钢结构组装工艺流程

(a) 步骤一：钢构件搬入；(b) 步骤二：安装脚手架等临时设施；

(c) 步骤三：竖起钢结构构件；(d) 步骤四：将钢构件放置在移动台车上；

(e) 步骤五：将钢构件横向移动至井筒内部；(f) 步骤六：使用回转台调节钢柱构件位置；

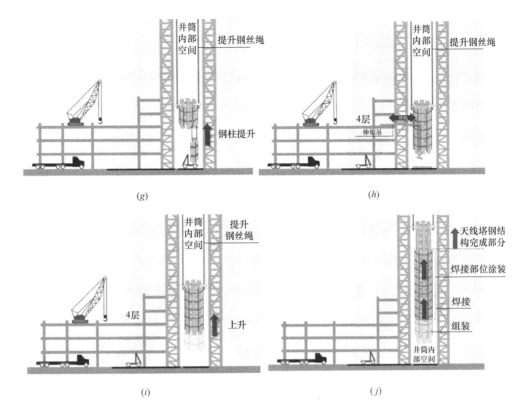

图 13-72　东京晴空塔天线塔钢结构组装工艺流程（续）
(g) 步骤七：提升钢柱构件；(h) 步骤八：安装横梁和斜撑；
(i) 步骤九：提升天线塔钢结构；(j) 步骤十：进行钢结构焊接和涂装

步骤三：竖起钢柱构件。在四层作业平台上将钢柱构件竖起，并利用吊车将其从吊装孔往下放。

步骤四：将钢构件放置在移动台车上。将钢柱构件垂直放置在一层的移动台车上。

步骤五：将钢柱构件横向移动至井筒内部。使用移动台车将钢柱构件横向移动至井筒内部。

步骤六：使用回转台调节钢柱构件位置。将放有钢柱构件的移动台直接放置在回转台上进行回转后，移向拟连接钢构件的下方。

步骤七：提升钢柱构件。将拟安装钢柱构件提升到位，安装完成后用螺栓做临时连接。

步骤八：安装横梁和斜撑。6 根钢柱构件全部连接完成后，使用设置在四层的滑吊安装横梁和斜撑。

步骤九：提升天线塔钢结构。一节天线塔钢结构全部构件安装完成后，使用设置在井筒上部的千斤顶，将天线塔钢结构整体提升一节高度。

步骤十：进行钢结构焊接和涂装。利用下一节钢柱组装吊运的时间，对提升后的钢结构进行焊接和焊接部的涂装等作业。

④ 整体提升

（A）提升设备

东京晴空塔天线塔整体提升采用穿心式千斤顶作为提升设备，总共使用了 12 台。每台提升千斤顶使用 29 根直径为 15.2mm 的钢绞线承重，总共使用了 348 根钢绞线。每根钢绞线由 7 根 5mm 的钢丝捻合而成。提升千斤顶具有自我调整功能，可以自动修正载荷偏差。同时为了以防万一，每一根钢绞线也可以手动调整，如图 13-73 所示。

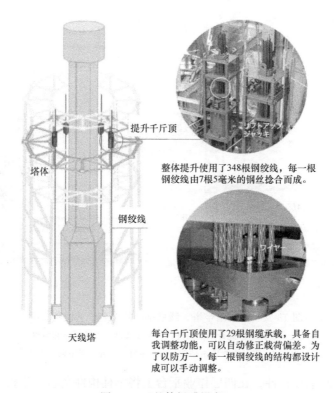

提升千斤顶

塔体

钢绞线

天线塔

整体提升使用了348根钢绞线，每一根钢绞线由7根5毫米的钢丝捻合而成。

每台千斤顶使用了29根钢缆承载，具备自我调整功能，可以自动修正载荷偏差。为了以防万一，每一根钢绞线的结构都设计成可以手动调整。

图 13-73　整体提升设备

（B）倾覆控制

天线塔提升过程中，其重心不断升高。在提升初期，天线塔的重心低于提升千斤顶。在提升后期，天线塔的重心高于提升千斤顶。天线塔位置越高，重心就越高，倾覆控制就越难，必须借助专用设备才能解决这一问题，如图 13-74 所示。

东京晴空塔天线塔整体提升采用千斤顶来控制倾覆，如图 13-75 所示。这样就存在两套千斤顶系统。一套为提供提升力的提升千斤顶系统，另一套为提供抗倾覆力矩的抗倾覆千斤顶系统。抗倾覆千斤顶具有很高精度，能够以 0.1mm 为单位调节活塞伸缩量，非常方便调整高约 240m 的天线塔的垂直度。抗倾覆千斤顶布置在塔身顶部、天线塔锚固段上下两端，每端布置两套千斤顶系统，以解决特殊位置提升问题：

（a）焊缝通过时倾覆控制。天线塔钢柱采用焊缝连接，焊缝凸起 1cm 左右，需要采取特殊措施，让焊缝顺利通过抗倾覆千斤顶系统。东京晴空塔采用两套千斤顶系统，通过交替工作，解决了焊缝通过千斤顶系统的难题，如图 13-76 所示。其要点如下：

➤ 焊缝即将穿过下千斤顶时，上千斤顶工作，下千斤顶缩缸；

➤ 继续提升天线塔，密切关注焊缝穿过下千斤顶情况；

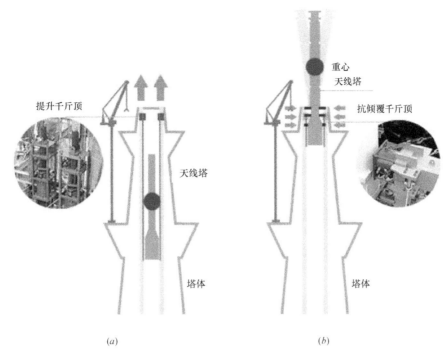

图 13-74　提升过程中天线塔重心变化情况

(a) 天线塔重心低于提升千斤顶；(b) 天线塔重心高于提升千斤顶

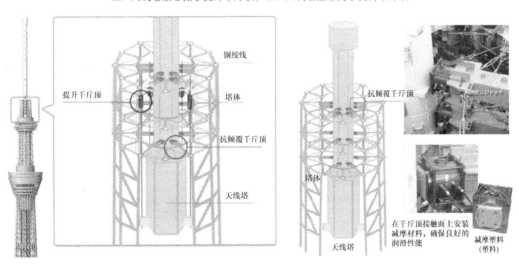

图 13-75　倾覆控制系统

➢ 焊缝穿过以后，下千斤顶伸缸，恢复工作状态；

➢ 重复上述步骤即可确保焊缝顺利通过上千斤顶。

(b) 锥形段通过时倾覆控制

天线塔底端呈锥形状，此段通过抗倾覆千斤顶系统时倾覆控制难度比较大。首先在天线塔锥形段增加钢垫板，将其转换为台阶状，便于穿过千斤顶系统，如图 13-77 所示。然后采用与焊缝穿过千斤顶系统相似的方法，通过上下千斤顶系统交替工作实现锥形段穿过

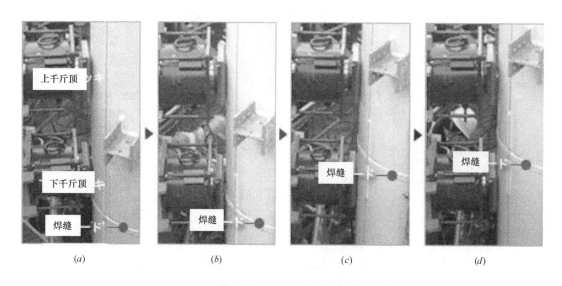

图 13-76　焊缝通过时倾覆控制

(a) 下千斤顶通过前；(b) 下千斤顶通过中；(c) 下千斤顶通过后；(d) 上千斤顶通过前

时，抗倾覆千斤顶系统始终处于工作穿过状态，确保天线塔整体提升安全（图 13-78）。

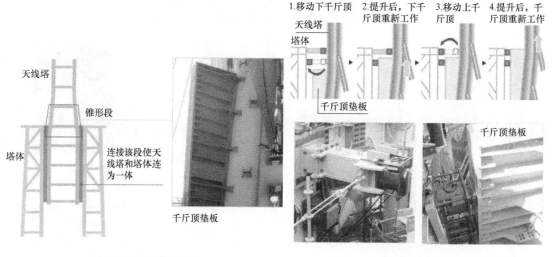

图 13-77　锥形段处理

图 13-78　锥形段通过时倾覆控制

（C）旋转控制

天线塔提升过程中，旋转控制相对简单。如图 13-79 所示，在塔身钢结构上安装旋转限位装置，一旦天线塔出现旋转，限位支架即发挥作用，阻止天线塔旋转。

（D）提升控制

天线塔整体提升采取集中控制，确保提升同步和安全。集中控制系统设置在第一观光平台上，可以对提升过程中的天线塔实施信息收集、判断，并实施提升操作，如图 13-80 所示。

2011 年 3 月 18 日，东京晴空塔整体提升至设计位置：634m 高度。历时约 1 年，完

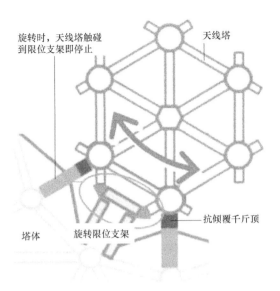

图 13-79 旋转控制装置

图 13-80 天线塔整体提升控制

成了高约 240m, 重约 3000 t 的超大型天线塔的组装和整体提升, 取得了巨大成功。

7) 钢结构高精度测控

东京晴空塔钢结构形体复杂（图13-81），构件朝向各不相同，构件测量定位精度与速度对钢结构安装精度与进度有重要影响。在钢结构安装中，钢柱底部总是与已安装构件相连，其底部位置都是受上一节钢柱头部位置决定，因此钢柱测量定位问题就转化为钢柱头部位置的测控。为了确保测控精度和效率，工程技术人员开发了三维测控系统。

① 三维测控系统组成与功能

三维测控系统主要由全站仪、便携操作终端和分析软件等组成。全站仪测量构件位置，便携操作终端和分析软件进行分析对比，快速计算出旋转和移位

图 13-81　东京晴空塔钢结构形体

的修正值，并通过对讲机传输给施工人员，调整钢柱位置直到满足设计要求。因此三维测控系统具有三大功能：一是对钢柱位置进行测量；二是快速计算出钢柱旋转和移位的修正值；三是对钢柱位置进行修正直到满足设计要求，见图13-82。

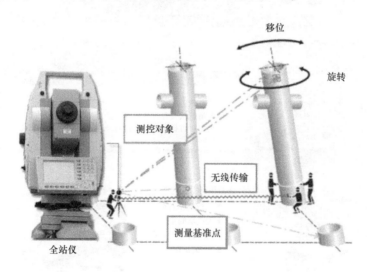

图 13-82　三维测控系统

② 三维测控系统工作流程

利用三维测控系统对钢结构进行定位，其工作流程自钢结构设计坐标输入开始，经过测量、分析、校正、校核，至钢结构实际位置记录为止。

（A）输入钢柱设计坐标（图13-83）

首先确定钢柱测量点，然后从设计三维模型中计算各钢柱测量点的三维坐标，并将其输入操作终端。

（B）钢柱测量点位置测量/解析

使用全站仪测量钢柱测量点的位置，并输入至操作终端，经过数据处理可以快速地显

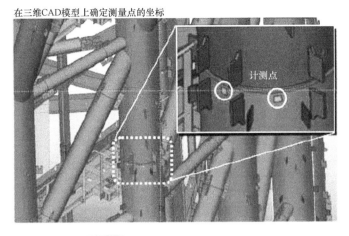

在三维CAD模型上确定测量点的坐标

计测点

各钢柱三维坐标列表

数据输入

操作终端(平板电脑)

图 13-83 钢柱设计坐标输入

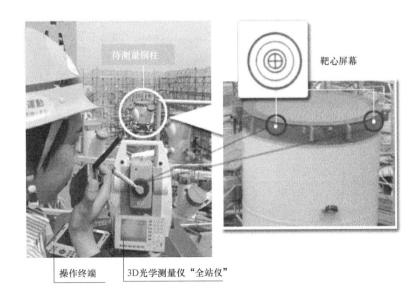

待测量钢柱

靶心屏幕

操作终端　　　3D光学测量仪"全站仪"

图 13-84 构件位置修正值确定

示应该如何修正：

步骤一：在操作终端的页面上选择待测量钢柱的两个测量点。

步骤二：三维光学测量仪"全站仪"自动瞄准测量对象，确定测量点的坐标。

步骤三：快速计算出钢柱旋转和移动的修正值，显示在操作终端上（图 13-84）。

（C）校正

测量作业人员通过对讲机将操作终端上显示的修正值传递给负责校正作业的作业人员，校正作业人员使用夹具调整钢柱位置（图 13-85）。

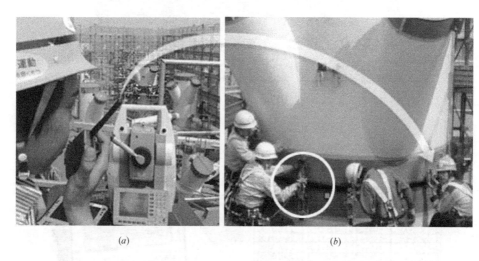

（a）　　　　　　　　　　　　　　　（b）

图 13-85　钢柱校正

（a）传递修正值；（b）调整用夹具

（D）数据管理

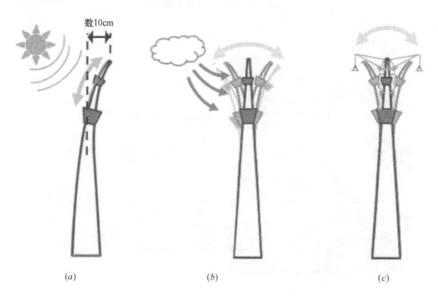

（a）　　　　　　　　　（b）　　　　　　　　　（c）

图 13-86　测量基准点影响因素

（a）日晒影响；（b）风力影响；（c）起重机运转影响

　　校正完成以后，测量钢柱最终位置，并将其输入操作终端，输入最终的设置数据，自动生成"精度管理记录表"。当确认安装精度在质量管理目标值以内时，校正工作结束。应用三维测控系统，可以将钢柱的安装误差控制在 1cm 以内。

　　③ 基准点管理

　　为了确保三维测控系统的测量精度，作为测量基准的基准点精度管理非常重要。但是，塔体钢结构经常受到日晒、强风吹袭、起重机运转等方面的影响（图 13-86），会发生显著移动，为此采取了针对性措施消除塔体钢结构移动对钢结构测控的影响：

　　一是及时将测量基准点传递至作业面。由于日晒、强风吹袭、起重机运转作用引起的塔体钢结构移动是系统性的，只要测量基准点位于作业面上，这种系统性的移动就可以通过测量基准点消除，钢柱校正定位时就可以忽略塔体系统性移动，从而简化钢结构校正定位工作，因此施工过程中要特别注意及时将测量基准点及时传递至钢结构吊装作业面（图 13-87，图 13-88）。

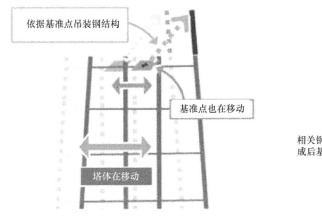

图 13-87　依据测量基准点吊装钢结构　　　　图 13-88　测量基准点传递

　　二是确保基准点传递精度。测量基准点传递选择在日晒、风和起重机作用小的早晨进行，尽可能控制环境对基准点传递精度的影响。同时为了消除测量基准点长距离传递引起的误差，采用了高精度的 GPS 全球定位系统对传递的测量基准点进行修正，如图 13-89 所示。

13.3.3　心柱结构工程

　　（1）工程概况

　　心柱呈圆筒形，由钢筋混凝土结构筒体和避难钢楼梯组成。钢筋混凝土筒体外径为 8.0m，高度 100m 以下壁厚为 400mm，高度 100m 以上壁厚为 600mm。心柱筒体 125m 以下部分与井筒钢结构连为一体，125m 以上部分通过液压阻尼器与井筒钢结构相连，发挥减震作用，如图 13-90 所示。避难钢楼梯位于心柱内部，自地面直达第二观光平台，为避难楼梯，如图 13-91 所示。

　　（2）施工技术

　　1）钢筋混凝土结构工程

　　① 施工特点

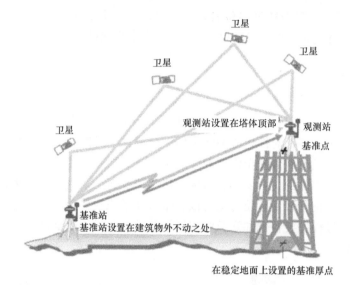

图 13-89　利用 GPS 修正基准点

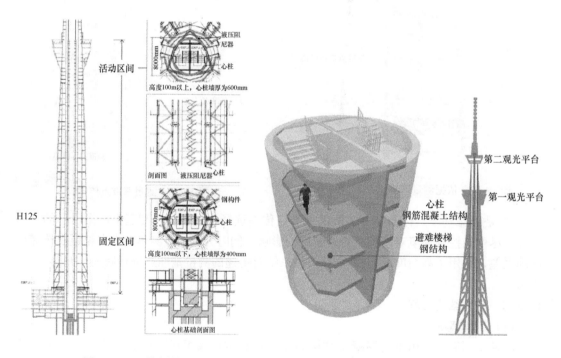

图 13-90　心柱概况　　　　　　　　图 13-91　钢楼梯概况

心柱钢筋混凝土结构施工面临两大挑战：一是作业空间狭小，施工条件差。钢结构井筒内部空间直径约为 10m，要在其中建造外径 8m 的心柱，材料垂直运输困难比较大；二是作业时间短，施工工期紧张。为了给天线塔施工提供便利，心柱需要待天线塔提升到位以后才能施工，高度 375m 的心柱施工工期只有半年多一点，施工工期极为紧张。

②　施工工艺

要在狭小空间和有限的时间内顺利完成高度 375m 的心柱施工，挑战是巨大的。经过

286

图 13-92　心柱作业空间

综合分析，最终决定采用液压滑模工艺施工心柱钢筋混凝土结构，施工工艺流程如下：

> 精确地组装与混凝土构造物形状相对应的模板，浇筑混凝土。

> 然后，无须拆除模板，而是将模板滑过混凝土表面向上移动后，再连续地浇筑混凝土，如此循序渐进地往上施工。

> 通过连续不断地整体提升由模板、多个操作平台、装卸设备及安全设备等构成的一体化滑模装置，可以高效地进行施工。

采用滑模工艺施工具有以下优点：一是工期可缩短：因为无组装、拆除脚手架及模板等工序，各工种被同时推进，故施工效率很高，能加快进度；二是安全有保障：每次都在同一个脚手架作业平台上重复同样的作业，施工作业安全性高；三是质量易控制：高精度圆形模板可以保证心柱的形状，垂直上升机构确保心柱垂直度。

③ 滑模装置

滑模装置分别为卸货、钢筋绑扎、混凝土浇筑、浇筑后修饰等工作提供了独立的作业平台，各项施工作业能够在滑模装置上同步进行，施工工效非常高，如图 13-93 所示。

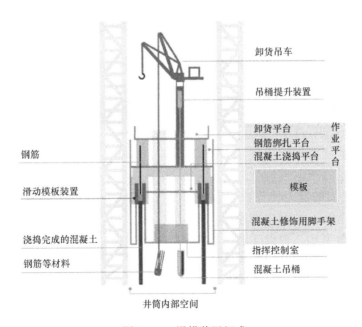

图 13-93　滑模装置组成

滑模施工通过指令控制室集中管理。使用计量器械、照相机及无线设备等监控混凝土强度及构筑物的施工精度，边进行综合判断，边控制滑模装置的动作，如图 13-94 所示。混凝土以螺旋状大约 20cm 逐层进行浇筑，1 天能施工约 3m 高度。

④ 高性能混凝土

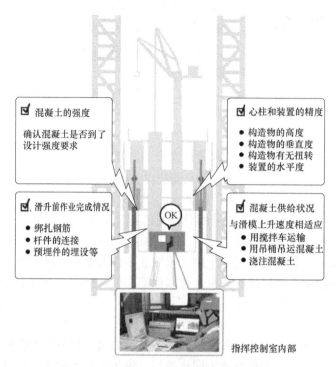

图 13-94　滑模施工管理

心柱混凝土的设计基准强度为 $54N/mm^2$，为高强度混凝土。但是，一般的高强度混凝土初凝时间较长，因此，不适用于高速施工的滑模工艺。滑模施工需要混凝土具备浇筑中流动性好和早期强度增长快这 2 个对立的性能。为此开发了性能优异的高性能高强混凝土，即使在温度只有 10℃ 的低温下，混凝土在搅拌后 2 个小时仍具有高流动性，6.5 小时达到脱模所需的强度。

⑤ 施工抗震

滑模装置的重量由支承立柱承担，但是支承立柱的侧向刚度比较小，抵抗地震水平力的能力比较弱。日本是多震国家，施工过程中滑模系统抗震问题极为突出。为此工程技术人员采取了针对性措施，提高滑模系统的抗震性能，即将作为滑模装置骨架的结构框架延伸到作业平台的下方，并支撑在具有能抵抗水平地震作用的混凝土墙壁上，如图 13-95 所示。这样滑模装置在整个施工过程中都能够抵抗地震作用。

2）钢楼梯工程

① 工程概况

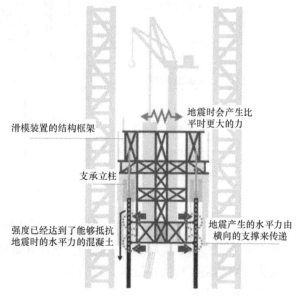

图 13-95　滑模施工抗震装置

避难楼梯为钢结构楼梯。常规的钢楼梯周围都有支承立柱，支承立柱自下而上连为一体。为方便采用提升法分段安装，东京晴空塔心柱内部的避难钢楼梯直接坐落在心柱墙壁上，不需要连续的立柱，如图 13-96 所示。

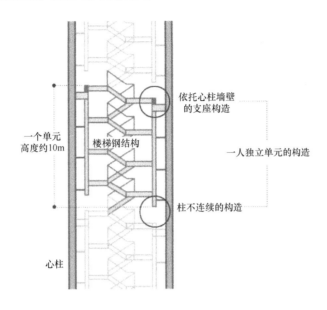

图 13-96　钢楼梯概况

② 施工工艺

因为避难钢楼梯是在钢结构塔体和钢筋混凝土心柱等外围结构施工完成后才安装的，所以，不能采用常规工艺，使用起重机把组装好的钢楼梯整体吊装。如果要想从下向上安装，就必须先将钢楼梯吊运至第一观光平台，然后再吊下至安装位置，这样做工效非常低、设备投入大。经过综合比选，最终决定采用整体提升工艺安装钢楼梯，如图 13-97 所示。

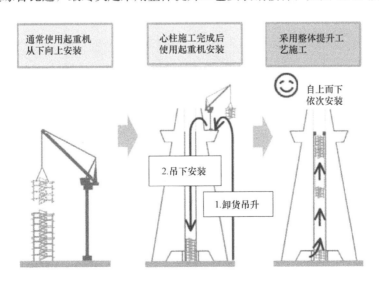

图 13-97　钢楼梯施工工艺

采用提升法安装的避难钢楼梯高度超过 350m，这个高度超过了日本所有建筑物的高度。第一观光平台以上的钢楼梯采用两种工艺安装，一部分在心柱底部组装后，与天线塔连为一体，然后随天线塔整体提升就位，另一部分待心柱施工完成后高空原位散装。第一观光平台以下避难钢楼梯施工在塔体钢结构、天线塔和心柱施工完成再施工，施工总体流程如图 13-98 所示。钢楼梯组装、起吊、就位和隔断施工工艺流程如图 13-99 所示。

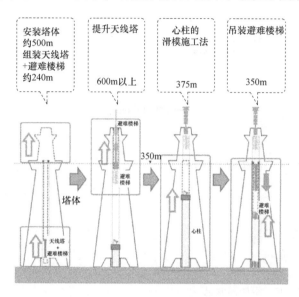

图 13-98　钢楼梯施工总体流程

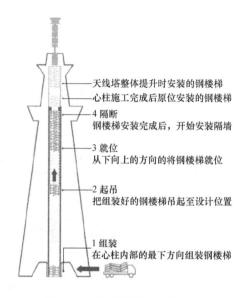

图 13-99　钢楼梯施工工艺流程

③ 施工技术

（A）钢楼梯组装

钢楼梯组装工艺流程如图 13-100 和图 13-101 所示，材料进场、搬运与组装流水作业：首先用拖车把钢楼梯部件运至材料停放场，然后用运输台车将钢楼梯部件运至心柱内

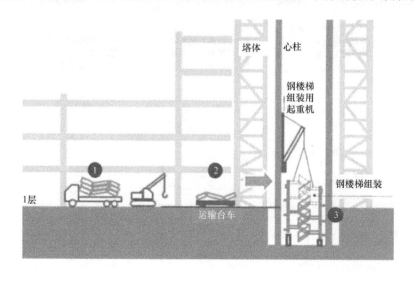

图 13-100　钢楼梯组装

图 13-101　钢楼梯组装实况
(*a*) 钢楼梯部件搬运值心柱内；(*b*) 钢楼梯安装用起重机；(*c*) 组装中的钢楼梯

部，最后用附壁起重机组装钢楼梯。

(B) 钢楼梯起吊

钢楼梯采用液压提升机起吊，该提升机起吊速度较普通设备更快，达 1m/min。液压提升机安装在第一观光平台处，共配置 4 台，如图 13-102 所示。钢楼梯分开吊运，这样不仅可以减轻起吊的重量，可以使用功率较小的提升机起吊，而且还可以从安装的地方自上而下施工，施工流水比较顺畅。

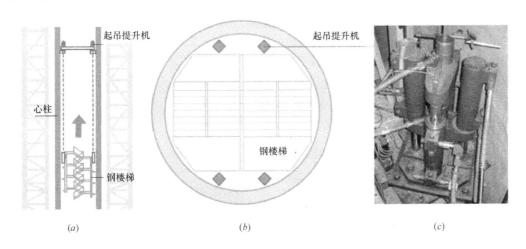

图 13-102　钢楼梯起吊
(*a*) 钢楼梯起吊示意；(*b*) 起吊用提升机平面布置图；(*c*) 起吊用提升机

(C) 钢楼梯就位

钢楼梯吊运至设计高度后，校正并将其固定在心柱墙壁上，安装临边安全设施，即完成一节钢楼梯安装。不断重复以上步骤，逐步地自上而下安装钢楼梯（图 13-103）。

(D) 钢楼梯隔断

隔断材料难以吊运至施工高度，所以，将其搭载在钢楼梯上起吊。待一节钢楼梯安装完成以后，即自上而下进行楼梯隔断施工（图 13-104）。

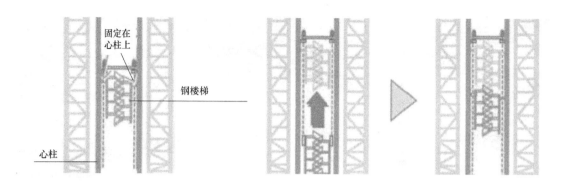

图 13-103　钢楼梯就位

13.3.4　玻璃幕墙工程

（1）工程概况

东京晴空塔塔身内部有安装电梯、机电管线的井筒，井筒外围安装有玻璃幕墙。东京晴空塔井筒玻璃幕墙工程施工具有两大特点：

一是作业空间狭小：井筒外侧为塔身钢结构，而且井筒钢结构与塔身钢结构有钢梁连接，玻璃幕墙吊装极为不便。外侧非常近的地方有钢结构是东京晴空塔井筒玻璃幕墙工程的一大特点（图 13-105）。

二是作业风环境恶劣：玻璃幕墙板材的表面积大，受风的影响也大。吊运中如果受到风力作用的话，板材会旋转，或大幅度晃动，严重影响吊装作业（图 13-106）。东京晴空塔是超高层建筑，因此更易受风的影响。制约风的影响就成了正确、安全、高效地进行玻璃幕墙工程吊装的前提条件。

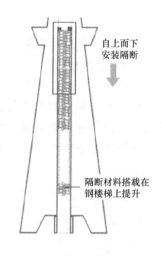

图 13-104　钢楼梯隔断施工

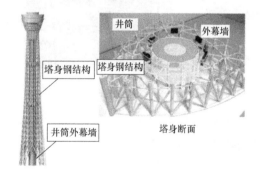

图 13-105　玻璃幕墙工程概况图

图 13-106　陈风对玻璃幕墙吊装的影响

（2）施工工艺

根据吊装设备不同，超高层建筑玻璃幕墙吊装工艺有三种：利用楼面吊吊装、利用塔吊吊装和单轨吊吊装，如图 13-107 所示。无论采用哪种工艺吊装，都必须首先将玻璃幕墙材料吊运至待安装的楼层，然后使用楼面吊、塔吊或者单轨吊再从楼层中将其取出安

利用楼面吊安装

利用塔吊安装

图 13-107　玻璃幕墙吊装常规工艺

装。采用以上工艺吊装玻璃幕墙，需要具备以下条件：

1）为将玻璃幕墙板材运至安装楼层，需有地方设置大型货运电梯；

2）作业空间比较开阔，能允许使用大型塔吊吊装玻璃幕墙；

3）安装楼层要有能储存玻璃幕墙板材的足够场地；

4）安装楼层要有能设置楼面吊的场地。

东京晴空塔玻璃幕墙四周都是钢结构，塔吊无法接近玻璃幕墙安装场所，同时因为是钢结构塔，除观光平台外其他区域都没有作业楼板，因此难以采用常规的楼面吊和塔吊安装玻璃幕墙。采用单轨吊吊装玻璃幕墙也必须克服板材堆放场地匮乏和高空风力巨大的困难。为此工程技术人员开发了"井筒玻璃幕墙垂直水平运输安装系统"。该系统集成了导向杆、电动缆车、卸货平台、单轨吊（水平运输系统）等多种施工设备，能够将玻璃幕墙单元板从地面安全垂直运输至高空卸货平台，然后利用单轨吊直接将卸货平台上的玻璃幕墙单元板水平吊运至设计位置，是玻璃幕墙吊装的流水线，施工工效极高，如图 13-108所示。这个系统在安装完一个流水段的玻璃幕墙单元板后，还能自动向上爬升。因此玻璃幕墙吊装可以完全不依赖塔吊，最大限度地减少了对钢结构安装的影响，这是以往超高层建筑施工中前所未有的。

（3）施工技术

1）玻璃幕墙搬入

在工厂将 2 块玻璃幕墙板材在专用转运架上组合成单元板，并以这样能直接吊运的状态放置在集装箱内，经过海上运输后，直接将集装箱运至现场。玻璃幕墙单元板从集装箱拖出后，使用具有旋转功能的叉车，将单元板的方向变化为易于吊运和安装的纵向后组装到垂直导向杆上，如图 13-109 所示。

2）玻璃幕墙垂直运输——超高扬程电动缆车与垂直导向杆

普通的电动缆车适用高度大约为 20～30m，起升速度约为 15m/min。东京晴空塔井筒玻璃幕墙吊装中设计、开发的电动缆车适用高度是普通的 10 倍以上，达到了 400m，最

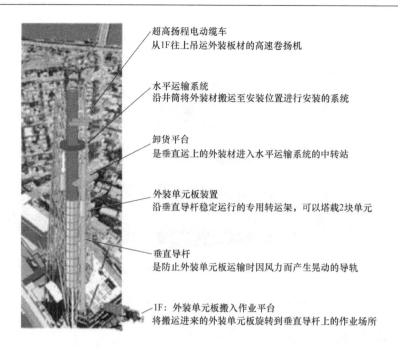

超高扬程电动缆车
从1F往上吊运外装板材的高速卷扬机

水平运输系统
沿井筒将外装材搬运至安装位置进行安装的系统

卸货平台
是垂直运上的外装材进入水平运输系统的中转站

外装单元板装置
沿垂直导杆稳定运行的专用转运架，可以塔载2块单元

垂直导杆
是防止外装单元板运输时因风力而产生晃动的导轨

1F：外装单元板搬入作业平台
将搬运进来的外装单元板旋转到垂直导杆上的作业场所

图 13-108　玻璃幕墙吊运集成系统

图 13-109　玻璃幕墙搬入

大起升速度达 70m/min。为了能够安装在复杂的钢结构中，采用了超简化的设计。玻璃幕墙单元板必须在结构复杂的钢结构间的狭窄缝隙（与钢结构的距离仅有 10cm）中进行吊运，并且要克服高空风荷载作业（吊运中玻璃幕墙单元板在 300m 的高空承受的水平风力达 1t）。为了确保玻璃幕墙在风荷载作业下吊运平稳，特别设计了垂直导向杆。玻璃幕墙单元板沿着到导向杆吊运，就不会发生旋转和晃动，确保玻璃幕墙单元板吊运安全，如图 13-110 所示。

3）玻璃幕墙装卸——卸货平台

玻璃幕墙单元板从一层吊运上来以后，需要在高空中转，交给水平吊运系统安装，这个空中转运基地就是卸货平台，卸货平台最多能够存储 4 块单元板。这样就能够进行流水作业，电动缆车将玻璃幕墙单元板吊运至卸货平台，然后交付给水平吊运系统安装，吊装效率极高，如图 13-111 所示。

图 13-110 垂直运输设备和机构

(a) 电动缆车；(b) 垂直导向杆

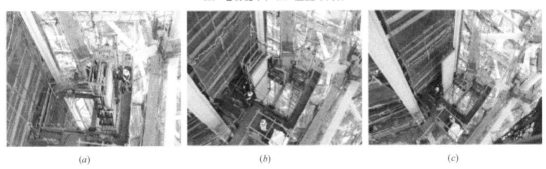

图 13-111 玻璃幕墙单元板在卸货平台转运

(a) 沿垂直导杆吊运；(b) 单元板安置在卸料平台上；(c) 单元板水平运输至安装位置

图 13-112 玻璃幕墙单元板水平吊运

(a) 水平运输系统从卸货平台吊运单元板；(b) 环绕井筒钢结构行走的单轨吊

4）玻璃幕墙水平吊运——水平运输系统

水平运输系统就是单轨吊系统，包括井筒钢结构外围设置的一圈轨道和沿此轨道行走的 2 台单轨吊。玻璃幕墙单元板从卸货平台横向移动到安装场所后，再垂直移动至安装标高，进行安装（图 13-112）。

参 考 文 献

[1] 林徽因. 林徽因讲建筑 [M]. 北京：九州出版社，2005.

[2] 吴焕加. 高楼大厦的历史成因 [N]. 建筑时报，2004-11-22.

[3] 罗福午. 高层建筑的历史发展 [J]. 建筑技术，2002，33 (1)：55-57.

[4] Roger Shepherd. SKYSCRAPER [M]. NewYork：McGraw-hill，2005.

[5] 何镜堂，刘宇波. 超高层办公建筑可持续设计研究 [J]. 建筑学报，1998 (3)：32-36.

[6] 覃力. 日本高层建筑探析 [J]. 建筑师，1999，(9).

[7] 萧博元，陈书宏，苏鼎钧等. 简介超高层大楼基础形式选择 [J]. 施工技术，2001，(84)：71-76.

[8] John Davies，James Lui，Jack Pappin，K K Yin and C W Law. The Foundation Design for Foundation Design For Two Super High-RiSe Buildings ln Hong Kong：Proceedings of 7th International Conference on Tall Buildings，Hong Kong，China，October 29-30，2009 [C]. Research Publishing Services，2009.

[9] 刘锡良. 国外建筑钢结构应用概况 [A]. 中国土木工程学学会. 庆贺刘锡良教授执教五十周年暨第一届全国现代结构工程学术报告会论文集 [C]，2001.

[10] Mir M. Ali. Evolution of Concrete Skyscrapers：from In galls to Jin Mao [J]. Electronic Journal of Structural Engineering，2001，1 (1)：2-14.

[11] Oral Buyukozturk，Oguz Gunes. HiSh-Rise Buildings：Evolution and Innovations. Keynote Lecture CIB 2004 World Building Congress，Toronto，Ontario，CANADA，May 2-7，2004 [C].

[12] 丁大钧. 高层建筑结构体系 (1) [J]. 工业建筑，1998，28 (1)：43-47.

[13] 丁大钧. 高层建筑结构体系 (2) [J]. 工业建筑，1998，28 (2)：43-48.

[14] 丁大钧. 高层建筑结构体系 (3) [J]. 工业建筑，1998，28 (3)：50-55.

[15] 丁大钧. 高层建筑结构体系 (4) [J]. 工业建筑，1998，28 (4)：50-55.

[16] 丁大钧. 高层建筑结构体系 (5) [J]. 工业建筑，1998，28 (5)：47-51.

[17] Simon F. Bailey. A New Rubric for SEI：Eminent Structural Engineers [J]. Structural Engineering International，2004，V01. 14 (3)：245.

[18] 朱宪辉，汪贵平，顾倩燕. 逆作法深基坑在超高层建筑中的设计应用 [J]. 岩土工程学报增刊，2006，(S1)：1565-1568.

[19] Raymond Wong Wai. International Finance Centre，Phase Ⅱ [J]. 香港，BUILDING JOURNAL，2003 (11).

[20] 蒋曙杰. 逆作法施工在城市地下空间开发中的应用及发展前景述评 [J]. 建筑施工，2004 (4)：280-283.

[21] 梅英宝，钟铮，翁其平. 超大面积深基坑工程非两墙合一的半逆作法设计 [J]. 建筑施工，2006 (4)：262-264.

[22] 陈新，谢凯，杜建军，曾虹程. 由由国际广场工程深基坑结构逆作施工实践 [J]. 建筑施工，2006 (7)：518-521.

[23] 赵志缙，叶可明，吴君侯等编著. 高层建筑施工手册 [M]. 上海：同济大学出版社，1993.

[24] 叶可明，范庆国. 上海金茂大厦施工技术 [J]. 施工技术，1999 (1)：52-55.

[25] 谢绍松，钟俊宏. 台北101层国际金融中心之结构施工技术与其设计考量概述 [J]. 建筑钢结构进展，2002，4 (4)：1-11.

[26] 张关林，石礼文. 金茂大厦决策·设计·施工 [M]. 北京：中国建筑工业出版社，2003.

[27] 钟俊宏，谢绍松，甘锡滢. 台北101大楼钢结构工程之施工监造 (Ⅰ和Ⅱ) [J]. 建筑钢结构进展，2005，7 (5，6)：1-10，1-14.

[28] COVER STORY：Two International Finance Centre [J]. Building Journal，Hong kong，China，November 2003.

[29] Petronas Twin Towers [OL]. [2006-10-031]. http：//www，engineering. com/Library/ArticlesPage/tabid/85/articleType/ArticleView/articleld/72/Petronas-Twin-Towers. aspx.

[30] 薛大德. 高层建筑施工垂直运输机械合理选择 [J]. 建筑机械化，1988，(5)：3-6.

[31] 陈若彦，张千程. 塔式起重机挑爬技术的研究 [J]. 建筑施工，1996，18 (3)：41-43.

[32] 江正荣，杨宗放. 特种工程结构施工手册 [M]. 北京：中国建筑工业出版社，1998.

[33] JOël Van Cranenbroeck，Douglas Mcl Hayes，Ian R，Sparks．Driving Burj Dubai Core Walls with an advanced data fusion system．3rd IAG/12th FIG Symposium，Baden，May22-24，2006 [C]．

[34] 周屹东．金茂大厦工程测量技术 [J]．建筑技术，1999，30（11）：777-779．

[35] 花向红，王新洲．GPS定位技术在超高层建筑中应用初探 [J]．工程勘察，2000，（2）：47-49．

[36] 谢雄耀．逆作法施工关键技术分析与施工过程中位移场计算机仿真理论及工程应用的研究 [D]．同济大学博士学位论文，2001．

[37] 程宝坪．深圳赛格广场地下室全逆作法施工技术 [J]．施工技术，1999，28（8）：6-7，21．

[38] 李清明，张喜珠，邓文龙等．深圳市赛格广场大厦岩土工程实录 [J]．深圳土木与建筑，2004，（1）．

[39] 王卫东，翁其平，胡玉银．新型逆作法结构形式的设计与应用 [J]．岩土工程学报，2006，28（B11）：1546-1551．

[40] 赵炯．城市酒店二期公寓楼 [M] //上海市建设和管理委员会科学技术委员会．上海高层超高层建筑设计与施工．上海：上海科学普及出版社，2004．

[41] 肖南，彭明祥，刘小刚．CCTV底板超厚大体积混凝土施工技术 [J]．施工技术，2006，35（8）．5-7．

[42] 蔡文鹭．C50超厚大体积混凝土承台施工及裂缝控制 [J]．施工技术，1997，26（5）：23-25．

[43] 龚剑，张越，袁勇．上海环球金融中心主楼深基础混凝土大底板施工研究 [J]．建筑施工，2006，28（4）：251-256．

[44] 范庆国，胡玉银．超高层建筑建造技术考察报告 [A]．上海建工（集团）总公司技术中心科技论文集 [C]，2007．

[45] William F．Baker，D．Stanton Korista and Lawrence C．Novak．Burj Dubai：Engineering the World's Tallest Building．The Structural Design of Tall and Special Buildings [J]．Struct．Design Tall Spec．Build．2007，（16）：361-375．

[46] 林泰煌．世界第一台北101之建造技术及经验分享 [J]．营造天下，2005，（111）．

[47] 余成行，师卫科，宋元旭．大掺量粉煤灰混凝土在中央电视台新台址工程中的应用 [J]．混凝土，2006（8）：88-91，96．

[48] 戴会超，张超然．三峡工程混凝土施工及温控科研成果 [J]．水利水电科技进展，2003，23（1）：17-21．

[49] 日本建筑构造技术协会编．日本结构技术典型实例100选——战后50余年的创新历程 [M]．腾征本，腾煜先，周耀坤，腾百译．北京：中国建筑工业出版社，2005．

[50] 刘则平．高度601m，而且还在不断攀升！——来自世界新地标阿联酋迪拜塔（Burj Dubai Tower）工地的报告 [J]．建筑施工，2008，30（2）：83-86．

[51] 王铁梦．工程结构裂缝控制 [M]．北京：中国建筑工业出版社，2004．

[52] 刘小刚，彭明祥，胡鏖．超大掺量粉煤灰技术在CCTV主楼底板混凝土施工中的应用 [J]．施工技术，2006，35（8）：2-4．

[53] 冯水冰，彭明祥，胡鏖．CCTV主楼底板混凝土施工组织与管理 [J]．施工技术，2006，35（8）：11-12，40．

[54] 叶可明，范庆国．上海金茂大厦施工技术 [J]．中国工程科学，2000，2（10）：42-49．

[55] http：//www.bygging-uddemann．Se

[56] CNTower [OL]．http//www.ieee.ca/Mmillennium/cntower/CN-Tower．pdf

[57] 王钢．中央电视塔外筒滑框倒模施工技术 [J]．建筑技术，1990，21（12）：9-11．

[58] 中国建筑第三工程局．辽宁、天津电视塔主体工程施工 [J]．施工技术，1992，21（4）：10-14，9．

[59] 马兴宝，曹建华．上海花园饭店主楼结构施工介绍 [J]．建筑施工，1989，11（4）：6-8．

[60] 齐智．深圳国际贸易中心大厦主楼工程的滑模施工 [J]．建筑结构学报，1984，（5）．

[61] 顾锡明，李勇，廖凯．武汉国际贸易中心大厦墙、柱、梁整体滑模施工 [J]．施工技术，1995，24（4）：6-8．

[62] 毛凤林．我国滑动模板施工技术的新进展 [J]．建筑技术，1997，28（4）：260-262．

[63] 杜有亮，夏及人，李建军，胥爱华．天津国际大厦施工 [J]．施工技术，1994，23（5）：9-12．

[64] 杨嗣信．中央电视塔施工和垂直测量 [J]．施工技术，1992，21（4）：8-9．

[65] 罗桂华．中央广播电视塔主体结构施工测量控制方法 [J]．广播与电视技术，1997，24（3）：87-95．

[66] 詹汉生．超高层筒中筒结构内、外筒整体液压滑动模板施工方法 [J]．建筑技术，1995，22（2）：81-82．

[67] 杨嗣信. 中央电视塔的施工 [J]. 土木工程学报，1991，24 (4).

[68] http：//www.peri.de

[69] http：//www.doka.com

[70] 杨嗣信，侯君伟. 高层建筑施工手册（第二版）[M]. 北京：中国建筑工业出版社，2001.

[71] 中建二局深圳南方建筑公司. 地王商业大厦液压爬模施工 [J]. 施工技术，1995，24 (6)：3-6.

[72] 龚剑，李庆，汤洪家. 上海环球金融中心超级巨型柱结构施工中的液压自动爬升模板脚手系统 [J]. 建筑施工，2007，29 (1)：2-6.

[73] 赵玉章，于大海，祖道春，谢连玉. 电控附着式升降脚手架与模板一体化成套技术的研究应用 [J]. 建筑技术，2004，35 (8)：568-573.

[74] 胡玉银，陆云，王云飞等. YAZJ-15液压自动爬升模板系统研制 [J]. 建筑施工，2009，31 (3)：206-208.

[75] 夏卫庆，胡玉银，顾国明等. 上海外滩中信城核心筒液压爬模施工设计 [J]. 建筑施工，2009，32 (3)：251-252.

[76] 熊谷组. 液压爬模施工——地王大厦施工技术介绍之四 [J]. 中外房地产导报，1998，(4).

[77] 熊谷组. 液压爬模施工——地王大厦施工技术介绍之五 [J]. 中外房地产导报，1998，(5).

[78] 苏洪雯. 高层建筑升模施工法——三十六层联合大厦的工程实践介绍 [J]. 建筑施工，1988，10 (5).

[79] 苏洪雯. 超高层建筑模具及外挂脚手整体升降成套施工技术 [J]. 建筑技术，1991，18 (2)：9-12.

[80] 袁栋，罗美成. 高层剪力墙建筑工具柱升模法施工. 建筑施工，1988，10 (5)：6-11.

[81] 叶可明. 468m上海广播电视塔主要施工技术 [J]. 建筑施工，1995，17 (2)：1-7.

[82] 范庆国，龚剑. 华夏第一楼——上海金茂大厦主体结构的模板系统 [J]. 建筑施工，1998，20 (5)：8-14.

[83] 毕俊成. 上海万都中心整体提升钢平台 [J]. 施工技术，2000，29 (3)：50，59.

[84] 张铭. 上海东海广场超高层钢筋混凝土核芯筒体施工 [J]. 建筑施工，2001，23 (3)：147-150.

[85] 曾智宏，薛永申，陈国成等. 上海世茂国际广场核心筒自升式钢平台施工系统 [J]. 建筑施工，2005，27 (8)：16-20.

[86] 龚剑，李鹏，扶新立等. 上海环球金融中心核心筒结构施工中的格构柱支撑式整体自升式钢平台脚手模板系统施工技术 [J]. 建筑施工，2006，28 (12)：953-958，963.

[87] 李鹏. 南京紫峰大厦整体自升式钢平台脚手模板体系通过钢结构折架层的施工技术 [J]. 建筑施工，2008，30 (8)：671-673.

[88] 林海，龚剑，倪杰等. 整体提升钢平台系统在广州新电视塔核心筒施工中的应用 [J]. 施工技术，2009，38 (4)：29-32.

[89] 郭彦林，常鹏，叶浩文等. 广州珠江新城西塔核心筒施工整体提模技术研究 [J]. 施工技术. 2007，36 (6)：65-68.

[90] 黄金宝. 整体提模施工技术的研究及应用 [D]. 重庆大学硕士学位论文，2009.

[91] 葛洪军，苏广洪. 广州珠江新城西塔顶升模板系统支撑架设计与应用 [J]. 施工技术，2009，38 (12)：8-10.

[92] 伟导，孙爱东. 上海恒隆广场电动整体升降脚手架的高空拆除技术 [J]. 建筑施工，2000，22 (6)：34-35.

[93] 杨有根，孙允英. DMCL整体电动脚手架在明天广场的应用 [J]. 上海建设科技，1999，(2)：20-21.

[94] 邓真明，梁威. 中天广场结构工程施工技术 [J]. 建筑技术，1997，28 (10)：681-686.

[95] 张伟峰. 南京紫峰大厦钢结构工程整体升降脚手架施工技术 [J]. 建筑施工，2000，32 (8)：812-814.

[96] 陈东彪，张文军，李杰等. 新型附着式电动整体升降碗扣脚手架在200余米超高层建筑施工中的应用 [J]. 建筑施工，2000，22 (6)：32-33，62.

[97] 杨友根，刘钊，孙允英. DMCL整体电动升降脚手架 [J]. 施工技术，1999，28 (3)：18-20.

[98] 陈林，张天琦. 超高层混凝土泵送技术研究 [J]. 建筑机械化，2003，(3).

[99] 吴德龙，郑捷，陈尧亮，盛莉蓉. 高度492m!——上海环球金融中心超高泵送高强混凝土技术研究 [J]. 建筑施工，2008，30 (4)：237-241.

[100] 桝田佳宽. 高强度混凝土施工技术的现状 [J]. 建筑技术（日），2007，(3).

[101] 陣内浩，黒岩秀介，渡邊悟士，並木哲. 設計基準強度150N/mm²の低収縮型超高強度コンクリートの制縮造と施工 [N]. 大成建設技術センター報第40号 (2007).

［102］ 巴凌真等. 超高层混凝土泵送施工技术研究进展［A］. 超高层混凝土泵送与超高性能混凝土技术的研究与应用国际研讨会论文集［C］. 2008.

［103］ 中国建筑科学研究院等. JGJ/T10—95 混凝土泵送施工技术规程［S］. 北京：中国建筑工业出版社，1995.

［104］ 贺东青，任志刚. 高性能混凝土配合比设计方法研究综述［J］. 国外建材科技，2006，27（4）：32-34，43.

［105］ 陈建奎，王栋民. 高性能混凝土（HPC）配合比设计新法——全计算法［J］. 硅酸盐学报，2000，（2）：194-198.

［106］ 沈恭. 上海八十年代高层建筑结构施工［M］. 上海：上海科学普及出版社，1993.

［107］ Will Hansen，Sunny Surlaker. Embedded Wireless Temperature Monitoring Systems For Concrete Quality Control. University of Michigan，Ann Arbor，2006，1-43.

［108］ Identec Solutions Technology rises with New York Skyline［ol］. http//www.identecsolutions.com.

［109］ 曾强，陈放，台登红，鲍广鉴. 上海环球金融中心钢结构综合施工技术［J］. 施工技术，2009，38（6）：18-22.

［110］ 吴欣之，陈晓明. 广州新电视塔钢结构安装技术［J］. 施工技术，2009，38（3）：12-14.

［111］ 戴立先，陆建新，刘家华. 上海环球金融中心钢结构施工技术［J］. 施工技术，2006，35（12）：71-73.

［112］ 秦继红. 在320m高空用双机抬吊超重构件——上海环球金融中心特大型构件超高度吊装的施工实践［J］. 建筑施工，2007，29（2）：79-81.

［113］ 吴欣之，陈晓明. 广州新电视塔钢结构安装总体技术概述［J］. 建筑施工. 2009，31（1）：958-960.

［114］ 陈晓明，郑俊，吴欣之. 特殊高耸钢结构施工预变形研究——广州新电视塔钢结构安装施工技术［J］. 建筑施工，2007，29（10）：779-781，786.

［115］ 张宇，陈晓明，潘令誉等. 爬升塔吊的外挂支承系统设计研究［J］. 建筑施工，2007，29（10）：802-803，807.

［116］ 罗仰祖. 63米跨、1500吨重的钢结构整体安装施工技术［J］. 建筑施工，1997，19（3）：20-22.

［117］ 吴平. 上海证券大厦钢天桥安装工艺和安全控制［J］. 结构工程师，1999，（3）：43-47.

［118］ 陈韬，戴立先，欧阳超. 央视新台址主楼悬臂钢结构安装技术［J］. 施工技术，2008，37（5）：37-40，61.

［119］ 王宏，欧阳超，陈韬. 中央电视台新台址CCTV主楼钢结构施工技术［J］. 施工技术，2006，35（12）：54-58.

［120］ 朱骏. 超高层建筑结构顶端之桅杆安装方法［J］. 建筑施工，2001，23（3）：178-181.

［121］ 傅开荣. 电视发射塔钢桅杆整体液压顶升同步安装天线与喷漆装饰工法［J］. 施工技术，1992，21（4）：37-39.

［122］ 黄洁. 四川广播电视塔钢桅杆整体顶升技术［D］. 重庆大学工程硕士学位论文，2006.

［123］ CN Tower［oL］. http://en.wikipedia.org/wiki/CN_Tower.

［124］ 冯琰. 310m高空"攀升吊"安装钢桅杆——上海世茂国际广场96m钢桅杆安装技术［J］. 建筑施工，2006，28（2）：117-120.

［125］ 朱骏，王健康，吴欣之，罗仰祖. 在离地369.5m的高空采用"双机抬吊"安装金茂大厦塔尖闭［J］. 建筑施工，1998，20（5）：24-26.

［126］ 罗仰祖. 上海证券大厦钢结构安装工艺［J］. 施工技术，1997，26（6）：1-3.

［127］ 王大年，薛备芬. 450t钢桅杆式天线整体提升安装技术［J］. 建筑施工，1995，17（2）：30-32.

［128］ 乌建中，卞永明，徐鸣谦. 东方明珠广播电视塔钢天线桅杆同步整体提升［J］. 同济大学学报，1996，24（1）：44-49.

［129］ Ahmad Abdelrazaq，S. E.，Kyung Jun Kim and Jae Ho Kim. Brief on the Construction Planning of the Burj Dubai Project，Dubai，UAE. CTBUH 8th World Congress 2008［C］.

［130］ 邢克宣，葛会来，孙涛等. 倒装吊升法安装高层建筑屋顶天线桅杆［J］. 施工技术，2003，32（5）.

［131］ 梁志毅，倪艳华. 中天广场主楼楼顶尖塔施工［J］. 施工技术，1998，27（6）：21-22.

［132］ 王当强，刘庆瑞，匡世明. 武汉广播电视中心超高层大厦屋顶钢桅杆安装［J］. 钢结构，2007，22（1）：83-85.

［133］ 张杰民，陶文清，高国龙. 南京电视塔87.5t钢桅杆安装［J］. 施工技术，1994，23（6）：12-14.

［134］ 李志宏. 在特殊环境、复杂工况下的超高层建筑屋顶钢桅杆吊装技术［J］. 建筑施工，2009，31（10）：872-875.

［135］ 日本建筑构造技术者协会. 图说建筑结构［M］. 王跃译. 北京：中国建筑工业出版社，2000.

［136］ Leslie E. Robertson, On the Design of Leaning High-Rise Buildings［J］. Construction Steel Research，1990，(17).

［137］ 郭彦林，刘禄宇等. 广州新电视塔细腰段整体模型稳定性试验研究［J］. 土木工程学报，2008，41（8）：43-53.

［138］ 方小丹，韩小雷. 广州西塔巨型斜交网格平面相贯节点试验研究［J］. 建筑结构学报，2010，31（1）：56-62.

［139］ 葛耀君. 分段施工桥梁分析与控制［M］. 北京：人民交通出版社，2003.

［140］ Amp 建筑设计事务所. CCTV 新台址建设工程主楼钢结构分析报告［R］.

［141］ 胡玉银，李琰. 超高层建筑转换桁架施工控制技术［J］. 建筑施工，2010，27（6）：6-8.

［142］ Han Hoang. Automated construction technologies：Analyses and future development strategies［D］. Master of Science in Architecture Studies at the Massachusetts Institute of Technology，2005.

［143］ Yuichi Ikeda, Tsunenori Harada. The Automated Building Construction System for High-rise Steel Structure Buildings，Seoul，Korea，October 10～13，2004［C］. USA，CTBUH，2000.

［144］ Tatsuya Wakisaka, Noriyuki Furuya, Yasuo Inoue, Takashi Shiokawa. Automated constructionsystem for hiSh-rise reinforced concrete buildings［J］. Automation in Construction，Volume9，Issue3，2000，9（3）：229-250.

［145］ Shigeru Yoshino. Tokyo Sky Tree—Creation of a Landscape beyond Space-time. Steel construction today & tomorrow No. 31 November，2010

［146］ Michio Keii，Atsuo Konishi，Yasuo Kagami，Kazunari Watanabe，Norio Nakanishi and Yoshisato Esaka. Tokyo Sky Tree—Structural Outline of Terrestrial Digital BroadcastingTower. Steel construction today & tomorrow No. 31 November，2010

［147］ 五重塔. http：//baike. baidu. com/picview

［148］ Obayashi Corporation. Tokyo Sky Tree—Construction of World-class Steel Tower Steel. construction today & tomorrow No. 31 November，2010

［149］ How to build Tokyo Sky Tree. http：//www. skytree-obayashi. com

［150］ Toshimitsu Sakai，Yuichi Yajima，Yasumichi Koshiro and Masaru Emura. Construction of acentral pillar by slipform construction in the Tokyo Sky Tree. Concrete Journal，Vol. 50，No. 8，Aug. 2012